高原农田养分高效利用理论与实践

雷宝坤　刘宏斌　续勇波　段宗颜　著

U0230549

科学出版社

北　京

内 容 简 介

本书以云南高原地区农田为研究对象，基于多年的研究成果，系统总结了高原农业的生产概况、自然条件、地形地貌及土壤资源状况，分析了高原农业生产存在的问题，总结了传统的和前沿的养分管理理念与施肥理论，其中包括环境容量、施肥模型、能值转换率、反馈调节等研究概念。本书也系统分析了农田养分管理研究进展、现状及研究趋势。针对该区域典型的高原水旱轮作区，总结了该区域的生产概况及养分管理研究与实践。总结了滇池流域施肥对作物产量、品质的影响及其环境风险，信息技术与养分管理，粮食作物快速营养诊断，蔬菜作物的养分管理。总结了缓/控释肥料的概念及其内涵、优缺点和类型，缓/控释肥料与高原农业养分管理，缓/控释肥对典型花卉、蔬菜养分管理影响的研究与实践，同时也分析了土壤中微量元素含量及其管理措施。

本书为高原区农田的养分高效利用提供了科学依据和丰富的数据资料，可以为农业科学研究、农技推广和农业生产者提供借鉴和参考。

图书在版编目（CIP）数据

高原农田养分高效利用理论与实践/雷宝坤等著.—北京：科学出版社，2016.3

ISBN 978-7-03-044198-0

Ⅰ.①高… Ⅱ.①雷… Ⅲ.① 高原–耕作土壤–土壤有效养分–研究 Ⅳ.①S158.3

中国版本图书馆 CIP 数据核字(2015)第 088761 号

责任编辑：王 静 矫天扬 / 责任校对：李 影
责任印制：赵 博 / 封面设计：北京铭轩堂广告设计有限公司

科学出版社 出版

北京东黄城根北街 16 号
邮政编码：100717
http://www.sciencep.com

北京市金木堂数码科技有限公司印刷
科学出版社发行 各地新华书店经销

*

2016 年 3 月第 一 版 开本：720×1000 1/16
2025 年 1 月第二次印刷 印张：18
字数：353 000

定价：128.00 元
(如有印装质量问题，我社负责调换)

前　言

　　高原农业自然资源的高原性、发展方式的复合性、经济要素的相对封闭性和生态环境的脆弱性决定了该区域农业生产的独特性和不可替代性。近年来，随着社会经济和农业的发展，在农田养分利用上，人们只重视化肥的投入，而忽视了养分资源的高效利用。由于在区域范围内只强调增加养分的投入而忽视养分的合理循环和综合管理，因此带来了一系列严重的资源、环境和农产品品质问题。

　　本书以云南高原为例，科学客观地认识高原农业生产的自然禀赋，针对土壤严重退化、养分富集利用率低、生态环境脆弱等问题，系统总结了养分管理理念与施肥、环境容量、施肥模型、农田养分管理等研究的进展，阐述了农田养分高效利用研究趋势，高原水旱轮作区养分管理，滇池流域施肥对作物产量、品质的影响及其环境风险，新型肥料对养分利用的影响，土壤中微量元素状况，信息技术在养分管理中的应用等。

　　本书的出版是编者多年来在高原农田养分高效利用研究与实践方面成果的一次集中展示，它以作者及地方相关部门的合作团队多年研究工作为基础，获得了详实的野外试验数据和资料。本书反映了云南高原地区在农田养分高效利用方面存在的问题并提出了解决的措施，介绍了养分高效利用研究结果及其在实践中的应用情况，它既是过去工作的总结资料，更是一本指导高原地区开展农田养分高效利用工作的技术参考书。

　　本书的出版获得国家自然科学基金（项目编号：31560583、31160413）、国家重大水专项（项目编号：2014ZX07105-001）、农业行业专项（项目编号：201003014-6）等项目的支撑和资助。

　　由于本书编写工作量大、时间有限，加之编者水平的局限性，难免有疏漏之处，敬请广大读者批评指正。

作　者

2016 年 3 月

目　　录

第一章 高原农业概述

第一节 高原农业生产概况

我国幅员辽阔，南北跨度大，且受大陆板块的挤压，地势自东向西逐渐抬高。东部多平原，西部沟壑纵横多丘陵，海拔较高。我国有青藏高原、内蒙古高原、黄土高原和云贵高原四大高原，占国土面积的 36%，四大高原气候差异明显，农业生产相对于东部地区较为落后。

四大高原在农业生产上，水资源分布不均、降水少、农业机械化水平相对较低，但又有各自的特色。青藏高原农业生产主要以青稞等粮食作物种植业和畜牧业为主；内蒙古高原农业生产主要以畜牧业为主；黄土高原农业生产主要以种植业为主，畜牧业为辅；云贵高原农业生产主要以粮食、蔬菜、花卉等的种植业和畜牧业为主。因此，发展高原农业是实现西部大开发的重要途径之一。

高原农业是指具有独特自然资源特征、区域特征、商品品质与风味、特定的消费市场与消费群体等的农业。高原农业普遍具有农业自然资源的高原性、发展方式的复合性、经济要素的相对封闭性和生态环境的脆弱性等 4 个基本特性（李学林等，2012）。我国四大高原地区人均资源相对丰富，生物多样性丰富，但这些区域经济发展落后。

一、发展高原农业的优势

（一）独特的地理优势

四大高原具有独特的地理优势，特别是云南，属于低纬度高原区，地势东南低、西北高，地形复杂，多丘陵，全省 94%为山地，土壤类型十分丰富，有 228 个土种，18 个土类（孔垂柱，2013），基本囊括了全国的土壤类型。我国云南南部与东南亚的越南、缅甸、老挝接壤，北部与四川、贵州、广西相连，农业产品对外可出口，对内可供给国内市场。

（二）丰富的自然资源

四大高原具有得天独厚的自然资源，热量、水资源等较全国其他地方丰富，而云南省在这方面较其他三大高原区更具优势。云南是低纬度高原季风气候，由于地形复杂、立体气候明显，仅云南一省就具有寒、温、热3个气候带和北热带、中亚热带、中温带等7个气候类型，素有"一山分四季，十里不同天"的美称，云南大部分地区雨量充沛，年均降水量1100ml，但也有些县年均降水量较少。

（三）生物多样性突出

云南是全球生物多样性最为丰富的地区之一，因此云南享有"植物王国"的美誉。据调查，云南有高等植物16 411多种，占全国总数的45.9%；在国家公布的352种受保护的珍稀濒危植物中，云南有151种，占全国保护植物总数的42.9%（吴征镒和裴盛基，1980）。而云南被子植物有13 160种，占全国的43.9%，占全球的5.1%；裸子植物100种，占全国的37.0%，占全球的11.1%；蕨类植物1500种，占全国的57.7%，占全球的12.5%；苔藓植物1651种，占全国的56.9%，占全球的7.2%（陈勇等，2010）。这些均为发展高原农业奠定了种质基础。

二、制约高原农业发展的因素

虽然我国四大高原区在农业上具有其独特的优势，但也存在以下问题。

（一）基础设施薄弱

四大高原区除内蒙古高原外，其他三个高原区沟壑纵横、多丘陵、少平地，四大高原区机械化水平均低于全国水平。虽然四大高原水资源丰富，但时间、空间分布不均，加之经济相对落后，在农业水利等方面投入不足，水利建设虽逐年增加，但水利设施不能满足日益增加的农业生产需求。

（二）科技支撑能力不足

一方面，从事蔬菜、花卉等生产的专业技术人员不足，农户科技意识、产品质量意识和商品意识淡薄，接受新技术能力低，使得科学技术的研究和科学技术的推广严重滞后；另一方面，在高原农业种植模式、病虫害防控、高原循环农业、农产品储存等方面的研究、推广所投入的经费不足，难以攻克目前遇到的问题（龚亚菊等，2012）。

（三）规模化、集约化生产水平低

四大高原区因经济落后，农产品生产多属于一家一户分散小规模生产，组织化程度和生产水平低，抗市场风险能力差，难以形成规模化、集约化的生产，也不能形成具有特色的产业品牌。

第二节　高原农业生产的自然条件

以云南高原为例，对于农业生产的自然条件，作者从气候水热、土壤、地形地貌、生物多样性、自然灾害、生态系统稳定程度等维度来整体把握，科学客观地认识高原农业生产的自然禀赋。

一、气候类型多且地带性立体性显著，农业气候资源多样而复杂

云南高原深受印度低压气流影响，是典型的高原季风气候区，气候类型丰富多样，有北热带、南亚热带、中亚热带、北亚热带、南温带、中温带和高原气候区共 7 个气候类型（孔垂柱，2013；李学林等，2012）。西南季风与低纬度高原、北高南低地形的复合，形成了云南高原光照充足、四季温差小、干湿季分明、垂直变化显著的气候特征。因受季风、气压、地形地貌、纬度等因素的复合影响，又使云南高原气候和水热具有区域差异性、地带性和垂直性。

由于地势北高南低，南北之间海拔相差达 6663.6m，大大加剧了因纬度因素而造成的温差。除金沙江河谷和元江河谷外，大致由北向南递增，平均温度在 5~24℃，南北气温相差达 19℃左右（王孟宇，2010；王声跃，2002）。特别是因海拔悬殊，形成了"一山分四季，十里不同天"的立体气候特点。同时，年温差小，日温差大。

得益于西南季风，云南高原降水充沛，大部分地区年降水量在 1100mm 左右，同时受季风（西南季风为主，冬季西风南支槽、北季风为辅）、副高压和蒙古高压的影响，高原干湿季分明，一般 5~10 月为湿季，11 月至次年 4 月为干季。由于干湿季分明又与地质地貌复合影响，形成了旱涝、泥石流、滑坡等灾害，不利于农业生产，同时由于地形地貌复杂多样，高原水热空间分布不均，大体上是南热北冷、西湿东干、南多北少的空间格局。

由于地处低纬度地区，云南高原无霜期长，南部边境全年无霜，光照热量充沛，水热同期，农业生产水热禀赋良好。

二、以砖红壤和山原红壤为主，土地肥力较低，水土流失常见

在上述高原气候和地理位置影响下，云南高原土壤类型以砖红壤、山原红壤为主，黄壤常见，亦有针叶林土、高山草甸土，并具有纬度地带性和垂直地带性特征（周乐福，1983）。总体而言，云南湿热，土壤以砖红壤、山原红壤为主，其土地肥力较低，但生物过程快，造就了丰富的植被类型和生物多样性，同时雨季

集中，水土流失现象常见，对农业生产有利有弊。

三、地形地势悬殊，坡耕地面积比例大，耕地资源稀缺

云南西部高大山系与大江大河交错发育，滇中高原广布，地势西北高东南低，总体高原面支离破碎，山川纵横，坝子、湖泊星罗棋布，地形复杂，地势悬殊。山地面积占全省土地面积的84%，高原面积占全省土地面积的10%，剩下约6%为坝子和水域，坡度15°以下的坝子和缓坡、丘陵约8万km²（不含水域），约占土地总面积的20.9%，人均不足3亩[①]，坡度25°以上的土地占全省土地总面积的近40%，可供耕作的土地资源相对不足（云南国土资源厅，2009；王声跃，2002）。

四、生物多样性丰富且特有种多，为农业生产提供了丰富的天然基因库

云南受水热气候、地理位置、地形地貌的复合影响，植物、动物资源性种类多且特有，其中高等植物16 411种，脊椎动物1836种中，66种兽类，125种鸟类，38种爬行类，40种两栖类和290种鱼类（陈勇等，2010）。从"植物王国"和"动物王国"的美誉中，便可知云南物种资源丰富，这为云南农业生产提供了天然且丰富的物种基因库，这对于农业发展而言是极有利的。

五、喀斯特地貌发育，石漠化现象突出，雨养农业用水瓶颈大

由于云南高原广泛的喀斯特地貌，地表水不易聚集，使得雨养农业为主的农业用水瓶颈大，加之石漠化现象突出，加大了农业生产的投入成本。

六、旱涝、低温冷害、大风雷暴、冰雹等极端天气常见，滑坡、泥石流频发

云南高原地区自然灾害种类繁多，根据灾害危害程度的不同，主要自然灾害包括气象灾害，如干旱、洪涝、冷害、霜冻、冰雹、大风等，地质灾害如滑坡、崩塌、泥石流、地震等，生物灾害如病虫害等，环境灾害如水土流失等（古永继，2004；吕拉昌和骆华松，1992；熊清华等，1989）。这些灾害对高原农业生产带来了不容忽视的破坏。特别是近4年来，干旱期基本在5个月左右，甚至半年以上，严重影响了农作物的收成。干旱主要分布在大理北部、楚雄、曲靖地区、文山、

---

① 1亩≈666.7m²

红河北部；洪涝以昭通地区、曲靖地区东部和南部、文山等地发生频率最高；冷害一般发生在沪西、玉溪到保山一线以北、海拔 1650m 以上的地区，特别是昭通、曲靖、大理北部受害较重。霜冻和冰雹灾害也以东部和北部更为突出。泥石流也对农田造成较重影响，泥石流之地石土混合，基本无法耕种，滑坡和崩塌破坏了耕地结构并直接掩埋作物，如巧家—东川泥石流，大盈江滑坡、崩塌、泥石流，兰坪、永平滑坡、崩塌、泥石流等。

云南绝大部分地区冬无严寒、夏无酷暑，有利于病虫害越冬、滋生和蔓延，在全省境内普遍分布，是农作减产和森林破坏的重要因素。

同时，云南高原雨季集中，降水强度大，山区水土流失现象突出，影响了农业生产。

七、生态系统承载力地域差异大，脆弱性和稳定性并存

云南高原复杂多样的气候、水文、植被、土被、地形地貌，孕育了多样性、地带性的自然生态系统，如多样的生物生态系统、立体的气候生态系统，复杂庞大的生态系统显示了云南生态系统的稳定性和多样性，为生命系统演化提供了优良的自然生境，同时自然特征的地域性显著，又塑造了承载力各异的自然格局，可以说是自然生态系统的稳定性和脆弱性并存，共同影响了云南高原农业发展的自然禀赋。稳定性是说云南自然生态环境自我修复能力强，在有效的人为保护或一定开发强度阈值内，生态环境不易恶化，不像高纬度、干旱半干旱地区，一旦破坏则需很长时间来恢复，甚至无法恢复。而脆弱性则是指在极端天气、大规模开垦土地、大规模伐木、大面积种植单一作物或污染严重的影响下，生态系统不易修复，导致农业生产的大面积减产，大规模损失，并且脆弱性与灾害性同时影响了云南农业稳定发展（钟祥浩，2000）。

第三节　高原农业地形地貌及土壤资源状况

一、云贵高原的地理位置和分布

中国境内的高原分布有青藏高原、内蒙古高原、黄土高原和云贵高原四大高原。青藏高原是中国最大、世界上最高的高原，有"世界屋脊"之称。内蒙古高原是中国第二大高原，古人称之为"瀚海"。最具特色的黄土高原分布在中国地势的第二级阶梯上，是中国第三大高原。云贵高原是中国第四大高原，位于中国西南部，在雪峰山以西，大娄山以南，哀牢山以东，包括云南东部、贵州全部、广西西部，以及四川、湖南、湖北的边境地区。

云贵高原东到湖南雪峰山，西起横断山脉，北邻四川盆地，是我国南北走向和东北—西南走向两组山脉的交汇处，地势西北高，东南低，海拔 1000~2000m。云贵高原西部主要在云南境内，基本上以南北走向山岭为主，如点苍山和乌蒙山等。东部主要在贵州境内，基本上是东北—西南走向山岭，如大娄山和武陵山等。以乌蒙山为界，云贵高原大致可分为云南高原和贵州高原两部分。由于云南高原和贵州高原相连在一起，分界不明，因此合称为"云贵高原"。

二、云贵高原地形地貌

云贵高原位于东经 100°~110°，北纬 23°~28°，土地面积 30 万 km²，红壤分布广，又有"红土高原"之称。云贵高原的典型地貌是岩溶地貌，分布广泛，是世界上岩溶地貌发育最完美、最典型的地区之一。岩溶地貌是石灰岩在高温多雨的条件下，经过长期水溶解和侵蚀而逐渐形成。地下和地表分布着很多溶洞、暗河、石芽、石笋、峰林等稀奇古怪的地貌。云贵高原是个被溶蚀的高原，喀斯特地貌显著，高原上石灰岩分布广，厚度大，经地表和地下水溶蚀作用，形成落水洞、漏斗、圆洼地、伏流、岩洞、峡谷、天生桥、盆地等地貌，是世界上喀斯特地貌最典型的地区之一。喀斯特地貌在云贵高原上以路南石林和贵阳地下公园最为著名。云贵高原面上有一层固结的红色土层（又称风化壳），当被风雨剥蚀后，就显露出石灰岩，形成大片石芽地。高原上发育最典型的石芽地就是路南石林，石林奇峰如笋如菌，如柱如塔，高 5~10m，面积达 26 700hm²。云贵高原是长江、西江（珠江的最大支流）和元江（下游为红河）三大水系的分水岭。这些河流的许多支流如长江水系的金沙江、赤水河、乌江、元江，西江水系的南盘江和北盘江等长期切割地面，形成许多又深又陡的峡谷，使高原的大部分地区尤其是高原边缘，基本上都是高山深谷，峰峦叠嶂。云贵高原发展到今天，山地丘陵占总面积的 90%，已成为了一个山地性的高原，土层薄是云贵高原土壤地力的重要特征。发展高原农业的土壤资源主要有坡耕地、坝区耕地和高原面山地，因此，在云贵高原发展高原农业离不开山地农业的发展。

云南高原海拔在 2000m 以上，高原地形较为明显，高原面保存良好，位于哀牢山以东的云南东部地区，因其在云岭以南，故称为云南高原。云南高原总面积 39.4 万 km²，山地约占 84%，高原、丘陵约占 10%，山间盆地零星散布其中，盆地、河谷约占 6%，最高点为滇西北德钦梅里雪山卡格博峰，海拔 6740m，最低点为滇东南河口县中越大桥下红河与南溪河交界处，海拔 76.4m，两者高差达 6674m。云南高原山地顶部地面多宽广平坦，或缓和起伏，连绵起伏的山岭间，分布着许多湖盆和盆地（俗称坝子）。云南高原分布有 1200 多个坝子，占全省耕地面积的1/3，低陷形成盆地，有积水的盆地形成湖泊。以云南省会昆明为中心的滇中高原面上，分布着滇池、抚仙湖、阳宗海、星云湖、杞麓湖五大湖泊，被称为"滇中断陷湖区"。湖盆四周湖水外泄和四周山地沙泥淤积，大多发育成湖岸平原。云南高原中的湖岸平原和坝子土壤肥沃，土层深厚，是高原的主要农业区，人口比较集中，城镇分布较多。

贵州高原海拔在 137~2400m，境内地势西高东低，自中部向东、南、北三面倾斜，位于多雨季风区，雨量充足，河流水量较大，许多河流长期切割地面，形成许多又深又陡的峡谷，地面起伏大，山脉多，因此有"天无三日晴，地无三里平"的说法。贵州高原地貌大致可分为三级地形面：山原、盆地和峡谷。高原面因长期受河流切割而呈山原形态，是高原上最高的一级，以贵州西部最典型。在高原面下，分布着一些盆地（坝子），最大的是贵阳盆地，是高原上的主要农耕地带。峡谷是河流长期下切形成的，如乌江河谷深达 300~500m，在这里"对山唤得应，走路要一天"。著名的北盘江打帮河上的黄果树瀑布，宽约 20m，高超过 50m，从陡崖上飞流直下，气势磅礴，是我国最大的瀑布。

三、云贵高原土壤资源

云贵高原土壤资源主要是红壤，又称红土高原。云南北部、贵州南部有红壤分布，红壤的母质多样，以花岗岩、第四纪红黏土为主，砂岩、泥岩、玄武岩、石灰岩、片麻岩也有相当的面积。红壤土有机质含量一般多在2%以下，侵蚀地区有机质含量小于 1%，因磷的固定作用，有效磷含量极低，钾元素含量随母质而异，一般也较低。红壤全剖面呈酸性或强酸性，pH 为 4.5~5.5，以 pH 在 5.0 左右居多，盐基饱和度小于 35%。根据红壤黏、酸、瘦的特点，应逐步深耕，合理施用氮、磷，以磷增氮，用养结合等培肥措施，提高土壤肥力。由于水热条件好，适宜种植粮、棉、油料、糖料等多种作物。

西南地区土壤类型比较复杂，优势土壤类型不明显，主要包括红壤、黄壤等地带性土壤类型，石灰土和紫色土等非地带性岩成土壤类型。除红壤外，紫色土也是云贵高原坡耕地的主导土壤类型之一。紫色土是我国南方丘陵地区一种比较肥沃的土壤，具有良好的保肥蓄肥能力，缓冲性强，养分供应平衡，适宜多种作物生长。紫色土质地随母岩的类型而异，由砂壤土到轻黏土。有机质、全氮含量一般较低，有机质小于1%，而磷钾含量相当丰富，全磷高达 0.15%，全钾高达 2%，紫色土 pH 一般为 5.0~9.0，盐基饱和度 80%~90%，但因其风化快，在利用中要注重预防水土流失。

四、影响云贵高原土壤形成和分布的自然条件

（一）气候、地形和地貌

云贵高原因受西南季风、东南季风和热带大陆气团的控制，具有热带及亚热

带的气候特征。西部云南高原主要受西南季风的影响，以康藏高原为屏障，受西北冷空气影响较小，年温差小，冬暖夏凉，干湿季分明。东部贵州高原受东南季风和西伯利亚冷空气影响较大，年温差大，冬冷夏热，无明显干湿季。云贵高原南北气候差异较大，南部属于热带和南亚热带气候，北部属于亚热带气候。除气候特征的影响外，影响云贵高原土壤分布和发育的还有地貌条件，如高山、河谷、高原、盆地和山地的坡向与河流切割程度等地域性的复杂变化。

（二）地质构造

云贵高原的地质构造主要由康滇台背斜、滇桂台向斜及鄂黔台向斜的一部分构成，地貌类型有高原面、山地、河谷、盆地和喀斯特丘陵。整个地区西北高，东南低，起伏较大，高低悬殊，山地与河谷相对高差一般为 1000~2000m，最大可达 3000m，因而土壤垂直带明显。又因构造运动的间歇上升及长期剥蚀作用，形成不同海拔的高原面。云南高原由南到北主要有海拔 1300~1400m、2000~2500m和 3000~3500m 三级高原面。贵州高原有海拔 2000~2500m、1700~1800m、1000~1200m 和 800m 左右的各级高原面。各级高原面上，常见残存的大面积红色风化壳。阶梯状高原面的存在，对本区生物气候条件和土壤分布有一定影响。

（三）山脉、河流

山脉及河流对区域气候、植被类型，以及土壤发生和分布等特征都有显著的影响。云贵高原主要山脉有高黎贡山、怒山、哀牢山、大娄山和乌蒙山等。前三者与怒江、澜沧江及元江等南北并列，而后两者横贯高原东北部。由于河谷切割程度和排列走向的不同，形成特殊的干热或湿热的河谷气候，使区域性水热状况发生分异，成为影响土壤发育的原因之一。例如，云南元江河谷，下游属湿热的热带雨林气候，发育着风化强烈、土层深厚、强酸性的黄色砖红壤；上中游属于热带稀树草原气候，发育着红褐色、中性、淋溶弱、盐基含量较高的热带稀树草原土。

（四）植被类型

云贵高原西部山地和南部热带地区自然植被保存较好，在植被类型的水平分布上，由南向北为热带雨林（砖红壤）、南亚热带常绿阔叶林（砖红壤化红壤）和中亚热带常绿阔叶林（红壤及黄壤）。

五、云贵高原土壤分布规律

云贵高原的土壤分布既有全国和世界范围的普遍性，也有高原山地的特殊性，虽成土因素复杂，土壤类型繁多，但土壤分布具有明显的规律性（邹国础，1965）。云贵高原土壤地理分布极其复杂，既不同于一般平原地区，也不能单纯作为一个简单的垂直带来看，其特点与高原的特殊生物气候条件、地貌因素、山脉、河流都有密切的关系。

（一）水平分布规律

东西土壤分布规律：黔中高原（贵阳）一带分布黄壤；滇中高原（昆明）一带分布红壤，其中，红壤由昆明向西至下关逐渐过渡成褐红壤；高黎贡山和芒市一带分布砖红壤性红壤（谢俊奇，2005）。

云南高原土壤类型由南向北的水平地带性分布为：砖红壤→赤红壤→红壤→棕壤。水平分布中的区域性分布为：砖红壤和赤红壤带中干热河谷的燥红土，红壤带的紫色土，岩溶地貌中的石灰（岩）土区（雷宝坤等，2013）。

贵州高原土壤的分布，不仅具有土壤水平地带性和垂直地带性的普遍规律，而且表现出高原土壤分布的特征（邹国础，1965；邹国础和赵其国，1964）。贵州高原土壤类型由南向北为：海拔500~600m的红壤带→海拔800~1200m的黄壤带。经度地带性由东向西为：海拔500~600m的红壤→海拔700~1400m的黄壤→海拔1900m以上的黄棕壤→棕壤（秦松等，2009；廖德平和龙启德1997）。中东部地区的湿润性常绿阔叶林带以黄壤为主，西南部地区的偏干性常绿阔叶林带以红壤为主，西北部地区的北亚热带常绿阔叶林带以黄棕壤为主。还有受发育母岩制约的石灰土、紫色土、粗骨土、水稻土、棕壤、潮土、泥炭土、沼泽土、石灰土、石质土、山地草甸土、红黏土、新积土等土类。

（二）土壤纬度地带性规律

在热带和亚热带土壤气候带中，分布有砖红壤性土地带、砖红壤化红壤地带、红壤地带和黄壤地带。

砖红壤性土地带：分布于云南南部海拔800m以下低山丘陵地区，东起河口，西止芒市，南与老挝、越南、缅甸等国的同一地带相连，北与海拔1000m以上的高原相连。砖红壤性土地带热量丰富，植被以热带雨林为主，适宜发展热带作物。

砖红壤化红壤地带：分布于云南高原中部海拔1200~1600m和贵州高原南部海拔400~500m地区，植被为南亚热带常绿阔叶林，土壤发生特性表现有砖红壤性土与红壤土之间的过渡特征，在农业利用上要考虑此特点。海拔较低的河谷盆地热量丰富，可发展甘蔗、咖啡等热带经济作物。海拔较高的高原盆地易于发展樟、茶等亚热带经济林。

红壤地带：分布于滇中和滇北的丘陵盆地地区，土壤基带海拔约2000m，是具有高原地带性特征的土壤。该地带气候暖和，植被为常绿阔叶林与松栎树混交林，是云南主要的粮食作物基地，丘陵地区可发展经济林。

黄壤地带：分布于云贵高原东部，包括贵州高原大部分地区，土壤基带平均海拔 800~1000m。该地带气候暖和湿润，植被以常绿阔叶林为主，次生林为松栎混交林，农业利用以稻、麦为主，宜发展茶、油桐、松、杉等亚热带经济林和用材林。

（三）土壤垂直分布规律

云南高原海拔由低到高的垂直地带谱为：砖红壤→赤红壤→燥红土→红壤→黄壤→黄棕壤→棕壤→暗棕壤→棕色针叶林土→亚高山草甸土→高山寒漠土。

贵州高原海拔由低到高的垂直地带谱为：山地草甸土→黄棕壤→黄壤→红壤。

云贵高原的地形地貌复杂、地区性生物气候垂直差异明显、海拔高低悬殊、河流切割程度不同等因素，导致了该区土壤资源的垂直差异变化较大。总体看，云贵高原的土壤垂直分布具有以下特点。

（1）每类土壤水平地带内呈现出一定的、特有的山地垂直带谱。

砖红壤性土地带的垂直带谱：海拔由高到低，2200m 以上的山地灌丛草甸区表现为山地灌丛草甸土，1500~2200m 的湿性常绿阔叶林区表现为山地表面潜育黄壤，1200~1500m 的热带常绿阔叶林区表现为山地砖红壤化红壤，800~1200m 的山地雨林区表现为山地砖红壤性红壤，800m 以下热带雨林区表现为砖红壤性土。

砖红壤化红壤地带的垂直带谱：海拔由高到低，山地灌丛草甸土→山地黄棕壤→山地黄壤→山地红壤→山地砖红壤化红壤。

红壤地带的垂直带谱：海拔由高到低，包括亚高山草甸土→山地灰棕壤→山地棕壤→山地黄壤→山地红壤等。

（2）由于"省性"地域的影响，使同一土壤带内土壤垂直带谱中的某些土壤出现的海拔有所不同。例如，砖红壤性土地带的垂直带谱中，东部天宝和西部勐定的山地黄壤分别分布在海拔 1000m 以上和 1500m 以上，东西垂直差距 500m，且黄壤发育程度有明显差异。黄壤地带的垂直带谱中，大娄山区东部正安和西部习水的山地黄壤分别分布在海拔 1300m 以上和 1500m 以上，两地垂直高差相差200m。

（3）由于河流深切，土壤水平基带以下形成峡谷垂直系列，出现非所处纬度地带应出现的土壤类型，造就了云贵高原特殊的"复合"土壤垂直结构。例如，哀牢山—元江峡谷的复合土壤垂直分布规律为：海拔由高到低，山地灌丛草甸土→山地黄棕壤→山地黄壤→山地红壤→山地砖红壤化红壤→热带稀树草原土。由于河谷海拔低于 500m，加之焚风效应的作用和干热气候的影响，河谷下部比该区域一般的山地垂直带谱结构中多发育了一类特殊的热带稀树草原土。

（4）高原山地的不同坡向发育了不同的土壤垂直结构。以高黎贡山土壤垂直分布规律为例，一是不同坡向发育的主要土壤类型不同。东坡以保山为代表，土壤类型以红壤为主；西坡以腾冲为代表，土壤类型以黄壤为主。二是同一土壤类型在同一山脉的不同坡向的垂直分布海拔下限不同。例如，山地黄壤和山地黄棕壤，东坡的分布海拔下限均比西坡的高 100~200m。三是土壤垂直带的结构不同。东坡比西坡多发育了亚热带稀树草原土和山地褐红土，但黄壤的面积比西坡大大减少。

六、云贵高原土壤资源和类型

云贵高原土壤资源主要是红壤，又称红土高原。云南高原在地势变化与纬度变化的复合作用下，造成成土过程和土壤类型的多样性，山川南北走向改变了土壤分布的基本格局。古红色风化壳与现代风化壳交错出现，使土壤类型及其理化性质发生"倒置"现象，土壤形成过程主要是脱硅富铝化过程。云贵高原主要土壤类型、分布及利用情况见表 1.1。

表 1.1　云贵高原主要土壤资源类型、分布及利用

Tab. 1.1　The main soil types，distribution and utilization of Yunnan-Guizhou plateau

土纲类型	土类	云南高原		贵州高原	
		分布	利用现状	分布	利用现状
铁铝土纲	砖红壤	南部、西南部海拔 800m 以下河谷阶地、丘陵低山区和东南部海拔 400m 以下河口等地。西双版纳、红河等，面积 66.95 万 hm²[①]	发展热带经济林、水果、南药、花卉等，如橡胶、咖啡、芒果、菠萝等。注意预防水土流失和土壤贫瘠化	南北盘江和红水河湿热地带	适宜玉米、甘蔗和油菜等作物种植
	赤红壤	思茅、曲靖、玉溪、红河、西双版纳、文山、保山、德宏、临沧，面积 515.30 万 hm²	发展甘蔗、咖啡、橡胶、芒果、柑橘、薯类、陆稻等名特优产品		
	红壤	广泛分布于北纬 24°~26°海拔 1500~2500m 的高原湖盆边缘及中低山地。昆明、大理、保山，面积 1136.97 万 hm²	发展玉米、马铃薯、烤烟、桑蚕、水果等粮经作物。注意培肥土壤，防治土壤侵蚀	铜仁、贵州东南部海拔 700m 以上、贵州南部、贵州西南部海拔 450~900m 地带。北盘江、六盘江、安顺地区零星分布，面积 114.59 万 hm²	适宜松树、杉树、油桐、油菜等亚热带果木和作物种植
	黄壤	11 个地州山地分布，成片分布于滇东北。面积 229.49 万 hm²	发展林业，华山松、杉木等。作物一年二熟，适宜多种粮经作物。山区发展核桃、板栗等	中部、北部和东部海拔 500~1400m 及西南部海拔 900~1900m 地带，遍及贵州高原是主体部分，面积 738.37 万 hm²	发展林业杉树、茶树等。农作物有油菜、玉米、小麦、烤烟等

① 1hm²=10⁴m²。

土纲类型	土类	云南高原		贵州高原	
		分布	利用现状	分布	利用现状
半淋溶土纲	燥红土	元江、金沙江、怒江等干热河谷。面积38.85万 hm²	适宜作为多种热带、南亚热带特种经济作物的"天然温室"。如热区水果和蔬菜		
	褐土	金沙江、澜沧江及其支流的河谷地带。面积11.41万 hm²	适宜多种暖温带热带植物生长		
淋溶土纲	黄棕壤	北纬27°以南，海拔1800~2700m 的中山坡地上部。面积296.10万 hm²	以发展林业为主,平缓地种植马铃薯、小黑麦、白云豆、兰花子等粮油作物	贵州西北部和西部威宁、赫章、纳雍、毕节、水城等。面积98.44万 hm²	适宜发展林牧业,适种马铃薯、荞子等
	棕壤	北纬25°以北,海拔2600~3400m的山地。面积253.63万 hm²	适于多种林木生长	海拔2500m 以上高原山地。面积5.17万 hm²	发展林业
	暗棕壤	迪庆、怒江和大理海拔3000~3700m 的高山地区。面积65.52万 hm²	是西洋参、人参等中药材的重点保护区		
	棕色针叶林土	北纬25°以北,海拔3400~4000m 的高山地区,与暗棕壤交错分布。面积63.78万 hm²	适于冷杉、云杉等林木生长		
高山土纲	亚高山草甸土	森林线以上的亚高山灌丛草甸。面积55.48万 hm²	适于发展草甸牧场	贵州东北部海拔2200~2300m、贵州东南海拔1800 以上、贵州西北2700m 以上的山体和山脊。面积2.23万 hm²	气候寒冷,适宜发展草甸牧场
	高山寒漠土	滇西北玉龙雪山、梅里雪山等海拔4500m 以上的高山流石滩地带。面积12.03万 hm²	适于坐垫状植物和地衣生长,目前难以开发利用		
初育土纲	紫色土	与红壤交错分布,滇中海拔1500~2500m,滇南海拔1000~2000m。面积495.98万 hm²	适宜烤烟种植,林木发展云南杉、常绿阔叶林等	贵州北部和西北部的赤水、习水和仁怀一带,贵阳、黄平、余庆、榕江等零星分布。面积88.67万 hm²	适宜发展林业
	石灰(岩)土	喀斯特地貌发育的文山、昭通、曲靖、昆明、丽江、红河等零星分布。面积108.69万 hm²	不宜农耕,保护现有植被,封山育林、育草,保持水土,促进生态平衡。缓坡可因地制宜地发展经济林和果木	贵州中部、南部分布广泛,范围有遵义、毕节、六盘水等。面积278.56万 hm²	适宜发展柏树、乌桕、杜仲、玉米和豆类
	火山灰土	滇西腾冲县中部火山群熔岩区。面积0.99万 hm²	适于玉米、旱谷、烤烟、小麦、豌豆等生长		

续表

土纲类型	土类	云南高原		贵州高原	
		分布	利用现状	分布	利用现状
初育土纲	冲积土	金沙江、澜沧江、元江、南盘江、伊洛瓦底江及其支流沿岸。面积34.37万hm²	适于水土保持林和草地的建设，或间作其他农作物		
	粗骨土			以贵州北部中山峡谷、南部低山峡谷、西部高原向中部高原面过渡地带较多。面积95.5万hm²	以发展松、杉、柏等用材林为主
	石质土			集中分布于六盘水和安顺地区。面积11.84万hm²	以发展刺槐、青冈、女贞等林木为主
水成土纲	沼泽土	山间谷地、封闭或半封闭的盆地等地表水汇集和地下水位高的地区	适于沼泽植物和湿生类型植被生长	局部地形低洼、长期渍水区域。面积0.69万hm²	沼泽植物和湿生类型植被生长
人为土纲	水稻土	海拔2500m以下地势平缓坝区、山间盆地、河流两岸冲积地带、山谷谷底及其出口处冲积扇。面积136.51万hm²	常用于水稻种植和其他作物轮作	贵州海拔1500m以下坝区均有分布。面积155.02万hm²	常水稻和其他作物轮作

云南高原土壤分类根据第二次全国土壤普查汇总的《中国土壤》分类系统表，分为铁铝土（56.55%）、淋溶土（18.12%）、半淋溶土（1.34%）、初育土（17.19%）、人为土（3.88%）、高山土（1.92%）和水成土（1%）7个土纲，20个土类，34个亚土，145个土属，288个土种，红壤类土壤是云南高原的地带性基础土壤（谢俊奇，2005）。贵州高原土壤面积共1591.31万hm²，占全省土地面积的90.4%，农、林、牧业可用土壤仅占全省总面积的83.7%（秦松等，2009；邹国础和赵其国，1964）。贵州高原土壤类型复杂多样，黄壤占土壤总面积的46.4%，石灰土17.5%，水稻土9.7%，红壤7.2%，黄棕壤6.19%，粗骨土6.0%，紫色土5.57%，山地草甸土1.14%，石头土0.74%，棕壤0.34%，其他红黏土、新积土、泥炭土和潮土占0.78%，以农业为主的坡耕地土壤资源占47.36%，综合条件好的坝区土壤占11.96%（秦松等，2009）。

第四节　高原农业生产存在的问题

我国有青藏高原、内蒙古高原、黄土高原和云贵高原四大高原地区，占我国国土面积的36%，涉及6个省和3个自治区，地处我国欠发达的西部地区。四大高原地区普遍存在以下农业生产问题。

一、农业生产基础薄弱

土壤肥料低下。黄土高原的耕种土壤是在黄土母质上发育而来的幼年性黄绵土，土壤严重退化，储量低，养分富集层浅，养分富集率低，有不少土壤难以形成土壤养分富集层，土壤生产力严重下降（彭珂珊，2000）。

农业生产粗放。农民文化素质低，科技意识薄弱；生产技术比较落后，种植不规范，管理不科学，机械化程度很低；病虫害发生普遍，危害严重，防治难度大。加之干旱、霜冻、冰雹等自然灾害频发，与发达地区的生产水平比，差别较大，规模化、集约化程度低，整体生产水平不高。

二、生态环境脆弱

2008 年发布的《全国生态脆弱区保护规划纲要》中，东北林草交错生态脆弱区、北方农牧交错生态脆弱区、西北荒漠绿洲交接生态脆弱区、南方红壤丘陵山地生态脆弱区、西南岩溶山地石漠化生态脆弱区、西南山地农牧交错生态脆弱区、青藏高原复合侵蚀生态脆弱区等，将四大高原纳入其中。生态环境脆弱主要表现如下。

水土流失严重，石漠化现象较为严重。青藏高原的耕地除山原地外，大多分布在部分阶地、洪积扇形地、侵蚀肩坡地等处，加之长期连作，造成水土流失严重（胡继华和曾皓，2004）。内蒙古高原存在水力侵蚀、风力侵蚀、风水复合侵蚀、冻融侵蚀、工程侵蚀 5 种侵蚀类型，呈现出水土流失类型的多样性（刘永宏等，2002）。年复一年的水土流失，使得山区、丘陵区的大片土地被切割得支离破碎，肥沃的农田被冲刷，导致岩石裸露，不能耕种，成为不毛之地（刘永宏等，2002）。黄土高原由于梁峁起伏、沟壑纵横的地貌结构，植被覆盖差及降水强度大，土壤侵蚀极为严重（高学田和郑粉莉，2004）。云贵高原区碳酸盐岩分布最为集中，溶蚀作用强烈。地貌上形成峻峭的山丘及低的洼地沟谷（喀斯特地貌），地面多石沟、石芽。岩溶地貌分布广，形态多样。土壤一般都很浅薄，但有较强的凝聚力、质地黏重、透水性差（安裕伦等，1999）。故水土流失多为面蚀，侵蚀强度多属微度或轻度。其中，已开垦的山坡可达中度至强度侵蚀。其特点是植被一经破坏，侵蚀强度将急剧加大，而且裸露地面越来越广（石漠化），潜在危险性极大。其侵蚀物除地表流失外，还经溶洞、暗河流失（高华端，2003）。

气候干旱，水资源短缺，资源环境矛盾突出。青藏高原面向海洋气流的边缘是多雨带，而高原内部与背向海洋气流边缘则雨量少。高原南麓的乞拉朋齐（印度）平均年降水量达 11 429mm，而高原腹地、西部、北部年降水量不到 100mm。黄土高原地处内陆，远离海洋，受东亚季风控制，气候温和干燥，冷暖变化分明，降雨集中，年变幅与月变幅较大，是明显的大陆性季风气候。大部分地区年降水量只有 400mm 左右，自然灾害频繁，由于气候干燥，气候变化强烈，降雨集中，暴雨成灾（张民侠，2004）。通过分析广西上空大气结构，专家发现受厄尔尼诺现象影响，在台湾岛至中南半岛之间，形成了一条长 3000 多 km、宽度跨越 4 个纬度的巨型高压坝。高压坝像一堵墙，横在广西南部上空，阻挡太平洋水汽西进。即使北方有冷空气南下，也无法与水汽汇合，造成广西、贵州、云南交汇地区自从 2009 年 8 月以来几乎没有降雨，遭遇 50 年来少有的极端干旱。

三、农业现代化水平低

就全国而言，四大高原涉及 6 个省和 3 个自治区，地处我国欠发达的西部地区。农业生产条件较差、生态环境脆弱、市场化与信息化水平低、人才缺乏、科技支撑不足，尤其农、林、牧等产业结构不同程度地存在同构、缺位、低位和错位等缺陷，农业综合生产能力和比较效益低，农民增收难度大，农民人均纯收入除了内蒙古自治区接近全国平均水平外，其他几个省区均在全国后列。

受传统思维方式和农民素质的影响，高原农业的发展速度和发展规模仍然不高，难以形成规模效益。农民组织化程度低，千家万户市场的风险较大，产业化发展水平低。例如，黄土高原大部分地区以种植业为主，产业结构单一，多以粮食生产为主，第二、第三产业发展缓慢，区域的自然条件和特定的地形地貌特征决定了生产只能在流域割裂的自然单元内进行，城镇间经济联系不紧密，彼此呈相对孤立的发展状态。农作区多为传统的自然农业区，以户经营，小规模生产；主要产品是附加值低的农林牧副产品。尽管各级政府部门提出了农业生产向与生产水平相适应的规模化经营方式转化，但受地形限制，很难成就规模化生产（白霞等，2008）。

各级地方财政的投入机制不健全，地方反哺农业的实力相对薄弱，农民收入低，扩大再生产的能力不足。农田水利设施、道路等基础设施建设滞后，现代农业发展所要求的物质装备水平尚未达到。农村青壮年劳动力外出打工，从事农业生产的大部分为妇女和老人，文化水平相对较低，接受新技术和经营管理的能力较弱，难以适应现代农业的发展需要（陈有卓，2009）。

参 考 文 献

安裕伦，蔡广鹏，熊书益.1999.贵州高原水土流失及其影响因素研究.水土保持通报，19（3）：47~52.
白霞，陈渠昌，张士杰，等.2008.论黄土沟壑区小尺度水资源优化配置的重要性.中国水利水电科学院学报，6（2）：149~155.
陈勇，安科，张辉.2010.云南生物多样性的现状及发展前景.山东林业科学，2：100~103.

陈有卓. 2009. 发展高原特色农业的潜力和对策. 青海农技推广, 3: 19~20.

高华端. 2003. 贵州岩溶地区地质条件对水土流失的影响. 山地农业生物学报, 22 (1): 20~22.

高维洁, 李兆芬, 赵明. 1996. 贵州省水稻土定位检测初报. 耕作与栽培, 6: 49~52.

高学田, 郑粉莉. 2004. 陕北黄土高原生态环境建设与可持续发展. 水土保持研究, 11 (4): 47~49.

龚亚菊, 吴丽艳, 鲍锐, 等. 2012. 云南高原夏秋蔬菜发展现状及对策. 第二届云南省科协学术年会暨高原特色农业发展论坛: 64~66.

古永继. 2004. 历史上的云南自然灾害考析. 农业考古, (1): 233~238.

胡继华, 曾皓. 2004. 青藏高原东部立体气候资源开发利用除析. 四川气象, 89 (3): 14~46.

孔垂柱. 2013. 发展高原特色农业建设绿色经济强省——云南发展农业特色产业的实践与思考. 云南社会科学, 1: 5~11.

雷宝坤, 朱红业, 让·克鲁德·雷格皮尔. 2013. 山区保护性农业理论与实践. 昆明: 云南科技出版社.

李学林, 武卫, 罗雁. 2012. 加快高原特色农业发展的几点建议. http://jjrbpaper. yunnan. cn/html/2012-08/03/content_607348. htm?div=-1[2014-6-3].

廖德平, 龙启德. 1997. 贵州林业土壤. 贵州林业科技, 25 (4): 1~66.

刘永宏, 曹建军, 姚建成, 等. 2002. 内蒙古水土流失现状与治理对策. 内蒙古林业科技, 1: 39~45.

吕拉昌, 骆华松. 1992. 云南省主要自然灾害的空间分析. 云南教育学院学报, 8 (6): 79~81.

彭珂珊. 2000. 黄土高原地区退耕还林 (草) 的基本思路. 云南地理环境研究, 12 (2): 37~44.

秦松, 范成五, 孙锐锋. 2009. 贵州土壤资源的特点、问题及利用对策. 贵州农业科学, 37 (5): 94~98.

王孟宇. 2010. 云南农业气候资源的现状及综合利用对策. 西南农业学报, 23 (2): 598~601.

王声跃. 2002. 云南地理. 昆明: 云南民族出版社.

吴征镒, 裴盛基. 1980. 植物资源的利用和保护. 热带植物研究, 16: 1~9.

谢俊奇. 2005. 中国坡耕地. 北京: 中国大地出版社.

熊清华, 邓德仁, 李常林. 1989. 改善云南农业环境及抑制自然灾害之对策探讨. 生态经济, (4): 17~22.

虞光复, 陈永森. 1998. 论云南土壤的地理分布规律. 云南大学学报, 20 (1): 55~58.

云南国土资源厅. 2009. 云南土地利用总体规划大纲 (2006~2020 年).

张民侠. 2004. 黄土高原生态环境现状及其治理对策. 南京林业大学学报 (人文社会科学版), 4 (4): 75~79.

钟祥浩. 2000. 干热河谷区生态系统退化及恢复与重建途径. 长江流域资源与环境, 9 (3): 376~383.

周乐福. 1983. 云南土壤分布的特点及地带性规律. 山地研究, 1 (4): 31~38.

邹国础, 赵其田. 1964. 云贵高原地区土壤区划. 中国土壤学会 1962 年年会论文集.

邹国础. 1965. 云贵高原土壤地理分布规律. 土壤学报, 13 (3): 253~261.

邹国础. 1981. 贵州土壤的发生特性及分布规律. 土壤学报, 18 (1): 11~23.

第二章　养分管理理念与施肥

第一节　植物营养基本理论

植物营养是施肥的理论基础。合理施肥应按照植物营养特性，结合土壤、气候、栽培技术和生态环境等因素综合考虑。即将植物内在的代谢作用和外界的环境条件结合起来，辨证地研究它们相互间的关系，从而找出合理施肥的理论及其施肥技术措施，以指导生产。

一、植物生长发育必需的营养元素

（一）确定必需营养元素的三条标准

必要性：缺少这种元素植物就不能完成其生命周期。

不可替代性：缺少这种元素，植物会出现特有的症状，而其他元素均不能代替其作用，只有补充这种元素后症状才会减轻或消失。

直接性：这种元素直接参与植物的新陈代谢，对植物起直接的营养作用，而不是改善环境的间接作用。

目前，国内外公认的高等植物所必需的营养元素有 16 种。它们是碳（C）、氢（H）、氧（O）、氮（N）、磷（P）、钾（K）、钙（Ca）、镁（Mg）、硫（S）、铁（Fe）、硼（B）、锰（Mn）、铜（Cu）、锌（Zn）、钼（Mo）、氯（Cl）。

（二）必需营养元素的分组

一般以元素含量占干物质质量的 0.1%为界线，分为大量营养元素和微量营养元素。大量营养元素含量占干物重的 0.1%以上，包括 C、H、O、N、P、K、Ca、Mg、S 等 9 种；微量营养元素含量一般在 0.1%以下，包括 Fe、B、Mn、Cu、Zn、Mo、Cl 等 7 种。

（三）必需营养元素的来源

碳和氧来自空气中的二氧化碳，氢和氧来自水，其他的必需营养元素几乎全部来自土壤。由此可见，土壤不仅是植物生长的介质，而且是植物所需矿质养分的主要供给者。

二、肥料的三要素

植物对氮磷钾的需求量较大，而土壤中含有的、能被植物吸收的有效量较少；同时以根茬归还给土壤的各种养分中，氮磷钾是归还比例最小的元素，一般不足10%。因此，氮磷钾元素需要以肥料的形式补充给土壤，通常把氮磷钾称为肥料的三要素，而把氮磷钾肥称为三要素肥料。长期以来，人们非常重视氮磷钾肥的增产作用，并且氮磷钾肥的化肥工业也得到了迅速发展。

非必需营养元素中一些特定的元素，对特定植物的生长发育有益，或为某些种类植物所必需，这些元素为有益元素。如硅（Si）、钠（Na）、钴（Co）、硒（Se）、镍（Ni）。硅是水稻等禾本科植物必需的；钴可能是豆科植物必需的；钠是藜科植物生长所必需的；硒和镍也对某些植物的生长有利。

三、根对无机养分的吸收

根系吸收的养分主要是溶解在土壤溶液中的无机离子，如 NH_4^+、K^+、Ca^{2+}、Mg^{2+}、Fe^{2+}、Fe^{3+}、NO_3^-、$H_2PO_4^-$ 等，还有少量的有机分子，如氨基酸、糖类、植素等。

根系对养分的吸收有主动吸收和被动吸收两种方式。但无论是主动吸收还是被动吸收，养分离子必须从土体向根表迁移。

（一）土壤中养分的迁移

1. 质流

质流是由于植物的蒸腾作用，根系吸水消耗根表土壤水分，引起土体中的水分携带养分离子由土体向根表迁移。

质流方式迁移养分的距离较长，是土壤养分向根表移动，特别是土体中长距离养分迁移的主要方式。NO_3^-、Ca^{2+}、Mg^{2+}、SO_4^{2-}、Cl^- 等养分离子主要是以质流方式向根表迁移。作物蒸腾量大、土壤溶液的养分浓度高，养分以质流的方式迁移的量就大。

2. 扩散

由于根系吸收养分，使根表附近的养分与土体养分存在养分离子的浓度差而引起土壤养分离子由高浓度向低浓度迁移。养分离子的短距离迁移主要靠扩散。

离子的种类、土壤养分离子浓度、土壤含水量、根系活性等因素影响养分扩散。

阴离子扩散较快（磷酸根除外），阳离子扩散较慢（阳离子易被土壤胶体吸附）。

50%以上的磷钾离子以扩散方式到达根表。测定根表附近与土体的养分浓度，可判断养分是否亏缺。

3. 截获

根系在土壤中伸长，并与土壤紧密接触，使根系释放的 H^+ 和 HCO_3^- 与土壤胶体的阴、阳离子直接交换而到达根表并被吸收。

一般根系表面积仅为土体中的 1%~3%，所以靠截获吸收的养分仅占总养分吸收量的 0.2%~10%。氮占 7%、磷占 24%、钾占 7%。钙和镁通过截获吸收得较多。截获量的多少取决于根系的阳离子代换量。

四、影响根系吸收养分的主要因素

植物吸收养分与其根系所处的环境条件密切相关。当环境条件改变时，植物吸收养分的状况就会改变。如植物的主动吸收需要能量，而能量来自于植物本身的光合作用和呼吸作用。因此一切与植物代谢作用有关的条件都能影响根系对养分的吸收。

（一）土壤温度

温度影响土壤养分的有效性、微生物的活性、根系的活力和吸收能力。

根系生长的最适温度为 15~25℃。在一定的范围内随温度提高，呼吸作用增强，吸收养分的速率增加，吸收数量也增加。当温度下降时，植物的呼吸作用减弱，养分的吸收数量也随之减少。但温度超过 40℃，根系老化，酶的活性下降，养分吸收数量就明显减少。低温对阴离子吸收的影响大于阳离子，温度对磷钾吸收的影响比氮明显。

土壤温度低于 10℃时，根系对磷的吸收比较困难。因此，越冬类作物要增施磷钾肥，特别是磷肥，以提高其抗寒能力，不同植物对温度的反应也不同。

（二）土壤水分

水分是生命活动的重要因素，其对植物吸收养分的影响是多方面的。

（1）土壤水分是根系生长的必要条件。

（2）土壤水分是养分和施入肥料的溶剂，只有溶解在土壤水分中的养分才能被作物根系吸收并在土壤中迁移。

（3）土壤水分是土壤中有机养分矿化和无机养分转化的必要条件。

（4）土壤养分在土体内的迁移、植物的被动吸收与土壤水分密切相关。

（5）土壤水分影响土壤中离子的溶解度、土壤氧化还原状况，也间接影响离子的吸收。

（三）土壤通气条件

1. 根系的呼吸作用

通气良好的条件下，能使根部供氧状况良好，并能使呼吸产生的 CO_2 从根迹散失，这对根系的正常发育、根的有氧代谢和离子的吸收都有十分重要的意义。

2. 有毒物质的产生

通气良好，有氧呼吸增加；通气不良的嫌气条件，无氧呼吸增加，有机质分解不完全，产生中间产物和有毒物质。

3. 土壤养分的形态和有效性

养分的有效化和无效化过程都是在微生物的作用下完成的，如硝态氮、铵态氮的转化，有机质的矿化等。不同的通气条件，土壤养分的存在形态不同，有效性不同。淹水条件下土壤中的 Fe^{3+} 还原为 Fe^{2+}，磷的有效性高；氧化条件下以 Fe^{3+} 存在，形成难溶性的 $FePO_4$，磷的有效性降低。因此水旱轮作中磷肥主要施在旱田上。

大田的土壤孔隙度为 5%（旱田），蔬菜地的孔隙度为 10%。

（四）土壤酸碱度

1. 影响土壤养分的有效性

如 pH 大于 7 的土壤，钙离子含量多，会出现缺铁、缺锌的现象。随土壤 pH 提高，铁、锌、铜、锰的有效性降低，钼的有效性增加，硼在中性范围内有效性最高。磷的有效性也是在 pH 6~7.5 最高。

2. 影响阴、阳离子的吸收

根细胞表面蛋白质是两性胶体，可以同时解离出阴离子和阳离子。大多数蛋白质的等电点在酸性条件下，pH 为 6 左右。在酸性条件下反应时（介质 pH<蛋白质等电点），蛋白质分子中羧基解离受到抑制，氨基解离增加，蛋白质分子以带正电荷为主，外界阴离子吸收增加。反之，如果外界溶液介质 pH 超过蛋白质等电点（pH>6），蛋白质分子中氨基解离受到抑制，羧基解离增加，蛋白质分子以带负电荷为主，外界阳离子吸收增加。

五、养分的平衡及相互关系

（一）养分平衡

养分平衡是指植物最大生长速率和产量必需的各种养分浓度间的最佳比例和收支平衡。作物在整个生育期中需要许多养分且数量的差异较大，这种差异是由作物的营养特性决定的。不同植物吸收养分的数量和比例不同，如小麦每形成100kg的籽粒需要吸收氮素 2.7kg、磷素（P_2O_5）1kg、钾素（K_2O）3.8kg；水稻每形成 100kg 籽粒需要氮素 1kg、磷素（P_2O_5）1kg、钾素（K_2O）1.5kg。

作物主要从土壤中吸收各种养分，但有效养分的数量并不一定符合作物的需要，常常需要通过施肥解决，这就是养分平衡。因此土壤养分平衡也是作物正常生长的重要条件之一。如果施用肥料过多，尤其是偏施某一种肥料或养分，破坏了养分平衡，作物的生长就会受到影响。这种人为施肥造成的养分比例不均衡，称为养分比例失调。

养分比例失调会引起作物对某些养分吸收的减少。氮肥施用量过大而不注意施用磷钾肥，不仅会造成减产，而且会影响产品的品质。如棉花施用氮肥过多，前期生长过旺，体内的 C/N 失调，造成落花落果。果树和蔬菜产品含糖较多，在氮肥用量较大时，作物吸收了大量的氮素，体内的碳水化合物用于合成氨基酸和蛋白质，从而降低了含糖量，影响品质和耐储性。如果在施氮的基础上施用磷钾肥，就调节了土壤中养分的平衡，使产量提高，品质改善。

在生产中还会发生因某一些元素的严重不足和过量导致营养失衡而引起生理病害。但在没有达到这种极端的条件下，营养元素间的相互作用往往不被重视。事实上，由于不重视平衡施肥，植物生理上早已造成"潜在性"影响，这可能是影响植物产量的一个重要元素。因此必须重视元素间的相互关系。

（二）离子间的相互关系

植物从土壤中吸收的养分主要是离子态的，离子之间的相互关系对植物的吸收影响很大。根据离子间相互作用的特点，把离子间的关系分为两类。

1. 离子间的拮抗作用

离子间的拮抗作用是指介质中某一离子的存在或吸收能抑制植物对另一离子吸收或运转的现象。离子间的拮抗作用主要表现在离子的选择性吸收上，是由离子的种类和浓度决定的。阴离子和阴离子间、阳离子和阳离子间在质膜上会发生竞争和对抗。常见的离子间的对抗关系如下。

（1）一价阳离子间：K^+ 与 Cs^+、Rb^+。

（2）二价阳离子间：Mg^{2+} 与 Ca^{2+}。

（3）不同价阳离子间：NH_4^+ 与 Ca^{2+}、K^+，Mg^{2+} 与 Na^+，Ca^{2+} 与 K^+、Na^+。

（4）阴离子间：NO_3^- 与 $H_2PO_4^-$、Cl^-。

2. 离子间的协助作用

离子间的协助作用是指介质中某一离子的存在或吸收能促进植物对另一离子吸收或运转的现象。阴离子与阳离子间、阳离子与阳离子间存在"维茨效应"：溶液中 Ca^{2+}、Mg^{2+}、Al^{3+} 等二价或三价阳离子的存在，特别是 Ca^{2+} 的存在能促进一价离子 K^+、Br^-、Rb^+ 等的吸收；并且 Ca^{2+} 不是影响代谢而是影响质膜透性。

（1）Ca^{2+} 的存在促进 NH_4^+、K^+ 的吸收（质膜透性）。

（2）NO_3^-、$H_2PO_4^-$、SO_4^{2-} 促进阳离子 Ca^{2+}、K^+、Mg^{2+} 的吸收（因为细胞膜要保持电荷的中性，过多的吸收阴离子必须有其他阳离子来补偿电荷，从而促进了阳离子的吸收）。

（3）氮素含量低时，Ca^{2+} 能促进磷的吸收，氮素含量高时 Ca^{2+} 促进钾的吸收。

（4）NH_4^+ 的存在有助于 $H_2PO_4^-$ 的吸收。

因此，在生产实践中应考虑离子间的关系，充分发挥有利元素，克服不利元素。这不仅是合理施肥的要求，也是降低成本、提高肥效的措施。

六、植物吸收养分的关键时期

（一）植物营养期

植物营养期是指植物从种子到种子的一个世代间所要经历的不同生育阶段。在这些阶段中，除前期种子自体营养阶段和后期根部停止吸收养分阶段外，其他生育阶段中都要通过根系从土壤中吸收养分。

植物的生长期是指从种子到种子的过程。虽然植物的代谢过程是在整个生长期进行的，但从外界吸收养分的时期并不是整个生长期。

植物营养期是指开始从外界吸收养分到停止从外界吸收养分的时期。一般生长期长，营养期也长。营养期短的作物以基肥为主，并早施追肥；营养期长的作物，追肥的比例应当提高，分次施用，且以基肥辅助，适当的施用缓效性肥料。

植物营养期中对养分的要求有两个极其重要的时期，如能及时满足这两个时期对养分的需求，便能显著地提高产量、改善品质。

（二）植物营养临界期

植物营养临界期是植物对养分浓度比较敏感的时期，多为植物生长的前期。

这一时期对养分需要的绝对数量并不太多，但很迫切，如果此时营养元素缺乏、过多或元素间不平衡，就会对植物的生长发育和产量产生很大的影响，且后期难以弥补和纠正。例如，磷的营养临界期在苗期，玉米在出苗后 1 周，棉花在出苗后 10~20d，小麦磷素在分蘖始期。

氮的临界期比磷稍后一些，一般在营养生长到生殖生长过渡时期，如小麦在分蘖和幼穗分化两个时期；玉米在幼穗分化期；棉花在现蕾初期。如果此时缺氮，小麦的分蘖减少、花数少，棉花现蕾速度慢、蕾数少、易脱落。植物营养临界期的养分供应主要靠基肥或种肥供应。

（三）植物营养最大效率期

植物营养最大效率期是指养分需要量最多，且施肥能获得最大效应的时期。植物营养最大效率期往往在植物生长最旺盛的时期，此时植物吸收养分的绝对数量和相对数量最多，如能及时满足此时期作物对养分的需要，增产效果极为显著。

植物营养最大效率期的施肥是以追肥的方式施入的。

第二节　环　境　容　量

一、环境承载力

关于环境承载力的由来有两种说法。其中一种说法认为，承载力是从工程地质领域转借过来的概念，其本意是指地基的强度对建筑物负重的能力。生态学最早将此概念转引到该学科领域内，即"某一特定环境条件下，某种个体存在数量的最高极限"。

环境承载力是指在一定时期、一定状态或条件下，一定的环境系统所能承受的生物和人文系统正常运行的能力，即最大支持阈值，而最大支持阈值通常用环境人口容量来表示，又称环境承受力或环境忍耐力。人类赖以生存和发展的环境是一个大系统，它既为人类活动提供空间和载体，又为人类活动提供资源并容纳废弃物。对于人类活动来说，环境系统的价值体现在它能对人类社会生存发展活动的需要提供支持。由于环境系统的组成物质在数量上有一定的比例关系、在空间上具有一定的分布规律，因此它对人类活动的支持能力有一定的限度。当今存在的种种环境问题，大多是人类活动与环境承载力之间出现冲突的表现。当人类社会经济活动对环境的影响超过了环境所能支持的极限，即外界的"刺激"超过了环境系统维护其动态平衡与抗干扰的能力，也就是人类社会行为对环境的作用力超过了环境承载力。因此，人们用环境承载力作为衡量人类社会经济与环境协调程度的标尺。

二、环境容量

环境容量指某一环境对污染物的最大承受限度，在这一限度内，环境质量不致降低到有害于人类生活、生产和生存的水平，环境具有自我修复外界污染物所致损伤的能力。一般的环境系统都具有一定的自净能力。例如，一条流量较大的河流被排入一定数量的污染物，由于河中各种物理、化学和生物因素作用，进入河中的污染物浓度可迅速降低，保持在环境标准以下。这就是环境（河流）的自净作用使污染物稀释或转化为非污染物的过程。环境的自净作用越强，环境容量就越大。一个特定环境的环境容量大小，取决于环境本身的状况，如流量大的河流比流量小的河流环境容量大一些。污染物不同，环境对它的净化能力也不同，如同样数量的重金属和有机污染物排入河道，重金属容易在河底积累，有机污染物可很快被分解，河流所能容纳的重金属和有机污染物的数量不同，这表明环境容量因物而异。

研究环境容量对控制环境污染很有用处。由于环境有一定的自净能力，经过严格测算，可允许一部分污染物稍加处理后排入环境，让环境将这些污染物消化掉。排放污染物的时间、地点、方式要合适，排放的数量不得超过环境容量。因为环境容量总是有限的，如果超出它的限度，环境就会被污染。了解某一环境对各种污染物的环境容量很重要，根据环境容量可以制订出经济有效的污染控制方案，确定哪些污染物由环境去净化，哪些必须先进行处理，以及处理到何种程度为宜。

环境承载力是环境科学的一个重要概念，它反映了环境与人类的相互作用关系，在环境科学的许多分支学科中得到了广泛应用。

三、环境人口容量

人类的生存在很大程度上依赖于自然资源。所以在自然资源数量恒定或不断减少的情况下，某一个国家或地区的人口是不能无穷增长的，否则会导致人民生活质量下降甚至社会崩溃。因此，人类需要一个定量指标来确定在某一个国家或地区内，应当将人口控制在什么样的范围之间，以保证人民的生活质量和可持续发展能力。环境人口容量的概念因此产生。

联合国教育、科学及文化组织对环境人口容量的定义是：一个国家或地区的环境人口容量，是在可预见到的时期内，利用本地资源及其他资源和智力、技术等条件，在保证符合社会文化准则的物质生活水平条件下，该国家或地区所能持续供养的人口数量。

　　根据以上定义，环境人口容量的约束条件不仅包括本地自然资源等自然因素，还包括地区开放程度、人口素质、科技水平、文化特征等社会因素。

　　自然资源是制约环境人口数量的首要因素。尤其对于全球范围而言，许多自然资源的总量是恒定或趋于减少的。并且诸如土壤、水体和大气等自然资源，一旦被严重污染，净化的难度极大。故而自然资源，尤其是不可再生的自然资源，是对于环境人口数量影响最大的因素。自然资源种类越丰富，数量越庞大，所能供养的人口数量就越多。

　　科技水平与人口素质影响人类利用自然资源的效率，从而间接影响环境人口数量。尤其在当今全球人口高速发展的情况下，加快有关节能技术与新能源开发等科目的研究，对于使人口增长速度适应环境人口容量具有重要的意义。人口素质则体现在节约能源的意识及保护生态环境等方面，良好的人口素质对维持或扩大环境人口容量有积极意义。

　　地区的开放程度通过影响资源的交换或补充、科技的引进与交流、文化的传播等，进而影响某一地区的环境人口容量。

　　文化特征会影响文化区内居民的消费水平和环境观念，进而影响某一地区的环境人口容量。

第三节　施肥模型

　　模型主要模拟作物生长过程和土壤水分平衡过程，包括叶片对光的截获、生物量积累、干物质在各器官的分配、水分利用、营养物吸收，以及生长胁迫如水分胁迫、温度胁迫和营养胁迫等。最终的谷物产量根据经济系数计算获得，它是作物成熟时谷物产量占地上干物质的比例。ALMANAC 模型可以通过变换作物参数，模拟 20 多种作物的生长过程，甚至是草或树木的生长发育，此外可以模拟不同灌溉、施肥和耕作措施情况下的作物产量，从而为农业生产管理提供参考。模型中还包括能模拟日辐射、气温和降水的天气发生器子程序。运行模型时，除必需的气候变量和作物参数外，还需要土壤参数、耕作管理参数。专为 ALMANAC 模型设计的 UTIL（universal text integrating language）程序，是一种界面十分友好的变量输入编辑器，用户可按其提示建立输入变量数据库。

一、AGNPS 模型

　　AGNPS 模型是美国研发的用于模拟小流域土壤侵蚀、养分流失和预测评价农业非点源污染状况的计算机模型。AGNPS 模型主要由数据输入和编辑模块、年污染物负荷计算模块、数据输出和显示模块 3 部分组成。在模型应用中，最主要的是数据准备，数据准备模型由 4 部分组成：流网生成模块（flow net generator）、数据录入模块（input editor）、气象因子生成模块（generation of weather elements for multiple appication）和数据文件转换模块（AGNPS-to-AnnA GNPS converter）。输入数据整理及输出结果表示模型输入数据量庞大，需借助其他工具进行整理和准备。目前应用最多的是 GIS 技术。模型与 GIS 的集成方式有 4 种：将 GIS 嵌入到模型中，将模型嵌入到 GIS 中，松散的耦合和紧密耦合。

二、EPIC 模型

土壤侵蚀和生产力影响估算模型 EPIC，是国际上较有影响的水土资源管理和作物生产力评价动力学模型。EPIC 模型中描述土壤氮磷养分运转与作物氮磷营养的基本原理及其主要数学方程。在作物和土壤微生物等生物因素，热量、降水等气候因素，施肥、灌溉和土壤耕作等管理因素的影响下，农田土壤氮素和磷素不断发生空间运移和形态转化。EPIC 模型能够逐日定量描述土壤中氮磷养分的矿化与固定、硝化与反硝化、淋洗与挥发、流失与吸收、矿质磷循环、豆科作物固氮等运移、转化及作物吸收过程的变化速率和数量，揭示出土壤剖面氮磷运移、转化和作物营养的动态变化规律，可供农田土壤管理和作物营养定量评价研究借鉴。

三、SWAT 模型

SWAT 模型是美国农业部开发的长时段的流域分布式水文模型。它能够利用 GIS 和 RS 提供的空间数据信息，模拟复杂大流域中多种不同的水文物理过程，包括水、沙、化学物质和杀虫剂的输移与转化过程。从 SWAT 模型的原理、结构、应用及评价等方面对该模型作一综合性评述，为我国水文模型的建立提供参考。

四、作物生长模型

第一个详尽的植被冠层截光理论由日本学者 Monsi 和 Saeki 研究提出，CERES 系列作物模型具有相似的模拟过程，包括土壤水分平衡、发育时段、作物生长等。用积温模拟发育时段，根据叶片数、叶面积增长、光的截获及其利用、干物质在各个器官中的分配等模拟作物生长。进入 20 世纪 90 年代以后，随着社会需求的增多，作物生长模型向着应用多元化方向发展。作物生长模型研究开始侧重于现有模型的完善，而非进行新模型的研制，主要包括：模型普适性、准确性和易操作性等的研究。作物模型成为土壤侵蚀预报模型的重要组成部分。遥感 RS（remote sensing）和地理信息系统 GIS（geographical information system）等新技术手段的崛起，为作物生长模型的应用和发展提供了广阔的前景。作物生长模型发展历程见图 2.1。

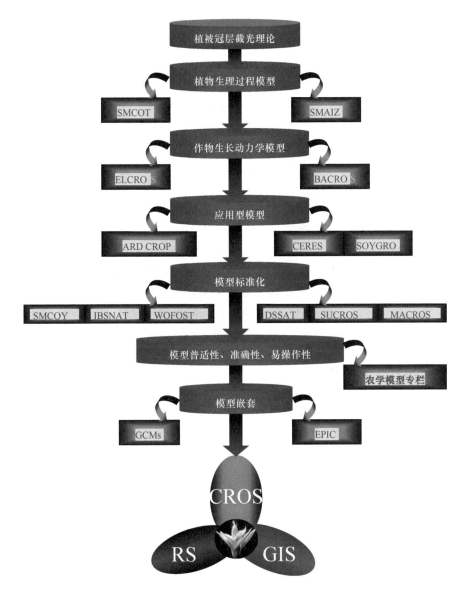

图 2.1　作物生长模型发展历程
Fig. 2.1　The development of crop growth model

五、APSIM 模型

APSIM（agricultural production systems simulator）是澳大利亚系列作物模型的总称，与 DSSAT 类似，它也是把各种不同的作物模型集成到一个公用的平台，APSIM 模型框架是由 APSRU（agricultural production systems research unit）小组（CSIRO 和昆士兰州政府联合组建）在过去的 10 多年内开发的。APSIM 设计特色之一就是把零散的研究结果集成到模型之中，以便把某一学科或领域的成果应用到别的学科或领域去。公用平台的使用使得模型或模块之间的相互比较更加容易。通过"即插即用"的方法，在系统设计中取得了很好的效果。APSIM 可以让用户通过选择一系列的作物、土壤，以及其他子模块来配置一个自己的作物模型。模块之间的逻辑联系可以非常简单地通过模块"拔插"来规定，与其他作物模型不同的是，APSIM 模拟系统的核心突出的是土壤而非植被。天气和管理措施引起的土壤特征变量的连续变化被作为模拟的中心，而作物、牧草或树木在土壤中的生长、来去只不过是使土壤属性改变。加上模型的"拔插"功能，使得 APSIM 能够很好地模拟耕地的连作、轮作、间作，以及农林混作效应。APSIM 目前能模拟的作物包括小麦、玉米、棉花、油菜（canola）、紫花苜蓿、豆类作物及杂草等。对施肥、灌溉、土壤侵蚀、土壤氮素和磷素平衡、土壤温度、土壤水分平衡、溶质运移、残茬分解等过程都有相应的模块。目前应用的领域已经包括种植制度、作物管理、土地利用、作物育种、气候变化和区域水平衡等。

六、CCSODS 系列模型

有影响且得到应用的主要是 CCSODS 系列模型。CCSODS（crop computer simulation，optimization，decision making system），中文名为作物计算机模拟优化决策系统。该模型将作物模拟技术与作物优化原理相结合，具有较强的机理性、通用性和综合性。目前包括水稻、小麦、玉米和棉花 4 种中国的主要农作物，其中以水稻模型 RCSODS 最著名。这 4 种作物模型的技术路线都是采用作物生长发育模拟与作物栽培的优化原理相结合的方法。与单纯的模拟模型不同的是，它使作物模型同时具有机理性、应用性、通用性与预测性，有更强的功能，并且模型在全国任何地区都可以应用。CCSDOS 的基本结构大致可以分为 3 个部分：①数据库，包括气象数据库、土壤数据库和品种参数数据库；②模拟模型；③优化模型；④决策系统。决策支持系统的终端用户究竟是面向农户还是政府，仍然困扰着软件开发者。一是软件开发并非按照现代软件工程标准进行，客户投入兴趣不足，也是造成模型推广应用不足的原因之一。二是缺乏准确的土壤和作物数据输

入，由于土壤和作物参数所具有的空间变异性较大，没有足够精确的环境数据来
运行和验证模型，没有 GIS 的手段，即使是大田尺度，模型预报的准确性也是要
大打折扣的。三是模型起源于单点试验，常用于大田尺度，而其研制中的许多假
设条件都是基于田间均一的生产情形，与实际生产密切相关的病虫害影响模块和
经济人文因素模块的研究不足，也是现有作物模型研究的一个主要不足之处。还
没有完全普适的用于大尺度模拟的作物模型，模型的研制必须有明确的应用目标
和相应的终端用户。

七、DPSIR 概念模型

DPSIR 概念模型继承了 PSR 模型的优点，是分析评估环境系统的有效工具。
分析农业系统的现状，塑造这一现状的驱动力和压力，农业对于环境和人类健康
的影响，以及实现农业可持续发展的政策响应，目的是建立农业可持续发展的指
标体系和实现农业资源的优化配置。

八、土壤养分分区管理模型

基于 GIS 的土壤养分分区管理模型通过土壤网格取样、室内分析及 ASI 施肥
推荐等方法，在地理信息系统支持下，建立区域土壤养分分区管理模型。该模型
以土壤空间变异为基础，地理统计学为手段，土壤分块管理为目的，考虑了土壤
的空间变异和我国农村分散经营的实际，可为土壤养分管理提供合理的施肥量，
也可为区域养分管理提供宏观决策。

九、精准施肥和模拟模型

最近有关施肥模型的研究多侧重于与作物生长发育模型相耦合，将宏观效果
与微观机理研究相结合，以综合提高作物的吸收效率、肥料的回收效率和养分的
利用效率。从土壤来说，考虑氮的变化、吸收、迁移和流向；从作物来说，考虑
对养分的吸收、转化、分配和积累，以及同化和代谢的生理过程；从肥料考虑，
主要是提高其利用效率，对产品质、量和环境的影响等；但由于参数过多，仍然
使用对照区获得相关施肥参数，多数属于研究阶段，难以推广应用；农业模型中，
有时系统模型的准确性不够；在缺少足够信息的决策模型中，模型参数很难估算
或准确。精准施肥实质上是现有理论、方法和技术的集合，本身并没有施肥理论，
特别是施肥模型理论的创新。而现有施肥模型的某一方法都能说明其他方法的不
足，但又都无法证明自己是最完善的，施肥模型和参数是施肥技术的核心内容，
优化施肥模型和提高参数精度是提高施肥精度的第一步。作者认为，精确施肥至

少取决于 5 方面因素，一是施肥模型的科学性，二是施肥参数的易得性和稳定性，三是施肥参数尺度转换方法，四是土壤有效养分测定方法，五是田间具体施肥技术。现有施肥模型至少难以满足前 3 个条件。

我国科研工作者将国内外施肥模型或方法概括总结为三类六法，即地力分区（或级）配方法；目标产量配方法（包括养分平衡法、地力差减法）；肥料效应函数法（包括多因子正交回归设计法，养分丰缺指标法，氮、磷、钾比例法）。在众多施肥模型之中，目标产量法和肥料效应函数法在理论上能够得到比较广泛的共识，且具有一定的精度，故被国内外广泛应用。

第四节　能值转换率

能值是指一种流动或储存的能量中所包含的另一种类别能量的数量。能值分析理论利用能值转换率将生态经济系统内部流动的各种不同类别的物质流、能量流和信息流转换为统一的虚拟能量单位———太阳能焦耳（sej），实现了对生态经济系统中各种物质流、能量流和信息流的统一分析评价，因此可以较全面、深刻地评价生态经济系统运行的真正价值。在能值分析理论中能值转换率是从生态系统食物链和热力学原理引申出来的重要概念，是一种度量能量、物质的统一尺度，不同物质、能量具有不同的能值转换率，某种物质或能量的能值转换率越高，则表明该种物质或能量的质量越高，即物质或能量在系统能量转换、利用过程中的等级地位越高，能值转化率见表 2.1，能量转换图见图 2.2。

表 2.1　能值转换率
Tab. 2.1　Transform of energy

类别	项目	能值转换率/（sej/J）
可更新环境资源	太阳能	1
	雨水化学能	18 199
不可更新环境资源	表土层净损失	62 500
不可更新工业辅助能	机械	$7.50×10^7$
	化石燃料	$6.60×10^4$
	电力	$1.59×10^5$
	氮肥	$1.69×10^6$
	磷肥	$4.14×10^7$
	钾肥	$2.63×10^6$
	农药	$1.97×10^7$
可更新有机能	人力	$3.80×10^5$
	有机肥	$2.70×10^4$

类别	项目	能值转换率/（sej/J）
可更新有机能	种子	2.00×10^5
能值产出	小麦	6.80×10^4
	玉米	2.70×10^4
	棉花	1.90×10^6
	水果	5.30×10^5
	蔬菜	2.70×10^4
	其他作物	2.70×10^4

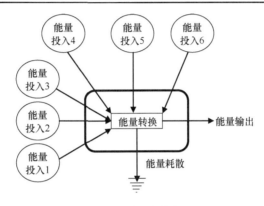

图 2.2　能量转化

Fig. 2.2　Energy conversion

第五节　反馈调节

通过推荐施肥方案和习惯施肥的产量对比，可以对施肥方案进行反馈调节，进一步提高推荐施肥方案准确度和实际应用效果，根据排列组合公式：$C_3^1 + C_3^1 \times 2 \times 3 + P_3^3 = 27$，共有 27 种可能的反馈调节模式，分列于表 2.2 中，其中田间示范反馈调节模式见表 2.3。

表 2.2　反馈调节模式

Tab. 2.2　The modes of feedback adjustment

序号	描述	示意图	模型类别
1	目标值的 80%＝目标值＝习惯施肥（高产水平）目标值过高，该作物较耐肥，若习惯施肥量比目标值的 80%还低，可大幅下调施肥量，若习惯施肥量介于二者之间或高于目标值，下调 20%		常数

序号	描述	示意图	模型类别
2	目标值的 80%＝目标值＝习惯施肥（中产水平）目标值过高，该作物较耐肥，若习惯施肥量比目标值的 80%还低，可大幅下调施肥量，若习惯施肥量介于二者之间或高于目标值，下调 20%。同时还需要考虑其他地力环境因素，挖掘增产潜力		常数
3	目标值的 80%＝目标值＝习惯施肥（低产水平）目标值过高，该作物较耐肥，若习惯施肥量比目标值的 80%还低，可大幅下调施肥量，若习惯施肥量介于二者之间或高于目标值，下调 20%。同时还需要考虑其他地力环境因素，有较大增产潜力可挖		常数
4	目标值的 80%＞目标值＞习惯施肥目标值过高，可下调 20%；习惯施肥量可能是过低减产或者过高引起肥害减产		线性或抛物线
5	目标值的 80%＝目标值＞习惯施肥目标值过高，可下调 20%，习惯施肥量可能是过低减产或者过高引起肥害减产		平台＋线性
6	目标值的 80%＝目标值＞＞习惯施肥目标值过高，可下调 20%，习惯施肥量可能是过低减产或者过高引起肥害减产。同时可以根据习惯施肥量和减产幅度，进一步调节施肥量		
7	目标值的 80%＝目标值＞习惯施肥目标值过高，可下调 20%，习惯施肥量可能是过低减产或者过高引起肥害减产。同时可以考虑其他地力环境因素，挖掘增产潜力		
8	目标值的 80%＞目标值＝习惯施肥目标值过高，可下调 20%，习惯施肥量可能是过低减产或者与目标值接近		线性＋平台

续表

序号	描述	示意图	模型类别
9	目标值的 80%>>目标值＝习惯施肥 目标值过高，可下调20%，习惯施肥量可能是过低减产或者与目标值接近，同时，根据减产幅度可以推断，过量施肥很容易引起该种作物减产		
10	目标值的 80%>目标值＝习惯施肥 目标值过高，可下调20%，习惯施肥量可能是过低减产或者与目标值接近。同时可以考虑其他地力环境因素，挖掘增产潜力		
11	目标值的 80%＝习惯施肥>目标值 目标值过高，可下调20%，习惯施肥量可能接近目标值的 80%或比其低，参照习惯施肥量进一步调整施肥量		平台＋线性
12	目标值的 80%＝习惯施肥>>目标值 目标值过高，可下调20%，习惯施肥量可能接近目标值的 80%或比其低，参照习惯施肥量进一步调整施肥量，同时可以看出目标值已经引起大幅减产		
13	习惯施肥>目标值的 80%>目标值 目标值过高，习惯施肥量若介于二者之间，可下调20%，习惯施肥量若小于目标值的 80%，可进一步下调施肥量		
14	目标值的 80%>习惯施肥>目标值 目标值过高，且引起大幅减产，可下调20%，习惯施肥可能过量或不足		
15	目标值的 80%＝习惯施肥>目标值 目标值过高，且引起大幅减产，可下调20%，习惯施肥可能过量或不足。同时可以考虑其他地力环境因素，挖掘增产潜力		

序号	描述	示意图	模型类别
16	习惯施肥>目标值>目标值的 80% 习惯施肥量若介于二者之间，目标值过高，可参照习惯施肥量下调目标值；习惯施肥量若高于目标值，可参照习惯施肥量上调目标值		线性或抛物线
17	目标值的 80%<目标值＝习惯施肥 可维持目标值不变		线性＋平台
18	目标值＝习惯施肥>>目标值的 80% 可维持目标值不变，或许增加目标值还能增产		
19	目标值＝习惯施肥>目标值的 80% 可维持目标值不变，或许增加目标值还能增产。同时可以考虑其他地力环境因素，挖掘增产潜力		
20	目标值的 80%＝目标值<习惯施肥 若习惯施肥量小于目标值的 80%，需要参照习惯施肥量，下调>20%目标值；若介于二者之间，目标值下调 10%；若大于目标值，需上调目标值		平台＋线性
21	习惯施肥>>目标值的 80%＝目标值 若习惯施肥量小于目标值的 80%，需要参照习惯施肥量，下调>20%目标值；若介于二者之间，目标值下调 10%；若大于目标值，需上调目标值		
22	习惯施肥>目标值的 80%＝目标值 若习惯施肥量小于目标值的 80%，需要参照习惯施肥量，下调>20%目标值；若介于二者之间，目标值下调 10%；若大于目标值，需上调目标值。同时可以考虑其他地力环境因素，挖掘增产潜力		

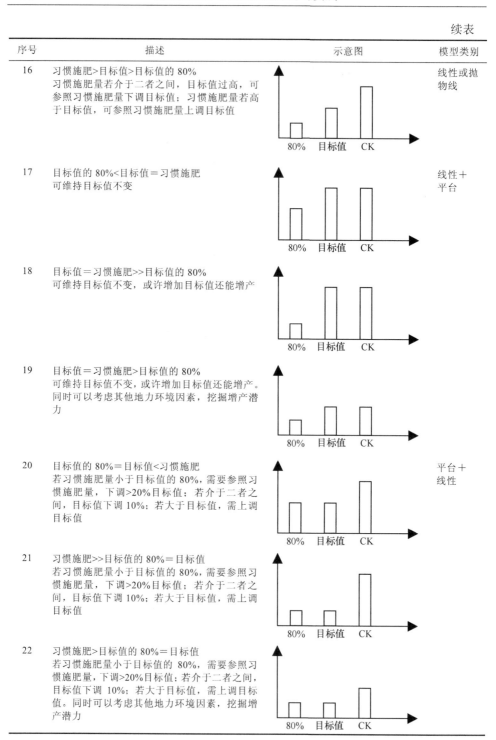

续表

序号	描述	示意图	模型类别
23	目标值的80%＝习惯施肥<目标值 若习惯施肥量最高,目标值保持不变,若习惯施肥量<目标值的80%或介于二者之间,增加目标值有增产或减产的可能	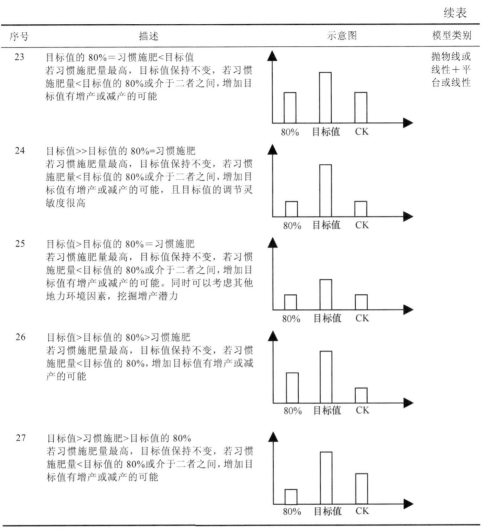	抛物线或线性＋平台或线性
24	目标值>>目标值的80%＝习惯施肥 若习惯施肥量最高,目标值保持不变,若习惯施肥量<目标值的80%或介于二者之间,增加目标值有增产或减产的可能,且目标值的调节灵敏度很高		
25	目标值>目标值的80%＝习惯施肥 若习惯施肥量最高,目标值保持不变,若习惯施肥量<目标值的80%或介于二者之间,增加目标值有增产或减产的可能。同时可以考虑其他地力环境因素,挖掘增产潜力		
26	目标值>目标值的80%>习惯施肥 若习惯施肥量最高,目标值保持不变,若习惯施肥量<目标值的80%,增加目标值有增产或减产的可能		
27	目标值>习惯施肥>目标值的80% 若习惯施肥量最高,目标值保持不变,若习惯施肥量<目标值的80%或介于二者之间,增加目标值有增产或减产的可能		

*表示目标产量

表 2.3　田间示范反馈调节模式

Tab. 2.3　The modes of feedback adjustment in field demonstration

序号	描述	示意图	备注
1	推荐施肥区产量＝习惯施肥区产量 当这种情况发生时,说明农户习惯施肥的产量与推荐施肥的产量没有差异,农民的习惯施肥是相对合理的,不需要对施肥进行调整,维持原来的施肥习惯就行	产量 ┃ 推荐施肥　习惯施肥	

序号	描述	示意图	备注
2	推荐施肥区产量>习惯施肥区产量 当这种情况发生时,习惯施肥量不合理,要建议农户按照推荐的施肥方案进行施肥(还可以根据习惯施肥量的记录数据的分析,对照推荐方案,向农户说明习惯施肥存在的问题,有可能是施肥量不合理或者氮磷钾的施用比例合理)		
3	推荐施肥区产量<习惯施肥区产量 当这种情况发生时,说明推荐施肥的方案有误,需要通过研究该方案的设计过程、了解农户种植的具体情况和记载的习惯施肥数据,综合分析产生这种情况的原因		
4	不施肥区产量>推荐施肥区产量>习惯施肥区产量 当这种情况发生时,说明土壤基础地力很高,土壤养分富集,可以建议农民在短期内不用进行施肥了		

第三章　农田养分管理研究进展

第一节　农田养分管理研究现状

养分作为动植物的生命元素，既是一种资源，也是环境污染因子，管理不善将带来严重的营养和资源环境问题。养分资源包括土壤、化肥、有机肥和环境所提供的所有养分（张福锁等，1995），它具有极大的迁移性和循环性，沿着食物链进行纵向流动与循环，也在区域间进行横向流动，养分流动与循环的强度决定着植物、动物和人体营养的水平及质量，同时也决定着人类赖以生存的环境的质量。农业生产的根本目的就是通过优化这些养分的循环及能量转化过程以满足人类社会的需求（刘更另，1992）。因此，通过优化养分管理、保持养分的合理流动和循环是农业可持续发展的基础（Matson et al.，1997）。

近年来，随着社会经济和农业的发展，在农田养分利用上，人们只重视化肥的投入，而忽视了其他养分资源的利用；在区域和国家范围内，强调增加养分的迁移而忽视养分的合理循环和综合管理；由此带来了一系列严重的资源、环境和农产品品质等问题。为解决上述问题，科研人员提出了养分资源综合管理的概念（张福锁等，2003）。养分资源综合管理包括农田和区域（或国家）两个层次，农田层次上强调在定量化农田生态系统养分流动的基础上，综合利用农田生态系统中所有自然和化工合成的植物养分资源，通过合理使用有机肥和化肥等有关技术的综合运用，挖掘土壤和环境养分资源的潜力、协调系统养分投入与产出平衡、调节养分循环与利用强度（张福锁等，2003）；区域层次上则强调从一个特定区域食物生产与消费系统出发，以养分资源的流动规律为基础，通过多种措施如政策、经济、技术等的综合，优化食物传递链和环境系统养分传递，调控养分输入和输出，协调养分利用与社会、经济、农业、资源和环境的关系，实现生产力逐步提高和环境友好的目标。

目前我国养分资源利用特点主要有以下 4 个方面。

一、大量依靠化肥投入是我国养分资源利用的主要方式

近 50 年来，我国农业生产取得了举世瞩目的成就，以世界 7%的耕地养活了世界 22%的人口，粮食单产和总产均大幅度提高，人均粮食和肉蛋生产量均超过

世界平均水平，其中化肥养分投入发挥了巨大的作用。同时，施肥结构也发生了巨大变化，由有机肥为主转向了以化肥为主。目前农田有机肥养分比例平均为39.7%，其中农田有机肥 N、P_2O_5 和 K_2O 的比例分别为 17.1%~20.9%、27.2%~32.1% 和 75.1%~73.5%（包雪梅等，2003）。化肥增长速度明显快于粮食和人口增长，大量依靠化肥投入成为我国养分资源利用的主要方式，到 2004 年，我国化肥生产量和消费量分别达到 4469.5 万 t 与 4636.6 万 t，均占世界 30%以上，是世界第一化肥生产和消费大国。

二、养分资源利用不合理导致严重的环境问题

由于对我国养分资源综合管理缺乏深入系统的研究，致使其利用效益不高、环境与农产品质量问题突出。例如，化肥使用上存在着用量大、肥效低、养分配比不合理、地区间分配不均、作物间不平衡、肥料品种结构不适宜等问题（高祥照等，2001），严重制约了养分资源的高效利用。我国某些地区滥用氮肥的现象已相当普遍，粮食作物已有许多报道，如北京（赵久然等，1997）、山东（马文奇，1999）、江苏（Richter and Roelche，2000）等。过量施氮的问题在迅速发展的蔬菜和果树种植区更为严重，通常施氮量是推荐施氮量的 2~6 倍。随着种植结构调整，蔬菜、果树等高经济价值作物面积还将进一步扩大，还将增加氮肥的投入（Richter and Roelche，2000；张福锁和马文奇，2000；马文奇，1999）。据估计，我国每年损失的氮素相当于 4000 多万 t 硫铵，价值 300 多亿元（李庆逵等，1998）。大量化肥的投入，也对环境产生严重影响，引起了世界的关注（Liu and Jared，2005；Nosengo，2003）。同时，大量有机养分资源再循环利用效率低下，N、P_2O_5 和 K_2O 的养分再循环率分别为 29.2%、43.5% 和 66.1%（包雪梅等，2003）。

三、其他养分资源潜力巨大，有待挖掘利用

我国每年有大量的有机养分资源没有得到充分利用，它们流失在环境中，不但浪费了大量资源，而且污染了环境。据农业部 2000 年统计结果，我国每年秸秆资源总量达 5.5 亿 t，其中含有的 N、P_2O_5、K_2O 分别为 493.9 万 t、156.7 万 t、982.5 万 t，总养分为 1633.2 万 t（高祥照等，2002）。每年有大量养分损失，其中氮素养分还田率仅为 47.3%。同时，城市废弃物、畜牧生产的废弃物等数量巨大（刘晓利，2005；刘晓利等，2005），已造成污染（孔源和韩鲁佳，2002）。另外，土壤作为最大的养分资源库，不仅能提供各种营养，而且可缓冲养分供应的缓急，其养分资源潜力巨大，也有待于挖掘利用（张福锁等，1995）。

四、经济发展和建设小康社会将可能加剧养分流动和向环境释放养分资源

养分资源在食物的生产、流通、加工、消费、废弃整个过程中进行迁移、循环并对环境产生影响。在此过程中，当氮、磷及一些重金属元素如锌、铜、锰等超过环境容量时，就可能导致环境污染。近几年研究发现，人类饮食方式、人类生活和营养对养分循环有重大影响（Howarth et al., 2002）。环境学家注意到，吃饭应该是世界上最大的环境问题之一。如果说一个人某天晚上吃了一份 100g 由大米和鸡块做成的饭，生产这些大米和养鸡需要 40g 氮肥，其中 90% 的氮释放到土壤、水和空气中，而人体会把饮食中的 4g 氮排泄出来。以上氮在环境中的释放和排泄都会对环境产生一定的污染（Kaiser, 2001）。一些发达国家如日本，化肥没有增长，但向环境排放的氮仍在增加，其与食物消费有关（田共之等，1998）。近年来，我国经济快速发展，人民生活水平提高，生活方式改变，带来了养分循环的变化。据测算，2000 年与 1952 年相比，我国人口增加 1 倍，而通过食物生产和消费系统向环境释放的氮量却增加了 8 倍。我国建设小康社会，城镇化水平提高，城市人口增加，随着收入增加和食物生产与消费结构的改变，必然对养分循环和养分向环境释放产生更大的影响。由此可见，养分的研究涉及农业、人类营养和生态环境多个方面，已经不再局限于农业生产系统，养分资源的综合管理也要扩展到整个食物生产—人类营养—环境体系（Zhang et al., 2005）。目前我国养分资源数量巨大，但利用不合理，造成浪费和环境污染，因此，养分资源综合管理研究已经成为我国农业可持续发展的重要研究内容。

第二节　农田养分管理研究趋势

一、农田养分资源综合管理研究是国际研究热点

植物养分综合管理（IPNM）是由联合国粮食及农业组织（FAO）和一些西方国家于 20 世纪 90 年代首先提出的（Dudal and Roy, 1995）。他们针对西方高投入给农业带来的环境污染、农产品质量下降等问题，强调减少化肥投入、保持或提高作物产量、保护生态环境的策略。然而，在养分资源管理技术研究方面，我国并不落后。中国农业大学植物营养系于 1994 年就提出，在综合考虑有机肥和作物秸秆管理的基础上，根据养分的特点，进行化肥养分优化管理的观点。其中，由于氮素最为活跃，因此就需要根据土壤供氮状况和作物需氮量，进行适时的动态监测和精确调控；而磷、钾肥在土壤中相对损失较少，可简单地通过土壤测试和

养分平衡监控进行平衡施肥，使其不成为产量限制因子；对中、微量元素则采用因缺补缺的施肥策略（王兴仁等，1994）。到 1999 年，国际水稻研究所（IRRI）的 Dobermann 和 White（1999）提出了同样的策略。现在这一方法已经被美国、德国和 IRRI 等广泛采用。目前，国际上对养分资源综合管理又提出了一些新的思想，如 IRRI 的 SSNM（site-specific nutrient management）、FSNM（field-specific nutrient management）和能够对水稻生长期间氮素营养状况实时监控的 SRNM（season-based real-time nutrient management）法；英国洛桑（Rothamsted）试验站建立了用于氮素推荐施肥的系统——SUNDIAL-FRS，并成功地在东南亚、非洲和欧洲扩大应用；德国开发了作物氮素管理专家系统——N-ExpertⅡ，亦被广泛应用于蔬菜等作物上。这些技术为氮素的精确管理提供了有力工具，有很好的应用前景。在农业部"948"项目资助下，我国在田块尺度的养分管理方面，已构建了以高产优质栽培技术为基础、以氮营养的实时监控为核心并结合磷素，钾素，中、微量元素实地地衡量监控的养分资源综合管理技术体系，并在小麦、玉米、水稻、棉花、水旱轮作、烟草、苹果、蔬菜等作物体系进行试验示范和推广，均取得了巨大的社会、经济和环境效益。

二、区域和流域养分资源综合管理研究已经扩展到整个食物链

荷兰由于畜牧业非常发达，有机废弃物对环境的污染严重，因此，他们非常强调农牧系统养分资源的统一管理，以最大限度地利用有机养分资源，减少环境污染。这些系统的研究成了荷兰国会对有机肥和化肥用量实行立法控制的主要依据（Oenema，2004）。近年来，国际上越来越关注营养水平、食物结构、城镇化等对养分流动的影响，以及如何在尽量减小对环境影响的同时，优化食物和能源的生产（Galloway et al.，2003；Smil，2002；Galloway and Ellis，2002）。Howarth 等计算了美国采用不同饮食方式对未来无机氮肥施用的影响，结果表明，如果美国人将其肉类消费量大约减少 50%，接近于瑞典的消费水平，无机氮肥需求量将减少37%；如果美国采用地中海式饮食方式，肉类消费量将减少到目前的1/7，无机氮肥需求量将减少56%（Isermann K and Isermann R，1998）。人类消费更多动物性食物的愿望是世界性的，如果大家都去追求北美的饮食模式，50 年后全球若有90 亿人，就需要 30 亿多头牛，而现在只有 13 亿，而且，还要面对它们的废弃物问题（包雪梅等，2003）。日本 1992 年农业生产使用的化肥氮与 1960 年相比没有多大差别，但从国外大量输入粮食和饲料，向环境中的排放量，特别是通过畜产的排放量较多，其结果是出现了水域富营养化、地下水硝酸盐污染、温室效应等问题。德国 Is-ermann 等首次考虑作物生产与消费整个营养体系，建立了农田—畜牧—加工—家庭—废物处理—环境体系氮素循环与平衡模型，分析了未来不同营养模

式下欧洲国家营养体系中氮素平衡的前景。从人类实际营养需要的角度分析，欧洲国家动物生产和消费过高，欧盟的动物蛋白质消费量高出需要量的 2 倍，德国高出 1.7 倍。由于营养过剩，德国体重过高的人群比例达到 61%，欧盟 50%~60%，美国 55%，世界平均为 10%。而人们消费后的氮素仅有 1%能进入农田再循环，99%进入了环境。如果按照人们合理营养需求和可持续发展的要求，德国畜牧业生产应减少 43%（Isermann K and Isermann R，1998）。Antikainena 等（2005）则分析了芬兰食物生产和消费中氮磷的流动。目前，在我国农业部"948"项目资助下，也初步构建了食物生产和消费中氮磷流动的模型，开始从食物链角度探索养分的管理策略（刘晓利，2005；许俊香，2005）。

三、养分资源综合管理的政策和法规研究受到重视

目前国外为了做好养分资源综合管理，采用了政策、法规和经济杠杆等手段，例如，欧盟养分管理政策包含在共同农业政策（Common Agricultural Policy）、水质量综合管理（Integrated Program on Water Quality Management）和空气质量管理法（Air Quality Directive）等法规中，采用的途径包括：①养分环境风险分区管理；②农场的养分管理计划（荷兰、德国、比利时等）；③农田养分限量管理（欧洲各国）；④税收等经济杠杆。运用的指标体系包括：①养分平衡；②养分投入量（有机肥、化肥）；③施肥时期；④氮素残留量；⑤牲畜密度；⑥生产配额（de Clercq et al.，2001）。其最大特点是，将农业和畜牧业作为一个整体，对各个过程利用定量化的指标来进行养分管理。美国和加拿大也出台了类似的法规；区域和国家养分资源的立法管理已经成为养分资源综合管理的重要方向之一。欧洲国家为了研究制定养分管理法规的科学基础，协调各国在养分管理法规上的一致性，启动了"欧洲国家养分管理法规"（Nutrient Management Legislation in European Countries）项目。该项目 1999 年立项，2003 年初结束，历时近 40 个月，总投入 50 万欧元，来自 15 个国家的近 20 名科学家参加。

四、建立养分资源综合管理研究网是目前国际上重要的研究方式

国际社会十分重视养分资源综合管理的网络化研究。美国、德国、英国等西方发达国家和一些国际组织相继启动了大型养分管理网络化研究的项目，如美国农业部农业技术服务中心 2001 年 4 月开始的全国性研究项目 202 号"土壤资源管理"及 206 号"有机肥及农业废弃物的利用"。前一个项目有 38 个单位参加，共分 5 个专题，养分管理是其中之一；后一个项目有 18 个研究单位和大学参加，有 56 个课题，其中与养分管理密切相关的课题就有 15 个。上述 2 个项目几乎覆盖美

国 56 个州。国际水稻研究中心（IRRI）1999 年启动了农田养分管理技术国际研究网络 INMnet（integrated nutrient management network），覆盖东南亚各国。英国洛桑试验站 1998 年启动了养分循环、平衡与管理研究项目（optimising nutritional quality of crops and nutrient dynamics project），覆盖全英国等。中国启动了 "948" 项目，全国 30 多个单位参加，覆盖全国 20 多个省（自治区）。建立养分资源综合管理研究网是目前发达国家和国际组织的重要研究方式。

五、我国开展养分资源综合管理研究的重点和趋势

我国的养分资源综合管理研究应该注重田块和区域不同尺度的结合。在农田层次上，在建立全国研究网络的基础上，应对以下几个方面进行重点研究：①我国典型农田生态系统中土壤养分持续供应能力、养分迁移转化规律、养分投入和损失状况；②我国典型农田生产系统中作物—土壤相互作用的机理及提高养分利用率的调控技术；③适应我国农业生产要求的、持续提高土壤质量的新技术；④提高土壤质量和增强粮食综合生产能力的农田养分资源综合管理技术体系等。在区域和国家层次上应做到以下几点。①应深入研究食物链体系养分流动规律及调控机理，进而建立完善的政策和法规。目的是通过食物结构、农牧业结构、城乡结构等的优化，调整作物生产—动物生产—家庭消费的养分比例，改变养分流动数量和模式，减少养分向环境的排放。②针对农田、畜牧和家庭亚系统，阐明养分循环规律，调整农田种植结构、畜禽品种结构、家庭膳食结构，优化各亚系统养分流动，促进养分循环。③继续研究和发展农田、畜牧和家庭系统，提高以系统养分资源利用效率为核心的养分资源综合管理技术。④开展食物链体系养分流动模型研究，建立养分资源综合管理决策支持系统，为制定管理政策和法规提供支持。

参 考 文 献

包雪梅，张福锁，高祥照. 2003. 中国有机肥资源利用现状分析. 中国农业科技导报，（增刊）：3~8.

高祥照，马文奇，马常宝. 2002. 中国作物秸秆资源利用现状分析. 华中农业大学学报，（3）：242~247.

孔源，韩鲁佳. 2002. 我国畜牧业粪便废弃物的污染及其治理对策的探讨. 中国农业大学学报，7（6）：92~96.

李庆逵，朱兆良，于仁. 1998. 中国农业持续发展中的肥料问题. 南昌：江西科学技术出版社.

刘更另. 1992. 营养元素循环和农业的持续发展. 土壤学报，29（3）：251~256.

刘晓利. 2005. 我国 "农田—畜牧—营养—环境" 体系氮素养分循环与平衡. 保定：河北农业大学硕士学位论文.

刘晓利，许俊香，王方浩. 2005. 我国畜禽粪便中氮素养分资源及其分布状况. 河北农业大学学报，28（5）：27~32.

马文奇. 1999. 山东省作物施肥现状、问题及对策. 北京：中国农业大学出版社.

田共之，杨居荣，王华东. 1998. 日本与中国农业系统氮素循环的比较. 中国环境科学，18（增刊）：79~82.

王兴仁，毛达如，陈伦寿. 1994. 我国北方石灰性潮土养分变化趋势和施肥对策//北京市土壤学会. 土壤管理与施肥. 北京：中国农业科技出版社.

许俊香.2005.中国"农田—畜牧—营养—环境"体系磷素循环与平衡.保定:河北农业大学硕士学位论文.

许俊香,刘晓利,王方浩.2005.中国畜禽粪尿磷素养分资源分布,以及利用状况.河北农业大学学报,28(4):5~9.

张福锁,马文奇.2000.肥料投入水平与养分资源高效利用的关系.土壤与环境,9(2):154~157.

张福锁,马文奇,江荣风.2003.养分资源综合管理.北京:中国农业大学出版社.

张福锁,王兴仁,王敬国.1995.提高作物养分资源利用效率的生物学途径.北京农业大学学报,21(增刊):104~110.

赵久然,郭强,郭景伦,等.1997.北京郊区粮田化肥投入和产量现状的调查分析.北京农业科学,15(2):36~38.

Antikainena R, Riitta L, Jouni I, et al. 2005. Stocks and flows of nitrogen and phosphorus in the finnish food production andconsumption system. Agriculture, Ecosystems and Environment, 107: 287~305.

de Clercq P, Gertsis A C, Hofman G, et al. 2001. Nutrient Management Legislation in European Countries . The Netherlands: Wageningen Press.

Dobermann A, White P F. 1999. Strategiesfor nutrient management in irrigated andrainfed lowland rice systems . Nutrient Cycling in Agroecosystem, 53: 1~18.

Dudal R, Roy R N. 1995. Integrated Plantnutrition Systems. Rome: FAO Fertilizerand Nutrition Bulletin.

Galloway J N, Ellis B C. 2002. ReactiveNitrogen and the world: 200 years of change. AMBIO, 31 (2): 64~71.

Galloway J N, John D A, Jan W E, et al. 2003. The nitrogen cascade. Bioscience, 53 (4): 341~356.

Howarth R W, Boyer E W, Pabichw J. 2002. Nitrogen use in the United State from1961~2000 and potential future trends. AMBIO, 31 (2): 88~96.

Isermann K, Isermann R. 1998. Food production and consumption in Germany: N flows and N emissions. Nutrient Cyclingin Agroecosystems, 52: 289~301.

Kaiser J. 2001. The other global pollutant: nitrogen proves tough to curb . Science, 294: 1268~1269.

Liu J G, Jared D. 2005. China's environmentin a globalizing world: how China and therest of the world affect each other. Nature, 435: 1179~1186.

Matson P A, Parton W J, Power A G, et al. 1997. Agricultural intensification and ecosystemproperties. Science, 277 (25): 504~509.

Nosengo N. 2003. Fertilized to death. Nature, 425: 894~895.

Oenema O. 2004. Governmental policies andmeasures regulating nitrogen and phosphorus from animal manure in European Agriculture . Journal Animal Sciences, 82: 1~11.

Richter J, Roelche M. 2000. The N-cycle adetermined by intensive agriculture-examples from central Europe and China. Nutrient Cycling in Agroecosystems, 57: 33~46.

Smil V. 2002. Nitrogen and food production: proteins for human diets. AMBIO, 31 (2): 126~131.

Zhang F S, Ma W Q, Zhang W F, et al. 2005. Nutrient management in China: from production systems to food chain. In: Li CJ, Plant Nutrition for Food Security, Human Healthand Environmental Protection. Beijing, China: Tsinghua University Press: 13~15.

第四章　高原水旱轮作区养分管理

水旱轮作是一种重要的作物种植体系，是水稻与其他旱地作物在同一田块上有序轮换种植的方式。水旱轮作分布范围极广，在东亚和南亚诸多国家如中国、日本、韩国、印度、巴基斯坦、孟加拉国、尼泊尔等均有分布，总面积约 2700 万 hm^2，其中以中国的水旱轮作面积最大，约 1300 万 hm^2，主要分布在长江中下游流域各省区。根据轮作的旱地作物划分，水旱轮作的主要模式有水稻—小麦（或大麦）、水稻—油菜、水稻—豆类、水稻—蔬菜等，总体而言，以稻—麦轮作的面积最大，占比超过 50%。从轮作时间来看，既有年际间的水旱轮作，又有年内的水旱轮作，种植方式与地区的自然、社会经济状况及生产习惯息息相关。

第一节　高原水旱轮作概况

西南地区水旱轮作面积超过 300 万 hm^2，其中，云贵高原水旱轮作面积约占一半。云贵高原地区由于地形地貌复杂多变，气候类型多样化，近年来，水旱轮作模式变化较大，传统的旱地轮作作物麦类、油菜、蚕豆，面积不断减少，取而代之的是马铃薯、各种蔬菜、中药材等，品种多、杂、乱，轮作模式越来越复杂及多样化。

近年来，云贵高原地区由于受气候持续干旱、灌溉水供应不足的影响，水稻种植面积呈下降趋势，导致总体水旱轮作的面积有所减少，蔬菜及各种经济作物旱作面积逐年增加。特别是该地区很早以来就以生产优质烤烟著称，为减少烤烟连作障碍问题，一直以来，水稻—烤烟年际间轮作的情况就比较普遍，面积也比较大，超过 50 万 hm^2，轮作方式一般是 2~3 年一轮或 5 年两轮。云南南部（文山、普洱、德宏）等地区，10 年前，烟草种植面积很少，近年受经济利益驱使，种植结构调整较大，烤烟（包括香料烟）种植面积逐渐增加，加上部分香蕉、中药材等经济作物下山进田种植面积不断增加，也挤占了部分水稻种植面积。

与全国其他地区不同的是，云贵高原地区水旱轮作模式具有复杂及多样化特点。除包含全国所有的轮作模式外，年际间水旱轮作面积比例较大，并且是与烤烟、香蕉、中药材等比较特殊的经济作物轮作。年内水旱轮作模式类型也较复杂，有水旱两熟（一水一旱）和水旱三熟（两水一旱或两旱一水），在水热条件好的地区水旱多熟（水稻与生育期较短的各种蔬菜轮作）也比较普遍。

第二节　高原水旱轮作区养分管理研究与实践

一、水旱轮作系统的特征

水旱轮作系统的一个显著特点就是作物系统的水旱交替轮换，导致土壤季节间干湿交替、氧化还原更替频繁，水热条件转换强烈（石孝均，2003）。水旱轮作土壤多为潴育型水稻土，淹育型及潜育型水稻土较少。这类土壤由于长期种植水稻，并与麦类、豆类、油菜、各种蔬菜等旱地作物轮作，形成了特殊的土壤生态环境，与单纯的旱地土壤及水田土有较大差别，构成了一个在物质循环及能量流动及转换方面都有明显特点的农田生态系统（刘金山，2011）。

水旱轮作在土壤旱作季以氧化条件为主，水作时以还原条件为主。由于干湿交替，氧化还原反应特别活跃，土壤中氧化还原电位变异很大〔在水稻种植季节以还原条件为主，土壤氧化还原电位（Eh）一般为–200~300mV，在旱作季变为氧化条件后，Eh 可高到 600~700mV〕。水旱轮作土壤氧化还原电位的变化，主要受水分影响，氧化还原性的变化，反过来又影响土壤的一系列性质，包括土壤养分的形态、转化，以及作物对养分的吸收，也影响土壤的物理性状及生物学性状（兰全美等，2009）。

（一）水旱轮作对土壤化学性状的影响

水旱轮作对土壤养分的形态、转化及养分的有效性均有影响。水旱轮作干湿交替影响土壤有机质的累积和分解，旱作氧化状态可促进有机质的分解，不利于有机态氮的累积，在淹水种稻时，土壤还原菌占优势，有机物质进行嫌气分解，一方面增加了有机质的累积，氮素供应形态以 NH_4^+-N 为主，另一方面又促进了甲烷和一些有毒物质如有机酸、硫化氢的产生。干湿交替能抑制甲烷的排放，但会促进 N_2O 的生成。土壤通气、厌气交替发生时，土壤中硝化细菌及反硝化细菌的活性增加，N_2O 的产生和排放量增大（张威等，2010）。水旱轮作体系中，随着季节性的干湿交替及氧化还原过程更替进行，土壤中一些变价元素的形态和有效性也随之发生变化，从而影响水稻及后季作物的生长。如淹水还原条件下，随着氧化还原电位降低，NO_3^-、Fe^{3+}、Mn^{4+}、SO_4^- 会转化为 NH_4^+、Fe^{2+}、Mn^{2+}、S^{2-}，这种转化增加了磷、钾、硅、钼、铜等元素的有效性，降低了氮、硫、锌的有效性，氧化还原作用对锰的影响尤其明显。云南红壤类土壤比例较大，旱作时，土壤中大量氧化铁、铝、钙对磷固定形成沉淀会极大地降低磷的有效性，因此云南旱地土壤缺磷现象比较普遍，磷肥利用率也较低。旱地改水作后，在还原条件下，磷酸铁铝的活化可提高磷的有效性，同时可解离被土壤胶体吸附的钙、钾离子，使其成为速效离子，部分满足水稻对钙、钾的需求，但在地下水位较高的地区，这个过程也加速了盐基离子下渗淋失（范明生等，2008b）。

（二）水旱轮作对土壤物理性状的影响

水旱轮作对土壤物理性状的影响既有利也有弊。水旱轮作的干湿交替变化，直接影响土壤孔隙的大小和土壤团聚体的形成及稳定性。土壤水稳性团聚体数量多少是土壤物理结构好坏最重要的指标，水稳性团聚体与土壤保肥、供肥能力密切相关，能协调土壤的水、肥、气、热。一般情况下，干湿循环会降低团聚体的比例，破坏团聚体的稳定性。由旱地轮换为水田时，由于淹水耕耙打田，土壤大颗粒会分散成细小黏粒，多年周而复始，黏粒在犁底层淀积形成紧实层，对根系穿插形成阻力，将水稻根系大部分限制在表层浆状层内，从而影响根系对犁底层养分的吸收。这种不良的紧实黏闭层，在由水田轮换为旱地时容易造成土壤板结，会阻碍后季旱作作物根系生长进而影响根系对下层养分的吸收利用，成为后季作物生长的主要障碍因素。但对地下水位较高，潜育化现象明显的土壤，水旱轮作能使土壤团粒结构及非毛管孔隙增加，提高氧化还原电位，消除次生潜育化，改善土壤物理性状。在实际生产中，土壤团聚体的稳定性，除受干湿交替影响外，还取决于耕作方式及轮作情况。通过有机物料及有机肥施用，适当进行保护性耕作，减少土壤的人为扰动，可降低干湿交替对团聚体的破坏。

（三）水旱轮作对土壤生物性状的影响

水旱轮作对土壤生物性状的影响主要表现为土壤微生物的种群及数量的变化，很少有生物既能在好氧又能在厌氧条件下生长，所以水旱轮作的更替，直接表现就是好氧微生物及厌氧微生物群落的轮回消长。通过水旱轮作，能降低某些旱地土传病虫害的感染及发生，但对水稻病虫害的发生影响不大，主要原因是淹水能使旱地病原菌死亡或减少，例如，油菜菌核病、小麦条锈病、烟草立枯病等病菌在淹水几个月后能完全灭绝。淹水还能抑制线虫的繁殖，淹水两年以上能杀死线虫。长期的水旱轮作也会增加某些病虫害的传播和影响，例如，水稻钻心虫、卷叶虫等原本只危害水稻，水旱轮作后也能危害小麦；一些茎腐病、叶枯病在稻麦上均有发生。此外，在排水不良的稻田种植旱地作物时，会加重霜霉病、大豆紫斑病等病害的发生。土壤生物的变化，反过来还能影响土壤养分的分解转化及形态（王子芳等，2003）。

（四）不同水旱轮作模式对土壤性状的影响

水旱轮作对土壤环境质量的影响，与旱作季作物及其栽培模式有关。不同的水旱轮作模式，对土壤肥力的影响有较大差异，养分循环也明显不同。水稻—小麦（或大麦）、水稻—油菜、水稻—豆类、水稻—蔬菜等主要的轮作方式中，水稻—豆轮作模式比较符合作物特性互补的原则，是一种较好的轮作模式，对土壤氮的累积有积极作用。但豆类生物量一般较低，根系发达不如麦类且根系入土较浅，所以对土壤结构的改善及有机质的自然累积不如水稻—麦轮作好，水稻—油轮作的情况介于两者之间，水稻—菜轮作及水稻与其他经济作物轮作的情况比较复杂多样，因作物不同差异较大。

二、高原水旱轮作区养分管理

（一）高原水旱轮作养分管理现状及问题

云贵高原虽然山区面积大（占93%），但水旱轮作区基本都位于地形较平坦，地理位置较好的坝子及山间平地、河谷地区，是农民赖以生存的主要土地资源，这些地区的基础设施建设配套较好，生产提供了大部分的农产品。气候类型多属典型的低纬高原季风气候，冬无严寒、夏无酷暑。农田复种指数偏高，一年多熟现象较普遍，用、养地矛盾突出。长期大量施用化肥维持较高的复种指数，造成土壤退化，表现为土壤酸化、碱化和次生盐渍化，有机质含量、阳离子交换量降低，土壤板结，缺少团粒结构，自净能力、缓冲能力降低。土壤养分含量虽高，有效供肥能力却不足，普遍存在农业产投比较低的现象。自20世纪90年代以来，高原水旱轮作区作物生产力呈现徘徊不前甚至下降的趋势，多与这些因素有关。部分地区还由于化肥农药等农资使用过多造成Pb、As、Cd等重金属含量升高。

针对高原地区水旱轮作模式中旱地作物品种多、杂、乱，轮作模式多且复杂，农田复种指数高的特点，在进行养分施用及管理时，既要满足水稻高产高效生产需要，又要兼顾各种旱作配置作物的营养需求特点，重视土壤有机质累积和土壤物理、化学、生物学性状改善，并考虑肥料形态配比等条件，建立不同轮作模式作物高效生产的养分管理体系（范明生等，2008a）。

（二）高原水旱轮作区养分管理

1. 从水旱轮作系统整体考虑进行养分管理

水旱轮作系统土壤季节间的干湿交替，不利于土壤氮素的保持，主要原因是氮在水作、旱作条件下，存在的形态不同。旱季时，氮主要以 NO_3^--N 存在，而在淹水还原条件下，无机氮主要以 NH_4^+-N 存在。旱季作物收获后，虽然有相当一部分氮累积在土壤中，但这部分氮很难被水稻利用，在稻田淹水后的很短时间内，累积的无机氮就会从土壤—作物系统中损失。研究表明，在成都平原的稻-麦轮作系统中，土壤在旱季作物后累积的无机氮每公顷为 80~100kg，但累积的无机氮在淹水后13d就从土壤—作物系统中损失。而无机氮的累积，与施氮量呈正相关关系，所以旱季作物氮的合理施用，对整个水旱轮作系统氮的有效利用有重要影响。

磷的形态及对作物的有效性，在水作、旱作条件下的差异也很大，大部分红壤类水稻土，在旱作时，大量氧化铁、铝、钙对磷固定形成沉淀会极大地降低磷的有效性，在稻田淹水还原条件下，磷酸铁、铝，包括部分磷酸钙可不同程度地被活化、溶解，从而提高磷的有效性。因此，从整个水旱轮作系统角度来统筹调控磷的施用也很有必要。

2. 根据土壤性能及作物需求规律管理养分

土壤保肥供肥性能与土壤复合胶体有关，对养分的吸收与释放起决定作用。根据土壤保肥供肥性能并结合作物营养需求规律进行施肥，是实现养分优化管理的重要手段。

土壤质地较黏重，有机质含量较多的土壤，保肥性能好，施入的肥料不易流失，容易储存。而砂性及有机质含量低的土壤，施肥后不易保存养分，虽然供肥性好，但养分易流失，发小苗不发老苗。所以保肥、供肥能力不同的土壤，施肥上应有所区别。保肥能力差和有机质含量少的土壤，可以在基肥中多施有机肥料，增加保肥、供肥能力，化肥施用要"少吃多餐"，防止流失及后期脱肥。而对保肥性能较好或有机质含量多的土壤，养分不易流失，肥料可集中施用，重前轻后及早追肥。

高原水旱轮作区，旱作季作物品种较多，对养分的需求差别较大，一些作物还对某些元素表现较敏感（如忌氯作物），在水旱轮作系统中，除在当季根据不同作物对养分的需求规律，提供适量的养分种类及数量外，在前季作物施肥时就要统筹考虑一些特殊的后季作物的养分需求，如水旱轮作中的旱作作物品种为烟草、番茄、辣椒、薯类、西瓜等忌氯作物时，在水稻种植季节就要避免含氯肥料的过多施用。高原水旱轮作养分管理，除考虑上述各种因素外，还要遵循以下原则。

1）氮素供应与作物需求同步，减少氮素流失

根据作物的氮素需求规律进行施肥管理是实现氮供应与作物需求同步的有效方法。高原水旱轮作虽然多、杂、乱，但各种作物对氮的需求特性是基本固定且有规律可循的，在充分了解各种作物对氮营养需求规律后，进行氮肥施用与作物氮素需求同步是可行的。

2）磷素管理重旱轻水、集中施用

磷的移动性差，且在旱作条件下容易被固定，失去肥效，所以磷肥不宜分散施用，最好的施用方法是先将磷肥与有机肥料混合堆捂后，沟施或穴施于作物根系附近。淹水种稻后，铁、锰的还原及含磷化合物的溶解，均能增加磷的供应，

水稻季节应少施磷肥并能促进土壤磷的释放。所以在水旱轮作系统中，旱季作物磷肥的施用要充足，以满足作物对磷的吸收及土壤固定，水稻则少施。

3）水旱轮作系统中的钾素管理

钾是所有作物所需的大量元素之一，也是土壤矿物中含量较多的元素。20 世纪 80 年代以前，由于总体生产水平低下，作物产量低，钾的供应主要依赖于土壤含钾矿物解离的钾，作物也没有明显的缺钾情况发生。但随着生产力的提高及作物产出的增加，每年作物收获要带走大量的钾，而由于价格较高及对钾的认识不够等，多数农户对钾的投入相对较少，未能弥补作物收获带走的量。所以目前农业生产中，作物缺钾现象较普遍。水旱轮作系统中，土壤干湿交替对钾的有效性有一定影响，主要表现为淹水条件下，土壤含钾矿物中的钾被 Fe^{2+} 和 NH_4^+ 替换解离，能提高钾的有效性，但在旱作土壤中这种情况不易发生，同时，钾比较容易随水流而迁移。所以水旱轮作系统中，钾素管理倾向于旱季多施，水季少施，并在作物生长前期施用，同时大力提倡秸秆还田，加强钾在农田系统中的自身再循环（谢建昌，2000）。

4）重视有机肥施用

土壤有机质是土壤肥力的主要指标，长期水旱轮作，土壤有机质的积累高于旱地但低于长期渍水的稻田，但较高的复种指数，对土壤养分的耗竭较大，而且干湿循环水旱交替的特点不利于良好的土壤物理性状形成，紧实黏闭犁底层的存在，会影响土壤通气透水性，阻碍旱作季作物根系生长进而影响根系对下层养分的吸收利用。长期不施或少施有机肥，会加重这种障碍的影响。化肥配合有机肥合理施用，能明显提高土壤有机质及氮含量，极大地改善了土壤物理性状，促进作物生长，提高养分利用率。从水旱轮作系统整体考虑，建议有机肥（包括作物秸秆等有机物料）施用量每年不少于 $5.0t/hm^2$，有机肥以水稻栽培前作基肥施用为主，水稻收获后秸秆尽量粉碎还田，提高水旱轮作系统土壤有机质含量。

5）综合性养分管理原则

现代农业生产体系是一个多种因素综合影响的复杂系统，单一的某项技术很难实现资源的高效利用和环境保护的目标。水旱轮作系统养分管理一方面要综合利用包括化肥、有机物料、土壤、降水和灌溉、生物固氮等在内的各种养分资源，其次要综合应用免耕、覆盖等保护性农业技术，包括土壤保护、优良品种、现代节水农业技术、作物高产高效栽培和病虫草综合防治等在内的各种措施，以提高作物产量，减少养分损失，提高养分利用率，真正实现养分资源的优化管理。

参 考 文 献

范明生，樊红柱，吕世华，等. 2008a. 西南地区水旱轮作系统养分管理存在问题分析与管理策略建议. 西南
    农业学报，21（6）：1564~1567.
范明生，江荣风，张福锁，等. 2008b. 水旱轮作系统作物养分管理策略. 应用生态学报，19（2）：424~430.
兰全美，张锡洲，李廷轩. 2009. 水旱轮作条件下免耕土壤主要理化特性研究. 水土保持学报，23（1）：145~149.
刘金山. 2011. 水旱轮作区土壤养分循环及其肥力质量评价与作物施肥效应研究. 武汉：华中农业大学博士学
    位论文.
石孝均. 2003. 水旱轮作系统中的养分循环特征. 北京：中国农业大学博士学位论文.
王子芳，高明，秦建成，等. 2003. 稻田长期水旱轮作对土壤肥力的影响研究. 西南农业大学学报，25（6）：
    514~517.
谢建昌. 2000. 钾与中国农业. 南京：河海大学出版社.
张威，张旭东，何红波，等. 2010. 干湿交替条件下土壤氮素转化及其影响研究进展. 生态学杂志，29（4）：
    783~789.

第五章 滇池流域施肥对作物产量、品质的影响及其环境风险

第一节 引 言

一、选题背景

滇池是中国西南地区最大的湖泊，地处长江、珠江、红河三大水系分水岭地带，流域面积 2920 km²。南北长约 40 km，东西最宽处 12.5 km，汇水区域包括昆明市五华、盘龙两区和官渡、西山、呈贡、晋宁、嵩明 5 个郊县区的 38 个乡镇。2000 年第五次人口普查结果表明：滇池总人口 246.7 万人，是云南居民最密集、人为活动最频繁、经济最发达的地区，经济总量占昆明市的 80%。滇池具有工、农业生产用水，调蓄，防洪，旅游，航运，水产养殖，调节气候等多种功能，对昆明市的国民经济和社会发展起着至关重要的作用。

然而，就是这样一个对昆明乃至云南全省社会经济起着举足轻重作用的高原淡水湖泊却被严重污染，这是一个不容回避的现实。回顾过去，人们无不以拥有一清澈明亮的滇池而感到骄傲，而现在只能从民谣"50 年代淘米洗菜，60 年代洗衣灌溉，70 年代水质变坏，80 年代鱼虾绝代，90 年代还在受害，新的时代污治比赛"中来感受滇池的情况了。

1. 化肥过量施用成为滇池污染的重要原因

滇池流域属低纬高原季风气候，四季如春，日照时间长，年平均气温 14.7℃，常年水温 10℃以上，很适宜作物生长，成为全国有名的蔬菜花卉生产基地。由于蔬菜、花卉生产具有较高的附加值，市郊及广大农村的蔬菜种植面积发展迅速，同时人们为了获得更高的产量，肥料的投入量往往是蔬菜生产理论需肥量的数倍，远高于蔬菜生长需肥量，导致氮、磷养分在土壤中大量积累，其中以磷最为突出，养分投入不平衡已成为制约蔬菜产量和品质提高的重要因素，超高量的施肥存在着巨大的环境风险。

据统计（陆轶峰等，2003），滇池流域的水田面积最大，占 38%，旱地占 35%，菜地占 19%，花卉地占 8%，蔬菜、花卉总共占总种植面积的 27%，相当于总种植

面积的 1/4，蔬菜、花卉的种植在滇池流域主要分布在呈贡县和官渡区，随着农业产业结构的调整和经济发展的需求，蔬菜、花卉等经济作物在滇池流域的种植规模将越来越大。化肥的投入量依次是花卉地>蔬菜地>旱地>水田。水田氮、磷化肥投入量最低，纯氮为 122.4kg N/（$hm^2 \cdot a$），纯磷为 198.9kg P_2O_5/（$hm^2 \cdot a$）；花卉的氮、磷化肥投入量最高，纯氮为 1248kg N/（$hm^2 \cdot a$），纯磷为 567kg P_2O_5/（$hm^2 \cdot a$）。蔬菜、花卉的氮、磷投入量与水田旱地的大田作物的投入量差异很大，氮肥单位施用量相当于一般大田作物的 8~10 倍，磷肥的单位施用量相当于一般大田作物的 3~5 倍。一般大田作物如小麦、水稻等的氮、磷化肥投入量处于相对合理的状况，与作物生长的养分需求基本吻合，略高于全国平均水平，而蔬菜、花卉的氮、磷化肥投入远远超出了作物正常生长需要的用量，施肥严重过量，氮、磷化肥的高投入必然导致氮、磷的大量流失，同样的种植品种在不同的地方其施用量相差可达 2~10 倍。

2. 过量施肥导致作物减产、质量下降、土壤质量衰退、病虫害频繁发生

中国传统的农业生产是一个基本上封闭运转的生态系统，即农民种地、饲养家畜，基本上为了满足一家几口人的生活需要，少量农产品用于交换其他生产用具和生活用品。生产出来的粮食自己吃，人畜粪便化为肥料归还土壤，这种封闭式循环进行了几千年，除了因人口增多，毁林开荒造成生态破坏外，对环境的影响不是很大。现代化农业生产则是采取了另外一种模式。提倡种植业和养殖业的规模化单一经营，大量使用化肥和农药，以及作业过程的机械化，现代化农业经营模式隔断了传统农业中封闭的物质循环。

蔬菜、花卉种植是滇池流域农民收入的重要来源，近年来蔬菜、花卉种植中出现的一系列问题已直接影响到农民收入的稳步增长，生产成本虽然逐年增加，但作物产量每况愈下；品质难以提高，毁灭性病虫害频繁发生，即使加大农药用量也收效甚微；土壤板结、盐渍化问题突出，一些地方不得不采取换土的方式来缓解土壤质量衰退问题；饮用水越来越难喝，不得不购买纯净水或矿泉水；蔬菜硝酸盐过度累积，长期食用增加了消化系统癌症的发病风险，归根到底，这些问题的最直接根源就在于施肥不合理。研究和实践证明，肥料是一柄双刃剑，合理使用可以大幅度提高产量和质量、增加农民收入、改良培肥土壤，不合理使用不但难以发挥增产增收作用，反而会增加生产成本，污染环境，最终恶化人们的生存空间。

在蔬菜栽培过程中，合理施肥是很重要的一项栽培措施，土壤是蔬菜生长的家园，肥料是蔬菜生长的源泉。土壤的最大功能就是向蔬菜提供它们生长所需的各种营养物质，而施肥就是向土壤中补充作物所需的养分。合理的施肥不仅能够节省肥料，提高肥料的利用率，而且能够提高作物的品质，减少环境污染，达到

农业生产的持续发展，土壤资源的永续利用。然而科学合理的施肥没有引起广大农民的足够重视，"肥大水勤不用问人"的传统的施肥观念依然存在。

二、国内外研究现状

（一）化肥施用与作物产量

在世界为增加粮食产量而作出的努力中，肥料一直处在最前列，它比其他农业投入所取得的成就更为突出，更可以信赖（李荣刚等，1999）。对 1949~1996 年的 48 年间全国粮食总产量与化肥施用量关系的统计表明，随着施肥量的增加，粮食产量也趋于增高，二者存在着明显的正相关，相关系数高达 0.956，回归系数为9.3（相当于在其他因素综合作用下，在此期间单位施肥量的增产量），后者大体上相当于 FAO 在 1961~1986 年统计得出的化肥的平均生产指数的中值。但是，从不同时间段来看，回归系数却趋于降低。如 1949~1965 年的 17 年间，粮食产量与化肥施用量的相关系数为 0.478，回归系数高达 23.8；1966~1977 年的 12 年间，相关系数为 0.934，回归系数降为 13.1；1978~1987 年的 10 年间，相关系数为 0.930，回归系数进一步降为 4.5；1988~1996 年的 9 年间，相关系数为 0.904，回归系数为4.3。即在 1978~1996 年的 19 年间，增施化肥尽管仍表现出一定的增产作用，但已明显低于前两个时段，仅约为 1966~1977 年的 34%。这一现象既反映出报酬递减律的必然性，也意味着近些年来在我国农业生产中存在着有待消除的其他限制因子（朱兆良，1998）。

对于不同种类的作物、肥料对作物产量的效应曲线可归纳为 3 种可能的关系（陈伦寿，1989），在第一种类型中，在达到转折点后，再施用更多的氮肥还可以进一步增产，这时的增产速度比转折点以前减少了；在第二种类型中，施肥量超过转折点后，再增加施肥量，作物既不增产也不减产；在第三种类型中，施肥量超过转折点后，施肥会使产量明显下降，这种情况在谷类作物中较常见，对这些作物确定转折点的施肥量，具有重要的意义。

在施肥对作物产量的影响方面，施肥量、施肥比例、施肥时期和施肥方式均对作物的产量有重要影响。氮素是菜田生态系统中最活跃的营养元素，它不仅影响蔬菜对养分的吸收，进而影响产量，同时也影响菜田土壤肥力的变化和肥料利用率，国内外研究者就氮肥进行了大量的研究（宋世君等，1990；张耀栋等，1990，葛晓光等，1996），氮肥施用过多或过少均容易引起作物减产。研究和实践证明，平衡施肥是一项获得高产稳产的有效措施（周艺敏，2000；陈清等，2000；李俊良等，2002），氮磷钾供应不平衡很容易引起作物减产。目前在保护地栽培中偏施氮肥，使氮磷供应过量的情况相当普遍（马文奇等，2000），引起了土壤质量衰退，病虫害加剧，作物减产。

（二）施肥对蔬菜的硝酸盐累积研究

蔬菜是人们日常生活中不可缺少的重要副食品，它为人类提供了丰富而又廉价的各种维生素、矿物质和纤维素。随着生活质量的提高，人们已不再满足于蔬菜品种的丰富多样，而是对蔬菜的品质尤其是卫生标准提出了更高的要求，蔬菜的营养、质量、结构对智力和健康影响日益为人们所认识。蔬菜营养、安全（卫生）、感官三大品质的改善是研究者、生产者和消费者的共同目标。随着种植结构的调整，生产者从单纯地提高产量转移到了重视改善蔬菜的营养和感官品质方面，努力生产优质营养的蔬菜产品适应市场需要成为生产的最终目的；消费者和营养学家则更加重视营养和安全品质。从目前所流行的绿色食品、有机食品可窥见一斑。我国是蔬菜消费大国，全国人均消费蔬菜占有量已达到 250 kg/（人·a），远远超过世界平均水平的 102 kg/（人·a）。

蔬菜安全品质问题是食品安全性的一部分，食品安全性是"对食品按其原定用途进行制作和/或食用时不会使消费者受害的一种担保"。食品安全性已涉及食品科技、农业、环境保护、监督管理等多领域，由于人类的活动，对生产蔬菜的基础——土壤介质（基质）、空气产生污染，对蔬菜的安全品质产生潜在威胁。蔬菜安全品质主要是指影响人体健康的生物、化学和物理污染物，包括非自然产生的毒素、细菌、化学农药残留、硝酸盐污染物、重金属、放射性物质等。

大量研究表明，由于大量施用化肥，致使土壤中的硝态氮含量普遍偏高，作物吸收氮素的速度大于作物体内硝态氮还原的速度，硝态氮在作物体内累积。过量的累积不仅给作物造成危害或品质下降，而且通过食物链为人体吸收，给人体健康带来潜在的危害。蔬菜极易富集硝酸盐，人体摄入的 NO_3^- 有 80%以上来自于所吃的蔬菜。人体摄入硝酸盐过量容易引起高铁血红蛋白血症，婴儿对硝酸盐过量更加敏感，容易产生"蓝色婴儿综合征（blue baby syndrome）"。NO_3^- 在人的肠胃中经硝酸还原细菌的作用可转化为 NO_2^-，亚硝态氮与血红蛋白结合形成高铁血红蛋白，降低了血液载氧能力，它可以无症状不知不觉地影响发育；当 NO_2^- 含量很高时，能引起人体血液缺氧中毒反应；NO_2^- 若与二级胺结合还可形成强致癌物亚硝胺（nitrosamines），诱发消化系统的癌变（马立珊，1979）。蔬菜的硝酸盐污染，其毒害作用缓慢而隐蔽，很少像农药残留那样造成急性中毒，长期以来，未引起人们的足够重视。因此，控制食品中亚硝胺的前体化合物——硝酸盐和亚硝酸盐便成为世界各国普遍关注的一个重要问题。

早在 1907 年，Richandson 就指出蔬菜中含有硝酸盐。1943 年，Wilson 又指出蔬菜中的硝酸盐可以还原成亚硝酸盐。为了改进蔬菜的卫生质量，保护人类的健康，20 世纪 60 年代以来，国外的科学家对蔬菜中的硝酸盐积累及分布规律进行了较为系统的研究。世界卫生组织（WHO）和联合国粮食及农业组织（FAO）于1973年规定，硝酸盐的日允许量（acceptable daily intake）ADI值为3.6mg/（kg·d）体重。亚硝酸盐的ADI值为0.13mg/（kg·d）。

我国在这方面的研究工作始于20世纪80年代。根据WHO和FAO提出的硝酸盐ADI值（日允许量），各国先后制定了一些硝酸盐最高允许含量的标准，但我国至今尚未制定正式的国家标准。目前，大家通常采用的标准为沈明珠于1982年提出的蔬菜硝酸盐卫生标准。即参照FAO和WHO提出的ADI值，按0.5kg/（人·d）的蔬菜食用量、平均体重60kg计，推算出我国蔬菜的硝酸盐允许量为432mg/kg鲜重。如果将盐渍和煮熟时的损失（分别为45%、70%）加入计算，此限量可扩大为785mg/kg和1440mg/kg。亚硝酸盐的为4mg/（kg·d）（以$NaNO_2$计）。

根据此标准，我国许多大中城市（如北京、天津、沈阳、武威、临沂、乌鲁木齐、上海、重庆、南京、杭州、宁波、广州、福州）对蔬菜样品进行随机取样分析，对蔬菜硝酸盐、亚硝酸盐污染状况进行了全面的调查，并对造成蔬菜污染的影响因子进行了分析验证，初步总结出了蔬菜硝酸盐污染的主要影响因子是肥料的施用不当、品种的遗传差异，不同的蔬菜品种、不同的地域、不同的栽培方式特别是施肥方法影响蔬菜的硝酸盐含量。从已开展工作的大中城市的调查结果可以看出，蔬菜中的硝酸盐积累情况十分严重，居民常年取食量最多的绿叶菜、根菜、白菜类蔬菜大多属高度污染或严重污染。

（三）施肥对土壤硝酸盐累积的研究

旱地长期定位施肥对土壤剖面硝态氮分布与累积的影响研究表明，氮肥的施用量过大时，由于作物不能利用的土壤氮超过一定数量，会导致土壤氮累积较多。氮的施用量超过这一水平会使氮的利用率降低。显然，为更好地利用氮肥，磷肥的施用量应随氮肥的施用量而作相应的调整。4个磷肥水平配合氮肥施用的处理在低氮水平上均未出现NO_3^--N累积峰，但是，配施高氮水平都出现累积峰。NO_3^--N累积量在同一磷肥水平随氮肥施入量增加而增加，在4个氮肥水平中低氮水平配合施磷肥的3个处理均未出现NO_3^--N累积峰，但NO_3^--N质量分数比CK和单施磷肥处理都高。可见氮肥的大量施用能造成土壤剖面NO_3^--N的累积，合理配合施用磷肥可以有效降低土壤剖面NO_3^--N的质量分数（樊军等，2000）。华北平原施氮对农田土壤溶液中硝态氮含量的影响研究结果表明：随着氮肥施入的增加，土壤溶液中NO_3^--N浓度显著增加；200kg/hm^2的氮肥施入水平，2~22m土层中土壤溶液中硝态氮浓度变幅不大，说明淋失量很少，而在400kg/hm^2和800kg/hm^2的氮肥施入水平下，2~22m土层中土壤溶液中硝态氮浓度呈持续增长，且增加量主要发生在7~9月玉米生育期，说明400kg/hm^2的施氮水平，其氮素的淋失已经严重地影响到深层土壤中硝态氮的含量，且淋失主要发生有夏季多雨季节（胡春胜等，2001）。施氮对潮土土壤及地下水硝态氮含量的影响研究结果表明，随着施氮量的增加，1m 土壤中硝态氮在增加，施氮量低于 225kg/hm² 时，土壤中硝态氮含量变化不大，施氮量超过 225kg/hm² 时，土壤中硝态氮急剧增加，当施氮量增加到 300kg/hm² 和 375kg/hm² 时，土壤硝态氮增加 4.2 倍和 7.4 倍。0~20cm 及 80~100cm 土壤中硝态氮的含量随施氮量的变化规律也是如此，基本上是以 225kg/hm² 为分界线。施氮越高，土壤中硝态氮增加幅度越大（黄绍敏等，2000b）。

黄土旱区连续 13 年不同轮作及氮肥、磷肥、有机肥施用对土壤剖面硝态氮分布与积累的研究结果表明：化学氮肥的施用可有效地提高土壤硝态氮的含量，并引起硝态氮的淋溶，以单施氮肥淋溶作用最强，达 150cm 深土，次之为 NPM、NM、NP；而氮肥与磷肥、有机肥的配合施用不同程度地降低了硝态氮的淋溶，提高了氮肥的利用率，降低了环境污染和土壤中的积累。在贫氮地区土壤上，尤以氮肥、磷肥配施效果最佳（刘晓宏等，2001）。硝态氮的实际含量均是单氮处理最高，其次是 NK 处理，二者的实际含量是平衡施肥处理 NPKM、NPK 的几倍到十几倍，6 个处理土壤中硝态氮含量的排列顺序均是 N>NK>NP>NPK>SNPK>MNPK，与其产量结果正好相反（黄绍敏等，2000a）。利用 15N 研究氮肥对土壤及植物内硝酸盐的影响，土壤中 NO_3^--N 含量随时间的推移出现一峰值和低谷值，说明其一方面与土壤中氮的转化有关，另一方面与蔬菜吸收有关。说明施 N 量少时，NO_3^--N 含量变化主要取决于土壤本身，而施 N 量达到一定程度后，肥料形成的 NO_3^--N 的补充起了较大的作用，因而变化平缓，说明土壤中的差异取决于肥料用量。残留量与施肥量呈正相关（徐晓荣等，2000）。增施磷肥通过促进根系生长增加了氮的吸收范围和吸收量，减少了土壤中硝态氮的累积和向深层次的运移（张立，2003）。

不同类型土壤有机质及 pH 对土壤中硝酸盐积累的影响，三因素中施 N 量及有机质和施 N 量的互作对硝酸盐积累影响最大，其次是土壤有机质及其累加作用（王丽等，1996），有机肥对 KNO_3 氮肥中 NO_3^--N 的淋失有一定抑制作用；施加有机肥后对土壤有效态氮有一定程度的增加；有机肥本身亦可产生 NO_3^--N 淋失（郭胜利等，2000）。土壤中易分解的有机碳含量与土壤反硝化潜势之间有着极好的正相关，因此新鲜有机物料如植物残体、未经腐熟的有机肥等的施用或添加可显著增强土壤的反硝化潜势（陈同斌，1996；沈善敏，1998），从而削弱了土体中 NO_3^--N 的积累。另外，农田施用有机肥可增加土壤黏粒及团聚体的含量，提高土壤阳离子的代换量，增加对硝态氮的固持作用，进而阻碍了硝态氮向下部的迁移（刘春增，1996）；大 C/N 比秸秆的还田会引起土壤微生物的大量活动，导致大量矿质氮转化为固持态氮（黄志武，1993；王维敏，1986）。过多施用有机肥同样存在硝酸盐污染地下水的风险。当易分解的土壤有机物质 C/N 较低时，分解有机物质的土壤生物将转向更多地利用有机肥料氮，且伴随着氨的释放，在通气良好的土壤中，化能自养的硝化微生物可以很快将氨转化为 NO_3^-，从而导致其在土壤中累积（王敬国等，1995），这就意味着有硝酸盐淋失的可能性。在陕西杨凌地区调查的 5 块施用有机肥（主要为鸡粪）折 N 量达 $1000kg/hm^2$ 以上的蔬菜地土壤中，12 月下旬（蔬菜已收获）5 块蔬菜地 0~4m 土层 NO_3^-–N 的累积量折 N 都超过 $1000kg/hm^2$，而 40%~75%的 NO_3^-–N 被淋溶到 2~4m 的土层（袁新民等，2000）。有机肥和无机肥配施在一定程度上可以提高作物产量，培肥地力，但当施入土壤的总 N 量过大时，将不再增加作物吸收，但增加 NO_3^-–N 在土壤中的积累，土壤中 NO_3^-–N 的累积量随总施 N 量的增加而增加（袁新民等，2000），有必要在大量调查研究积累数据资料的基础上，借鉴一些西方国家的经验，尽快制订出适合我国国情的农田有机肥施用标准（张庆忠等，2002）。

进行常规施肥沟灌、无肥滴灌和不同肥料用量的滴灌施肥，研究其对塑料大棚栽培甜椒土壤硝酸盐的影响，结果表明：滴灌施肥技术可节约肥料 40%~50%，滴灌处理 100cm 土层土壤溶液中的硝态氮在整个甜椒生育期内显著低于常规施肥沟灌处理，滴灌施肥技术对减轻土壤和地下水硝酸盐污染是十分有效的措施之一（隋方功等，2001）。设施栽培条件下灌水方式影响到土壤中 NO_3^-–N 的持留状况。渗灌处理区 0~10cm 土层土壤 NO_3^-–N 含量明显大于沟灌区和滴灌区，并随深度增加而迅速减少，20cm 以下各土层 NO_3^-–N 分布比较均匀，但高于沟灌处理区；滴灌处理区土体内 NO_3^-–N 近似呈自上而下直线减少样分布。在其他条件相同情况下，同一土层中 NO_3^-–N 含量随着土壤水分增加呈指数函数减少。在采用渗灌和滴灌比沟灌减少灌溉用水一半、减少一次追肥的情况下，仍能获得高于沟灌的经济产量，也就是说渗灌和滴灌能节水和提高肥料利用率，这也揭示人们在保护地内用渗灌和滴灌方法进行灌溉应比沟灌适当减少施肥量，以降低土壤中残留的硝酸盐和减少不必要的浪费（杨丽娟等，2000）。

蔬菜生产中过量施用氮肥，频繁和过量灌水，不仅使硝态氮在蔬菜体内大量累积，还在菜地土壤中大量残留，使菜田土壤的硝态氮残留量明显高于一般农田。常年露天菜地 200cm 土层的硝态氮残留总量可达 $1358.8kg/hm^2$，2 年大棚菜田为 $1411.8kg/hm^2$，5 年大棚为 $1520.9kg/hm^2$，而一般农田仅为 $245.4kg/hm^2$（王朝辉等，2002）。

玉米—空心菜间作降低土壤及蔬菜中硝酸盐含量的研究表明，菜地中过量施用氮肥使土壤剖面中累积了大量的硝酸盐，会增加地下水的硝酸盐污染的风险。选择深根系的玉米和浅根系的空心菜间作来验证深根系作物和浅根系作物间作将降低土壤剖面硝酸盐累积的假说，结果表明，间作有降低蔬菜地上部硝酸盐浓度和土壤剖面硝酸盐残留量的趋势；与单作玉米和空心菜相比，间作玉米的根系表层分布较多，间作空心菜的根长密度有所降低。这为降低土壤剖面及蔬菜中的硝酸盐累积提供了新的途径（王晓丽等，2003）。

采用田间试验及人工渗滤池试验方法，研究了土壤中硝态氮含量的影响因素。结果表明，影响大田土壤中硝态氮因素很多，程度不一，其中土壤类型决定着硝态氮基础含量，是内因，而施肥及施氮量是影响硝态氮含量最大的外界因素，其次是土壤湿度和氮肥品种，土壤温度对其影响不明显（黄绍敏等，2000a）。

在施 N 量相等时，作基肥施用处理土体中硝态氮含量比作追肥施用处理时明显要高（许学前等，1999）；在其他条件相同的情况下，不同肥料品种处理土壤中硝酸盐淋失量的顺序是碳铵>硝酸钾>尿素>包膜肥料（金翔等，1999）。

综合上述研究结果得知，农田土壤硝酸盐淋失是导致地下水硝酸盐污染的主要原因，影响农田土壤中硝酸盐积累和淋失的因素很多，主要有土壤性质、施肥、降水、灌溉、肥料品种、棚龄，以及耕种制度等。过量施用氮肥，不论是单独施用无机肥、有机肥还是有机、无机混施都能造成硝酸盐在土体中大量积累；耕作和种植制度均能影响硝酸盐在土体中的积累和迁移。

（四）施肥对土壤磷累积的研究

磷是最早发现的植物必需的营养元素之一。磷在植物生长发育过程中起着十分重要的作用。植物吸收磷的主要形式是 HPO_4^{2-} 和 $H_2PO_4^-$，由于它们在土壤溶液中的浓度很低，一般只有 $1.5\mu m$，远不能满足植物正常生长所需，在许多土壤中磷是限制植物生长的一个主要因子。因此，有关土壤磷素的研究主要集中在提高土壤磷的生物有效性方面。磷在植物大量营养元素中占有重要地位，然而，与其他大量营养元素相比，土壤磷的含量相对较低。长期施用磷肥，能显著提高土壤全磷及有效磷含量，而且磷肥的残效期较长，重施一次磷肥，其后效至少可持续 10 年以上。对于中度酸性、溶解和吸附能力差的西澳大利亚土壤施用磷灰石化肥是无效的，并不能导致土壤有效磷的增加，而在酸性土壤中施用磷矿粉，可逐步提高土壤有效磷水平。

水溶性磷肥进入土壤后，经一系列的化学、物理化学和生物化学反应，形成难溶性的无机磷酸盐、被土壤固体吸附固定或被土壤微生物固定，从而使其有效性大大降低。然而，土壤溶液中的磷处于动态平衡过程中，被固定、吸附的磷在一定的条件下可向有效态磷方向转化。土壤中磷的有效性受诸如 pH、有机质含量、水分状况、微生物活动和植物根系分泌的质子和有机酸等因素影响（陆文龙，1998）。

尽管土壤具有高的磷素吸附容量，但土壤长期或大量地接受磷肥将导致土壤磷素的积累（或称富磷）。长期施用磷肥、氮磷钾或与有机肥料混施均有不同程度的全磷、无机磷、有机磷的累积，有效磷状况也有所提高（Mercik et al.，1985；黄庆海，2000；郑铁军，1998；张漱茗，1992；李隆等，2000）。在对此进行研究后认为，小麦–大豆共生期间存在着小麦对大豆磷吸收的促进作用，主要表现在磷吸收量的显著提高，其根际效应可能是机理之一。

美国湖泊的磷来自农田的超过60%，已成为水体污染的首要原因。北欧一些报告认为面源磷的份额高达40%~50%，英国、荷兰都认为农田磷素是水体磷的主要来源（鲁如坤，2003），土壤磷水平的提高就意味着土壤磷素向非土壤环境迁移的能力就越强，这种能力也就是土壤磷素流失潜能。但土壤磷素流失潜能是一个非定量的概念，只有当水分运动存在的前提下，这种潜能才能转化为实际流失（Haygarth et al.，1998），显然土壤磷素流失潜能的成因直接与土壤磷素的积累有关。

对于施用有机肥引起的土壤磷素积累也很严重（Sharpley et al.，1994；Gartley et al.，1994）。在美国，占地4%的土地量承担了全国84%的畜禽饲养量，随之带来的动物粪肥的农用成为该地区水体富营养化发生的主要原因。例如，集约化养鸡中心的特拉华地区，若按氮素计算，推荐粪肥的用量为 $7mg/hm^2$，此时的磷素投入约为135kg P/hm^2，如果作物的吸收带走量为25kg P/hm^2 的话，则将有110kg P/hm^2 的残留量。在养猪业发达的印第安纳州的情况也类似。美国磷钾研究所开展的一项旨在了解磷素富集状况的土壤调查发现，美国大约有60%的土壤划为高磷，有30%的土壤被认为是极高磷（Sharpley et al.，1994；Gartley et al.，1994）。每季施不小于53 kg P/hm^2 导致了水田土壤的富磷，并随着施磷水平的提高而增加。平均每次施磷造成土壤 Olsen–P 净积累为4.7~16.7mg P/kg，且配施有机肥较有利于土壤富磷化进程（张志剑等，2001）。对长期（24年）不同施肥土壤中磷淋溶趋势的研究结果表明：土壤耕层 $CaCl_2$–P 和 water–P 的含量远比 Olsen–P 要小得多，可以淋溶的磷素含量普遍较低；长期施用厩肥和化肥加秸秆并休闲的土壤更易发生磷素淋溶；$CaCl_2$–P 和 water–P 之间，以及 water–P 和 Olsen–P 之间的相关系数均达到极显著水平；土壤耕层中 Olsen–P 含量达到23mg/kg，是该土壤发生磷素淋溶的"阈值"（刘利花，2003）。通过对贵州中部黄壤旱坡地进行采样，以及采用无界径流小区法收集地表径流样品，探讨长期施肥下旱地磷素水平与地表径流浓度的变化及其对水环境的影响，结果表明：长期施肥下黄壤旱地的磷素水平不断提高，$CaCl_2$ 浸提（溶解态活性磷）和 NaOH 浸提（藻类可利用的土壤总磷）与土壤全磷或有效磷之间存在显著的相关性，旱地磷对水环境影响的潜能明显提高（刘方，2003）。

长期施用有机肥，尤其是厩肥，能显著提高土壤全磷及有效磷含量，但其效果不如有机无机配合施肥。施有机肥增加土壤有效磷的原因在于，有机肥本身含有一定数量的磷，且以有机磷为主，这部分磷易于分解释放；另外，有机肥施入土壤后可增加土壤的有机质含量，而有机质可减少无机磷的固定，并促进无机磷的溶解。结果表明，施用有机肥能显著增加旱地红壤的速效磷含量。有机肥对土壤速效磷的影响随其 C/P 不同而不同。有机肥能提高土壤中等活性有机磷的含量。中等活性有机磷是土壤速效磷主要的有机磷源。施用有机肥，能增加土壤磷的供应和储备，并能增加作物的吸磷量及产量（王库，2001）。

长期施用磷肥或有机肥均可增加土壤有机磷和无机磷含量，但磷肥主要是增加无机磷含量，而有机肥则以增加有机磷为主（林炎金等，1994；刘宗衡等，1989）。在增加的有机磷中，主要是活性和中等活性有机磷。施有机肥增加土壤有机磷的原因在于，有机肥本身不但含有较多的活性和中等活性有机磷，而且有机肥中含有大量的微生物，它们能吸收固定化肥磷，从而促进了化肥磷向有机磷的转化。施磷肥增加土壤有机磷的原因在于，磷肥促进植物难以利用的中稳性和高稳性有机磷的矿化，使其向活性和中等活性有机磷转化（史吉平，1998）。

通过化学分析和土壤淋洗试验对广州城郊菜地土壤磷素特征和流失风险进行了研究和分析。结果表明：广州城郊菜地土壤全磷含量极高；与自然土壤相比较，菜园土壤无机磷比例增大，有机磷比例降低；无机磷中的 Al–P、Fe–P 比例增加，O–P 比例降低，Ca–P 比例基本一致；土壤 Olsen–P、Bray–1P、Mehlich–1P、0.01mol/L CaCl$_2$ 和 H$_2$O 提取的磷含量相当高；城郊菜园土的 Olsen–P 含量为 241.6~448.0mg/kg，平均为 334.8mg/kg，土壤淋洗液中溶解态磷和总磷持续保持很高的浓度，土壤磷供应强度大（王占哲，2003）。菜园土壤中磷进入水体引起水体磷浓度增加，导致水体富营养化风险大；土壤磷的测定值可作为土壤磷流失风险和对水环境影响程度的评估依据。菜地应作为农业非点源磷污染的优先控制区，应通过严格控制磷肥的投入和合理施肥等控制磷的流失。组合施肥试验后各处理比对照全磷增加 0.15~0.29g/kg，速效磷增 15.68~51.07mg/kg。露地蔬菜土壤中有效磷水平在 60~90mg P/kg 已可满足生产需要。温室栽培需要高一些（100mg P/kg 左右）。但对于环境，这却过高，而那些达到 400mg P/kg 以上的地方，从生产上说，也无此必要（鲁如坤，2003）。

（五）过量施肥与水体污染

据调查结果查明：中国的湖泊中，有许多湖泊营养盐浓度偏高，绝大多数超过了国际上一般认为的标准：湖水总磷浓度（TP）0.02mg P/L 及总氮浓度（TN）0.2mg N/L 的湖泊富营养化发生浓度。在调查的 25 个湖泊中，总氮超过 0.2mg/L 的为 100%，总磷超过 0.02mg/L 的占 92%，只有大理洱海和新疆博斯腾湖低于此浓度。湖泊中氮、磷来源有市政污水、工业废水之类的点源输入，还有大量包括地表径流、水土流失在内的非点源输入。当然，由于受众多因素的影响，要精确估算施肥对地面水污染所起的作用是较困难的。Sarkar 认为，仅有小部分的 N、P 来自于农业施肥，大部分来自大气和城镇居民、工业废弃物。FAO 的研究报告指出，地下水和地面水中硝酸盐和磷酸盐的富集至少部分与施肥有关。张水铭等的试验表明：农田排水中磷的浓度与磷肥施用量和施肥方法有密切关系。在稻-麦轮作中，等量磷肥在种麦时施用与种稻时施用相比，磷的排出数量要少得多，磷素排出数量随稻田磷肥施用量的增加而增加。尽管对于施肥引起的非点源氮、磷污染对地面水富营养化的影响还需进一步深入研究，但大家的共识是：在集约化农业地区，合理施肥，平衡施肥，提高肥料的利用率，特别是控制地表径流，防止水土流失，是减少氮、磷养分流失，防止地面水富营养化的有效途径。三峡大坝库区 1990 年的统计资料表明，90%的悬浮物来自农田径流，N、P 大部分来源于农田径流；北方地区地下水污染严重（张维理等，1995）。在 21 世纪，面对巨大的人口压力，滇池流域农业土地资源的开发已接近超强度利用，化肥农药的施用成为提高土地产出水平的重要途径，因此，面源污染的控制关系到农业及区域社会经济的可持续发展。

不合理施用化肥对水体的污染有两个方面，一方面是对地下水的污染，另一方面是对江河湖泊地表水系的污染。地下水污染的主要原因在于化肥中的氮肥。各种化学氮肥，如尿素、碳酸铵、硫酸铵等施入土壤后都会在微生物作用下转化成为硝态氮（NO_3^--N），它是带有负电荷的阴离子，由于土壤本身也是带负电荷的，同性相斥，硝态氮不被土壤颗粒吸附。除了被作物根系吸收利用外，剩余部分在土壤中随水流动，当降雨量大或浇水量过多时，硝态氮就会下渗或侧渗至江河水系中。氮肥施用量越多，随降雨或灌溉而下渗，水中的硝态氮含量也越高。关于氮肥淋洗下渗的情况，中国农业科学院孙昭荣等的长期定位研究结果表明，随着施氮量的增加，通过 1.5m 土层而下渗的水中含氮量也相应增多，这部分氮素既是氮肥的损失，又是水体潜在污染的来源。

三、研究目标和技术路线

本研究针对滇池水体污染严重的现实，而农田施肥又是滇池水体富营养化的一个重要原因，在详细了解试验点基本信息、土壤养分、施肥状况的基础上，选取了试验区 3 种主要的蔬菜（西生菜、甜椒、西芹）和一种主要的花卉（康乃馨）作为供试作物，把以下内容作为主要研究对象（图 5.1）。

通过研究，掌握在滇池流域坝区施肥对作物产量和品质的影响，施肥对滇池流域环境存在的潜在风险，为找到适合于当地科学合理的施肥技术，减少滇池流域的化肥污染，实现农业的可持续发展和环境的改善提供科学依据。

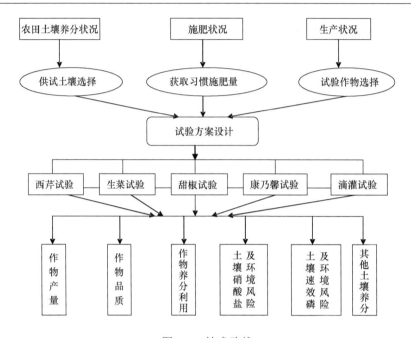

图 5.1　技术路线

Fig. 5.1　The technique route

第二节　材料和方法

一、试验点基本信息

（一）自然概况

滇池流域地处云南省中部，位于东经 102°10′~103°40′，北纬 24°23′，东西最大横距 140km，南北最大纵距 220km。为山原地貌，北窄南宽。地势由北向南呈阶梯状逐渐降低，中部隆起，东西两侧较低。以湖盆岩溶高原地貌地形为主，盆地（俗称"坝子"）与山原相间分布。滇池流域绝大部分地区海拔在 1500~2800m。图 5.2 为试验区的效果图，该地为云南省呈贡县大渔乡所在地，属于滇池流域典型的坝区，图中标出了本研究试验点的分布。

（二）气候条件

滇池流域地区属低纬高原山地季风气候，由于纬度低、海拔高，北部有乌蒙山等群山阻隔南下冷空气，南部受孟加拉湾海洋季风暖湿气流影响，加之滇池调节温湿度，形成夏无酷暑，冬无严寒，得天独厚的宜人气候。全年温差较小，温、湿度适宜，日照长，霜期短，能见度良好，见图5.3。

图 5.2　试验区效果图

Fig. 5.2　Map of experimental zone

■甜椒试验点；★ 滴灌试验点；◆ 康乃馨试验点；◎生菜试验点；▲ 西芹试验点

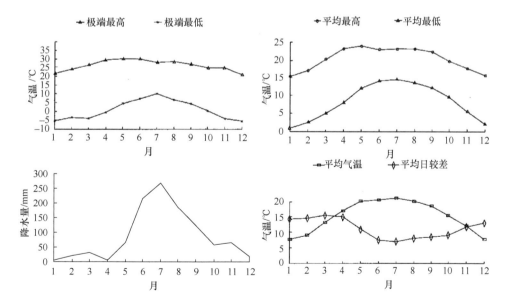

图 5.3　滇池流域气温与降水量

Fig. 5.3　Temperature and rainfall in Dianchi drainage area

滇池流域气温情况（1950~1990年）：年平均气温15℃左右，最热月平均气温19.7℃，最冷月平均气温7.5℃。年平均日照时数为2400h，无霜期约230d。

滇池流域雨量充沛，年平均降水量1000mm左右，85%的雨量集中在5~10月。雨季降水量占全年总降水量的67.7%~97.6%（21年降雨统计数据），旱季雨水较少。多年平均降雨量798.8mm，最大1122mm，最小509mm。年蒸发量2045.9mm，相对湿度74%。每年5月多为开始降雨季节，单场降雨超过25mm的累积降雨量占全年总降雨量的14%~50%。

（三）土壤条件

示范区土壤主要有3个土类，5个亚类，7个土属，11个土种，主要为冲积性水稻土，土层深厚，质地适中，结构好，有机质、氮含量高，保水肥，是高肥力田。其主要土壤类别见表5.1。

表5.1 示范区内主要土壤类别
Tab. 5.1 Soil types in experimental zone

编号	土类	亚类	土属	土种	面积/亩
1	红壤	红壤	含磷砂页岩红壤	—	5731
2	红壤	红壤	含磷砂页岩红壤	黄沙土	2395
3	红壤	红壤	冲积红壤	油红土	517
4	冲积土	暗色冲积土	湖滨冲积物	鸡粪土	586
5	冲积土	暗色冲积土	河滩冲积物	石子泥土	249
6	水稻土	淹育型	红壤性水稻土	红泥田	437
7	水稻土	淹育型	红壤性水稻土	黄砂田	1665
8	水稻土	潴育型	冲积性水稻土	鸡粪土田	4878
9	水稻土	潴育型	冲积性水稻土	胶泥田	2538
10	水稻土	潴育型	冲积性水稻土	粉泥田	1000
11	水稻土	潴育型	冲积性水稻土	石子泥田	1550
12	水稻土	潴育型	冲积性水稻土	冷浸田	375
13	水稻土	沼泽型	湖积冲积性水稻土	烂泥田	492

（四）试验点种植业情况

2001年调查的统计结果，滇池流域的水田面积最大，占38%，旱地占35%，菜地占19%，花卉地占8%，蔬菜、花卉总共占总种植面积的27%，相当于总种植面积的四分之一，蔬菜、花卉的种植主要分布在呈贡县和官渡区，嵩明县以种植大田作物为主，蔬菜、花卉的种植面积较小，随着农业产业结构的调整和经济发展的需求，蔬菜、花卉等经济作物在滇池流域的种植规模将越来越大。

　　调查结果显示，2000 年示范区蔬菜种植面积 662.6hm²，花卉种植面积 104.8hm²，分别占全乡耕地面积895.9hm²的 74.0%和 11.7%。可见，蔬菜、花卉种植在全乡种植业中占据主导地位，且绝大部分都集中在示范区中（图 5.4）。

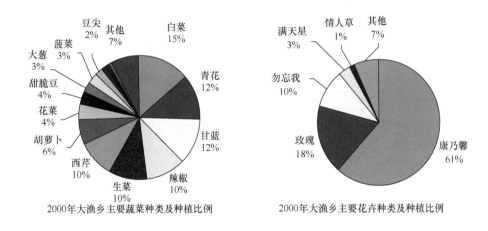

2000年大渔乡主要蔬菜种类及种植比例　　　　　2000年大渔乡主要花卉种类及种植比例

图 5.4　大渔乡蔬菜花卉种植情况
Fig. 5.4　The status of vegetables and flowers growth in Dayu

（五）社会经济状况

　　示范区面积为 12.5km²，耕地面积为 896hm²，2000 年年末有农户 3236 个，人口 25 360 人。农林牧渔业总产值为 4771 万元，蔬菜总产量为 49 668t，农民年人均纯收入为 2631 元。

　　示范区包括 5 个办事处（行政村）的 13 个自然村，各行政村在示范区内的自然村如下所示：大河办事处——大河口、中和村、土家村、罗家村，新村办事处——新村、郭居、王家庄、大河边、李家边，大渔办事处——大渔村、小河口，月角办事处——太平关，海晏办事处——小海晏。

二、试验点土壤养分概况

　　土壤养分详查结果表明，示范区耕层土壤（0~30cm）各项养分指标含量均较丰富（表 5.2）。其中，有机质含量平均为 3.29%，全氮含量平均为 0.19%，速效磷含量平均为 72.54mg/kg，速效钾含量平均为 154.73mg/kg。各种微量元素的有效含量分别为：铁 91.8mg/kg、锰 82.31mg/kg、铜 22.02mg/kg、锌 8.33mg/kg、硼 0.75mg/kg、钼 0.27mg/kg。按照土壤养分含量分级标准，坝区农田产业基地大部分地区氮、磷、钾，以及中、微量元素的有效养分含量大多属于中上等水平。这与示范区内肥料过量施用、养分盈余较多有关。土壤养分的空间变异很大,速效养分的最高值与最低值之间差异可达 10 倍以上。以速效磷为例,最高值为 287.03mg/kg,最低值为 16.79mg/kg,二者相差 17 倍。

表 5.2　示范区土壤养分状况
Tab. 5.2　Status of nutritions in soil in experimental zone

项目 item	最高值 max. value	最低值 min. value	平均值 average	标准差 standard deviation
有机质/%OM	5.45	1.67	3.29	0.66
全氮/%total N	0.32	0.10	0.19	0.04
全磷/%total P	0.89	0.13	0.24	0.11
全钾/%total K	2.12	0.52	1.05	0.29
碱解氮/（mg/kg）available N	326.81	54.12	136.90	32.34
速效磷/（mg/kg）available P	287.03	16.79	72.54	45.32
速效钾/（mg/kg）available K	607.23	59.51	154.73	79.83
有效铁/（mg/kg）available Fe	323.55	20.81	91.78	69.80
有效锰/（mg/kg）available Mn	168.61	26.81	82.31	37.32
有效铜/（mg/kg）available Cu	36.65	9.59	22.02	7.04
有效锌/（mg/kg）available Zn	28.65	2.25	8.33	6.28
有效钼/（mg/kg）available Mo	0.39	0.15	0.27	0.07
有效硼/（mg/kg）available B	2.27	0.15	0.75	0.57

三、试验点施肥概况

氮磷化肥施用严重过量:示范区蔬菜作物氮素吸收量一般在 150~300kg/hm^2,磷素吸收量更低,一般仅 60~120kg/hm^2,分别仅相当于蔬菜作物氮、磷化肥施用量 15%~25%和 10%~20%。以西芹为例,示范区氮、磷化肥用量平均为 1098kg/hm^2 和 823.5kg/hm^2,而示范区西芹毛菜产量平均为 180t/hm^2,氮吸收量 204kg/hm^2,磷吸收量 75kg/hm^2,氮、磷化肥用量分别相当于西芹吸收量的 5.4 倍和 11.0 倍。花卉施肥也存在同样问题。

施肥结构不合理,钾肥用量不足:蔬菜、花卉均为喜钾作物,钾素吸收量一般为氮素的 1.2~3.0 倍,但调查结果却表明,示范区施肥结构严重失衡,钾肥投入明显偏低。以生菜为例,氮、磷、钾化肥施用比例为 1:0.47:0.27,钾肥用量为 234kg/hm^2;而生菜对氮、磷、钾的需求比例为 1:0.34:2.40,施肥没有发挥调节土壤养分供应能力的作用。

　　施肥方法、施肥时期不合理：作物苗期一般为磷营养临界期，磷肥应作为主要以底肥形式与有机肥一起耕翻入土。但调查中发现，磷肥作追肥随水浇施现象在示范区非常普遍，这种施用方法与作物磷素营养特性相脱节，很难发挥增产效应，而且容易造成径流损失，污染水体。作物生育前期氮素吸收量很低，氮肥应重点分配在作物生育中、后期，但示范区苗期重视氮肥问题仍较普遍。

　　肥料品种选择不合理：碳铵、普钙等地养分含量肥料在示范区氮磷肥中仍占有相当比例。碳铵属易挥发性肥料，地表撒施很容易造成肥料损失；普钙为酸性肥料，示范区土壤本身即为酸性，长期施用普钙，势必进一步加剧土壤的酸化。

　　微量元素施用较为盲目：硼肥施用过多，一般用量都在 $300kg/hm^2$ 以上，远远超过 $30\sim60kg/hm^2$ 的推荐用量水平，而对其他微肥的施用重视不够，造成蔬菜花卉生产中营养失调。同种作物的施肥量个体差异很大，差异可达 20 倍。

　　在大渔乡，农民非常重视有机肥的施用，在该乡有专门的有机肥交易市场，有机肥施用中也存在用量偏高、施用次数过于频繁、未经腐熟直接施用等问题。从表 5.4 可以看到各种有机肥的施用情况，鸡粪每茬平均用量为 $40.7t/hm^2$，猪粪每茬的平均用量为 $63.0t/hm^2$，牛粪每茬的平均用量 $61.8t/hm^2$，人粪每茬的平均用量为 $13.2t/hm^2$，不同的作物在施用同一种有机肥时，施用量差异较大，同种作物在选择不同的有机肥时，施用量差异也较大，总的趋势是养分含量高的施用量相对较低（图 5.5）。从有机肥带入的养分量来看，每季作物通过有机肥带入的养分：N 为 $178.3\sim346.9kg/hm^2$；P 为 $59.0\sim197.9kg/hm^2$；K 为 $132.3\sim258.7kg/hm^2$。通过有机肥带入的养分量是很大的，其必然对土壤养分和作物生长产生重要影响。

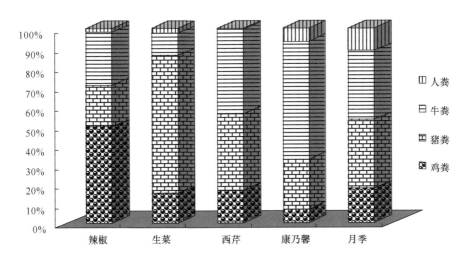

图 5.5　有机肥施用情况

Fig. 5.5　Status of manures

表 5.3 大渔乡蔬菜、花卉化肥投入情况一览表
Tab.5.3 Status of fertileizer input in Dayu

蔬菜、花卉品种	化肥用量/(kg/hm²)			N:P₂O₅:K₂O			最小值/(kg/hm²)			最大值/(kg/hm²)			标准差		
	N	P₂O₅	K₂O	N	P₂O₅	K₂O	N	P₂O₅	K₂O	N	P₂O₅	K₂O	N	P₂O₅	K₂O
生菜	868.1	410.4	234.1	1.0	0.5	0.3	237.0	0.0	0.0	1169.6	1050.0	750.0	14.6	17.33	14.67
西芹	1097.6	823.3	945.7	1.0	0.8	0.9	210.9	0.0	0.0	1406.3	1813.1	1950.0	23.3	26.60	34.40
甜椒	926.1	527.6	329.2	1.0	0.6	0.4	98.8	0.0	0.0	1029.4	1732.1	750.0	15.1	23.36	13.00
白菜	717.5	305.4	195.7	1.0	0.4	0.3	153.0	0.0	0.0	1617.5	600.0	543.8	23.2	11.76	9.54
青花	958.8	340.9	253.8	1.0	0.4	0.3	201.9	0.0	0.0	881.1	555.6	555.6	11.4	11.19	13.75
甘蓝	794.6	258.5	140.2	1.0	0.3	0.2	191.3	0.0	0.0	1605.0	921.4	589.3	23.8	15.5	11.1
菠菜	366.1	206.8	102.0	1.0	0.6	0.3	91.5	0.0	0.0	926.3	1047.0	630.0	17.0	21.55	12.05
甜脆豆	426.2	308.3	103.3	1.0	0.7	0.2	172.5	0.0	0.0	860.6	681.0	247.5	13.4	13.36	6.06
香瓜	376.0	108.3	190.9	1.0	0.3	0.5	0.0	0.0	0.0	926.3	281.3	1250.0	22.7	8.86	26.47
胡萝卜	323.0	233.4	165.6	1.0	0.7	0.5	0.0	0.0	0.0	431.3	291.4	471.4	10.2	6.33	11.17
康乃馨	1870.8	1403.2	1505.1	1.0	0.8	0.8	816.7	0.0	0.0	6240.0	3991.1	6300.0	111.4	64.7	98.2
满天星	1571.9	1112.2	1078.4	1.0	0.7	0.7	1378.1	920.6	740.6	1640.6	1410.0	1453.1	8.3	15.4	25.5
玫瑰	2038.0	1726.8	1620.7	1.0	0.8	0.8	843.8	574.2	0.0	6193.4	4831.3	4892.6	84.3	75.0	97.3
情人草	2101.8	824.1	414.8	1.0	0.4	0.2	2608.6	141.9	202.7	2657.4	1582.0	714.8	1.9	55.4	19.7
勿忘我	1588.7	1126.1	893.5	1.0	0.7	0.6	1256.5	843.8	0.0	4470.0	2550.0	2035.7	84.6	42.5	55.8

表 5.4　大渔乡有机肥投入情况
Tab. 5.4　Status of manures input in Dayu

有机肥种类	平均用量/(t/hm²)	带入养分量/（kg/hm²）		
		N	P	K
鸡粪	40.7	346.9	197.9	258.7
猪粪	63.0	218.2	124.5	130.2
牛粪	61.8	178.3	59.0	132.3

四、供试土壤和试验条件

（一）供试作物的选择

本试验于 2000 年 12 月~2002 年 4 月在云南省呈贡县大渔乡进行，根据大渔乡示范区目前的种植情况（图 5.5），选取了当地种植面积较大、代表不同蔬菜类型、经济价值较高、播种面积增长较快的 3 种蔬菜作为供试作物：选取了代表茎菜类的西芹（'文图拉'ventura，其叶柄肥大，类似于茎菜）、代表果菜类的甜椒（'甜杂一号'）和代表叶菜类的西生菜（'萨林纳斯'），当地种植面积最大的一种花卉——康乃馨作为供试作物。

（二）供试土壤的选择

试验地位于滇池坝区湖滨带，地下水位较浅，深为 50cm，该试验地自 1994 年水稻田改为蔬菜地，供试土壤为红壤，属于黏质土壤。棚龄为 5 年，根据目前示范区面上的土壤养分状况，为使试验地块具有一定的代表性，在选择地块时，综合考虑了地块的肥力等级、地理位置、种植历史、土壤质地等因素，选取了不同肥力的地块作为供试土壤。西芹和生菜试验地的土壤肥力在整个试验区来说属于中等偏上的土壤，甜椒和康乃馨试验地的土壤肥力属于中等偏下的土壤。试验地块基本上能够代表试验区的土壤状况，属于较为典型的菜地和花地。土壤基本理化性状见表 5.5。

表 5.5　供试土壤基本性质
Tab. 5.5　Chemical properties of soils

	速效氮/(mg/kg)AN	速效磷/(mg/kg)AP	速效钾/(mg/kg)AK	有机质 OM /%	pH	硝态氮 NO₃⁻-N/（mg/kg）		
						0~30cm	30~60cm	60~90cm
西芹 celery	237.03	105.7	293.22	4.15	6.79	336.8	23.7	13.4
生菜 lettuce	218.97	118.53	225.04	4.22	6.82	135.9	84.1	20.5
甜椒 sweet pepper	162.6	54.8	101.5	3.64	6.83	145.9	2.3	—
滴灌 fertigation	179.27	48.81	160.70	2.92	6.84	265.1	30.5	—
康乃馨 carnation	135.34	42.50	104.3	3.02	6.62	114.1	38.9	9.6

表 5.6 有机肥的养分含量

Tab. 5.6 **Nutrient content of manures**

肥料种类 manure types	全氮/% total N	全磷/% total P	全钾/% total K	水分/% water content
鸡粪 hen dung	3.248	1.853	2.422	73.76
猪粪 pig dung	1.255	0.716	0.749	72.4
牛粪 cattle dung	1.875	0.62	1.391	84.61

（三）习惯施肥量的获取

在试验前对整个示范区的施肥情况展开了随机调查，对调查结果进行面积的加权平均，获得各种作物的习惯施肥量，调查样本数为：生菜 71 个，西芹 59 个，甜椒 38 个，康乃馨 34 个。以此习惯施肥量作为试验方案设计的基础依据。

五、试验方案设计

（一）西芹试验方案设计

表 5.7 西芹试验的 **N1P1K1** 水平和习惯施肥量

Tab. 5.7 **N1P1K1 level and conventional amount of applying fertilizer**

施肥量/（kg/hm²）	N1P1K1 水平 N1P1K1 level			习惯施肥量 conventional fertilization		
N，P and K input	N	P_2O_5	K_2O	N	P_2O_5	K_2O
基肥	0	225	300	135	450	52.5
追肥	450	150	300	915	510	397.5
合计 total	450	375	600	1050	960	450

表 5.8 西芹试验处理

Tab. 5.8 **Experimental treatments of celery**

编号 No	1	2	3	4	5	6	7	8	9	10
treatments 处理	习惯施肥量（CK1）	N2/3 P0K2/3	N0P2/3 K2/3	N2/3 P2/3K0	N2/3P2/3 K2/3	N2/3 P1K2/3	N1P2/3 K2/3	N1P1K1	N1P3/2 K1	N3/2P3/2 K1

注：N2/3、N1、N3/2 分别表示土壤中等肥力状况下氮肥施用量的 2/3 倍、1.0 倍、3/2 倍，同理可知其他

重复 3 次，小区面积为 8m²。有机肥 60t/hm² 鸡粪，追肥次数：定植后 15~20d、定植后 30d、立心期、收获前 15d。4 次追肥用量分别为：氮素按 1∶3∶2∶2，P_2O_5 按 0.5∶1∶1∶0，K_2O 按 0.5∶1∶1.5∶0，2kg 硼砂/亩。

测定方案

试验田的土壤参数：各生育期土壤的 TN、TP、TK、AN、AP、AK、有机质、pH（0~30cm）、NO_3^-、NH_4^+含量（0~30cm、30~60cm、60~100cm）。

试验用的有机肥：TN、TP、TK、有机质、水分含量。

不同生育阶段的植株：生育期包括第二次追肥前、立心期、旺长期、收获期后的芹菜（刚展开成熟叶的叶柄，2 种类型的叶片——刚展开、次刚展开），测定项目为 NO_3^-、水溶性磷、水溶性钾。主要生育期的长相长势照片及生长时间，了解各生育时期的良好长相长势。

生物学性状：总收获量、经济产量的干物重、水分含量；单产（3~5 株）、紧实度、株高、叶柄宽度、商品率、单株重，经济产量部分的 TN、TP、TK、NO_3^-量。

（二）生菜试验方案设计

表 5.9　生菜试验的 N1P1K1 水平和习惯施肥量
Tab. 5.9　N1P1K1 level and conventional amount of applying fertilizer

施肥量/（kg/hm²） N，P and K input	N1P1K1 水平 N1P1K1 level			习惯施肥量 conventional fertilization		
	N	P_2O_5	K_2O	N	P_2O_5	K_2O
基肥	0	112.5	150	52.5	60	75
追肥	300	37.5	150	495	180	120
合计	300	150	300	547.5	240	195

表 5.10　生菜试验处理
Tab. 5.10　Experimental treatments of iceberg lettuce

编号 No	1	2	3	4	5	6
处理 treatments	习惯施肥量 （CK1）	N2/3P2/3K2/3	N1P2/3K2/3	N1P1K1	N3/2P3/2K1	试验地习惯施肥量 （CK2）

CK1 为 2 重复，其他处理为 3 重复，共 14 个小区，有机肥用量 90t/hm² 牛粪。小区面积约为 15.3m²。追肥次数：幼苗期（5~7 片真叶时，约长 30d）；莲座叶形成期（50~60d）；结球期各追 1 次。3 次比例为：氮素按 1：2：2，P_2O_5 按 0：0：1，K_2O 按 0：1：2。小区面积：1.9m×8.1m（1.7m×9.05m）≈15.3m²，共 14 个小区。

测定方案

试验田的土壤参数：TN、TP、TK、AN、AP、AK、有机质、pH（0~30cm）。NO_3^-、NH_4^+含量（0~30cm、30~60cm、60~100cm）。

主要生育期：幼苗期（5~7 片真叶时，30~40d）；莲座叶形成期（60~70d）；包心期的长相长势照片及生长时间，了解各生育时期的良好长相长势。

产量与作物品质：总收获量、经济产量的干物重与水分含量、植株养分含量、单个球重、球茎大小、NO_3^-、商品率。

（三）甜椒试验方案设计

表 5.11　甜椒试验的 N1P1K1 水平和习惯施肥量
Tab. 5.11　N1P1K1 level and conventional amount of applying fertilizer

施肥量/ （kg/hm²）N, P and K input	N1P1K1 水平 N1P1K1 level			习惯施肥量 conventional fertilization		
	N	P_2O_5	K_2O	N	P_2O_5	K_2O
基肥	0	210	300	120	345	120
追肥	450	90	300	675	180	225
合计	450	300	600	795	525	345

表 5.12　甜椒试验处理
Tab. 5.12　Experimental treatments of sweet pepper

编号 No	1	2	3	4	5	6	7	8	9	10
treatments 处理	习惯施肥量 （CK1）	N2/3 P0K2/3	N0P2/3 K2/3	N2/3P2/3 K0	N2/3P2/3 K2/3	N2/3 P1K2/3	N1P2/3 K2/3	N1P1K1	N1P3/2 K1	N3/2P3/2 K1

追肥次数及追肥用量：始花前期—定植后 20~25d；果实膨大期（45~50d）；结果盛期，共追 3 次，氮素按 2：3：2，P_2O_5 按 1：1：0，K_2O 按 0：1：1。重复 3 次，共 48 个小区。

甜椒的测定方案

试验田的土壤参数：TN、TP、TK、AN、AP、AK、有机质、pH（0~30cm）。NO_3^-、NH_4^+含量（0~30cm、30~60cm、60~100cm）。

试验用的有机肥：TN、TP、TK、有机质、水分含量。

不同生育阶段的植株：主要生育期的长相长势照片、生长时间及发病状况（发病时间、病虫害名、症状、防治方法、病虫害图片）记载。生育阶段包括：始花期、门椒膨大期、盛果期。了解各生育时期的良好长相长势。

甜椒收获测定项目：总收获量、经济产量的干物重与水分含量；座果率（3~5株）、单株结果数、商品率、平均单果重、平均果大小、单果重、单株产量、果实汁液 NO_3^-反射仪速测、维生素 C（VC），果实及秸秆的氮磷钾养分含量，测定的采样样本数为每小区 5 株。

（四）康乃馨滴灌施肥试验方案设计

滴灌施肥系统的构成：供水井、过滤器、抽水泵、配肥桶、滴灌带 5 部分，如图 5.6 所示。

图 5.6　滴灌施肥系统
Fig. 5.6　Fertigation system

水源：示范区地下水位较浅，挖一眼 3~4m 深的水井，用水泥涵管封壁，防止泥沙，井口加盖。一眼水井可保证 2~5 亩大棚的滴灌用水。

抽水泵接口的改装：对接口进行改装，使它能够与滴灌带相连接。

滴灌带：孔径为 6mm，孔距为 20cm。

表 5.13　滴灌施肥量和习惯施肥量
Tab. 5.13　Fertigation and conventional amount of applying fertilizer

施肥量/（kg/hm²）N, P and K input	滴灌施肥 fertigation			习惯施肥量 conventional fertilization		
	N	P₂O₅	K₂O	N	P₂O₅	K₂O
基肥	0	15	20	21	37	28
追肥	45	15	40	86	41	29
合计	45	30	60	107	78	57

磷肥施用方法：磷肥采用土施方法，石竹整个生育期磷肥共追 3 次，第一次在以水花现蕾初期，第二次在花期结束后；第三次在二水花现蕾初期。

氮肥与钾肥作为滴灌施肥。一般每 20d 追施一次，花期可适当增加追肥量，缩短追肥时间间隔。氮肥选用尿素、硝铵、碳氨、硝酸钾、硫酸铵，钾肥选用硫酸钾、氯化钾等易溶于水的肥料。

滴灌小区面积 65.5m²，分习惯施肥和滴灌施肥两个处理，选用两个康乃馨品种，'多明哥'和'粉多娜'，共 4 个小区。

测定方案

试验田的土壤参数：TN、TP、TK、AN、AP、AK、有机质、pH（0~30cm）。NO₃⁻、NH₄⁺含量（0~30cm、30~60cm、60~100cm）。

试验用的有机肥：TN、TP、TK、有机质、水分含量。

不同生育阶段的植株：主要生育期（第一次现蕾初期、第一次花期结束后、第二次现蕾初期）的长相长势照片及生长时间（生长阶段），了解各生育时期的良好长相长势。

产量及品质测定：花枝数、花枝的养分含量（一个花期采 4 次，前 2 次作一混合样，后 2 次作一混合样）、植株硬度、叶片（花卉）的农药斑点、花苞直径大小、花枝长、商品率、插瓶时间。

（五）康乃馨试验方案设计

表 5.14　康乃馨试验的 N1P1K1 水平和习惯施肥量
Tab. 5.14　N1P1K1 level and conventional amount of applying fertilizer

施肥量/（kg/hm²）	N1P1K1 水平 N1P1K1 level			习惯施肥 conventional fertilization		
	N	P_2O_5	K_2O	N	P_2O_5	K_2O
基肥	0	300	300	315	555	420
追肥	825	225	600	1290	615	435
合计	825	525	900	1605	1170	855

表 5.15　康乃馨试验处理
Tab. 5.15　Experimental treatments of carnation

编号	1	2	3	4	5	6	7
处理	习惯施肥量（CK1）	N2/3P2/3K2/3	N2/3P1K2/3	N1P2/3K2/3	N1P1K1	N1P3/2K1	N3/2P3/2K1

追肥次数：磷肥整个生育期共追 3 次，1∶1∶1（第一次现蕾初期；第一次花期结束后；第二次现蕾初期）；氮肥与钾肥一起施用，除花期外，其他按照 15d 追施一次，每次施用量均分。花期适当增加追肥量，缩短追肥时间间隔。处理重复 3 个，共 29 个小区。小区面积为 8m²。

测定方案

试验田的土壤参数：TN、TP、TK、AN、AP、AK、有机质、pH（0~30cm）。NO_3^-、NH_4^+含量（0~30cm、30~60cm、60~100cm）。

试验用的有机肥：TN、TP、TK、有机质、水分含量。

不同生育阶段的植株：主要生育期（第一次现蕾初期、第一次花期结束后、第二次现蕾初期）的长相长势照片及生长时间（生长阶段），了解各生育时期的良好长相长势。

产量及品质测定：花枝数、花枝的养分含量（一个花期采 4 次，前 2 次作一混合样，后 2 次作一混合样）、植株硬度、叶片（花卉）的农药斑点、花苞直径大小、花枝长、商品率、插瓶时间。

六、数据处理方法与测试方法

本研究的数据方差分析采用 SAS6.12 统计软件，回归分析采用区靖祥制作的 DT 多元统计软件进行，书中图表利用 Excel 完成。

表 5.16　测试方法

Tab. 5.16　Methods of analysis

测试项目	测试方法
全氮	凯氏定氮法
全磷	酸溶—钼锑抗比色法
全钾	NaOH 熔融—火焰光度法
速效氮	碱解扩散法
速效磷	0.5mol/L NaHCO$_3$
速效钾	1N NH$_4$OAc 浸提—火焰光度法
有机质	油浴加热—K$_2$CR$_2$O$_7$ 容量法
pH	电位法
土壤硝态氮	紫外分光光度法
土壤氨态氮	2N KCl 浸提–蒸馏法
植株全氮	H$_2$SO$_4$-H$_2$O$_2$ 消煮–蒸馏法
植株全磷	H$_2$SO$_4$-H$_2$O$_2$ 消煮–钼锑抗比色
植株全钾	H$_2$SO$_4$-H$_2$O$_2$ 消煮–火焰光度法
植株硝酸盐	紫外分光光度法/反射仪快速测定
有效铁	原子吸收分光光度法
有效锰	原子吸收分光光度法
有效铜	原子吸收分光光度法
有效锌	原子吸收分光光度法
有效钼	KCNS 比色法
有效硼	姜黄素比色法
维生素 C	2, 6-二氯靛酚滴定法
地下水总氮	过硫酸钾氧化–紫外分光光度法（751-GW 型分光光度计）
地下水总磷	钼锑抗分光光度法（751-GW 型分光光度计）
地下水氨氮	钠氏试剂分光光度法（751-GW 型分光光度计）

第三节　结果与分析

一、施肥对作物产量的影响

（一）施肥对西芹产量的影响

从试验结果的方差分析看（表 5.17），各处理间产量统计上达到显著差异，产量水平在 144.15~197.15t/hm^2，产量最高的为 N3/2P3/2K1 处理，产量最低的为 N2/3P2/3K0，即不施钾的处理，二者相差 53t/hm^2，习惯施肥的处理产量居第二位，为 190.45t/hm^2，与最高产量间无显著差异。在氮、磷化肥用量为农户习惯的 50%的情况下，能够获得与习惯施肥相近的产量，与习惯施肥处理 CK 相比，除 N3/2P3/2K1 处理略有 3.5%的增产效应以外，其余处理均比习惯处理减产，减产幅度为−23.4%~ −5.0%。减产达到−10.7%时，与习惯施肥处理的产量相比，达到了显著水平，低于此减产幅度，虽然有减产，但减产幅度未达到显著水平。

表 5.17　不同处理对西芹产量的影响
Tab. 5.17　Effect of different treatments on America celery yield

处理 treatments	N：P_2O_5：K_2O	氮磷投入率/% N，P input	产量/（t/hm²） yield	显著性 α=0.05 significance	比习惯增产/% increase yield
N3/2P3/2K1	1.0：0.8：0.9	62	197.15	a	3.5
CK1	1.0：0.9：0.4	100	190.45	ab	0.0
N1P2/3K2/3	1.0：0.6：0.9	35	180.85	abc	−5.0
N2/3P2/3K2/3	1.0：0.8：1.3	27	179.175	abcd	−5.9
N1P3/2K1	1.0：1.3：1.3	50	174.4	bcd	−8.4
N0P2/3K2/3	0：1.0：1.6	12	172.5	bcd	−9.4
N1P1K1	1.0：0.8：1.3	41	170.15	cd	−10.7
N2/3P1K2/3	1.0：1.3：1.3	34	169.65	cd	−10.9
N2/3P0K2/3	1.0：0：1.3	15	160.73	de	−15.6
N2/3P2/3K0	1.0：0.8：0	27	144.15	e	−24.3

对在施氮钾量（N 300kg/hm²、K_2O 400kg/hm²）相同的情况下西芹产量随施磷量增加而增加（图 5.7），但未达到显著水平，在磷钾量（P_2O_5 250kg/hm²、K_2O 400kg/hm²）供应相同的情况下，施氮量的不同对西芹产量无显著影响，在氮磷供应量（N 450kg/hm²、K_2O 400kg/hm²）相同的情况下，施钾与不施钾的处理相比，施钾能显著提高西芹的产量。在 P3/2K1 水平下，继续增施氮肥，西芹产量也增加，差异达到显著水平（图 5.7），N3/2 处理的产量比 N1 处理的产量增加 22.75t/hm²，在 N1K1 水平下，继续增施磷肥，对西芹产量有增加的趋势，二者差异不显著。

（二）施肥对甜椒产量的影响

甜椒是滇池流域的一个主要种植品种，目前种植面积在逐年扩大，成为当地生产者的重要经济来源。从试验结果看，各处理的产量间有显著差异（表 5.18），产量以该试验地农户自己种植的区域（CK2）为最高，与其余处理差异均达到显著水平，施肥量为：N 0kg/hm²、P_2O_5 135kg/hm²、K_2O 157.5kg/hm²，以调查的平均施肥量处理（CK）产量最低，与其他处理相比，差异达到了显著或极显著水平，最

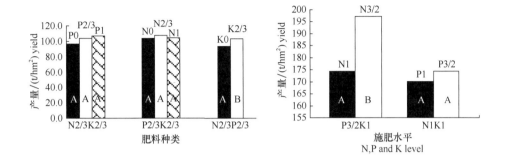

图 5.7　氮磷钾单因子对西芹产量的影响

Fig. 5.7　Effect of N，P and K on celery yield

A、B 表示α=0.05显著水平。后同

表 5.18　不同施肥处理的甜椒产量

Tab. 5.18　Effect of different treatments on yield of Sweet pepper

处理 treatmeants	N：P_2O_5：K_2O	NP 用量/% N，P input	产量/（t/hm²）yield	差异显著性 comparisons significant		比习惯增产/% increase yield
				α=0.05	α=0.01	
CK2	0：1.0：1.2	10	61.0	a	A	166
N0P2/3K2/3	0：1.0：2.0	15	47.0	b	B	105
N1P1K1	1：0.7：0.9	57	46.1	b	B	101
N2/3P2/3K0	1：0.7：0.0	38	44.9	bc	B	96
N2/3P1K2/3	1：1.0：1.3	45	43.6	bc	BC	90
N2/3P2/3K2/3	1：0.7：1.3	38	39.4	c	BC	72
N2/3P0K2/3	1：0.0：1.3	23	39.2	c	BC	71
N3/2P3/2K1	1：0.7：0.9	85	38.9	c	BC	70
N1P3/2K1	1：1.0：1.3	68	38.6	c	BC	69
N1P2/3K2/3	1：0.4：0.9	49	33.8	c	C	48
CK	1：0.7：0.4	100	22.9	d	D	0

低产量与最高产量的降幅达到 56.5%，最高产量氮磷养分的投入相当于最低产量投入量的 10%。各处理相对于习惯对照处理（CK）的氮磷投入率在 10%~85%，比CK 增产幅度在 48%~166%。

甜椒产量随氮、磷化肥施用量的增加而下降，当氮磷肥料投入量在 CK 的10%~25%时，随氮磷投入的增加，甜椒产量有明显下降，25%~85%时，甜椒产量保持在一个相对稳定的水平，当氮磷肥料投入在 85%以上，甜椒产量进一步明显下降（图 5.8）。

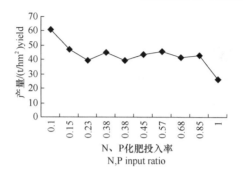

图 5.8　不同 N、P 投入率的甜椒产量

Fig. 5.8　Effect of N，P input on sweet pepper

　　氮、磷、钾单因子对甜椒的产量效应（图 5.9），从磷对甜椒产量的影响来看，在氮钾供应相同的情况下（N2/3，K2/3），设 P0、P2/3、P1 三个磷肥施用水平，其产量随磷肥施用量的增加有增加的趋势，方差分析结果表明增产的效果不显著，在氮钾供应水平为 N1K1 的情况下，P1 和 P3/2 两个磷肥施用水平的产量结果表明，二者的产量差异达到极显著水平，可以看出，增加磷肥用量显著降低甜椒产量。

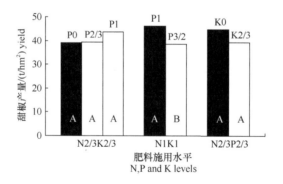

图 5.9　氮、磷和钾对甜椒产量的影响

Fig. 5.9　Effect of N，P and K on sweet pepper yield

A，B 表示 α=0.05 显著水平

A，B. 5% significance

　　从钾对甜椒产量的影响来看，在 N2/3P2/3 施用水平下，对不施钾 K0 和 K2/3 的甜椒产量对比可以看出，二者差异不显著。只考察氮肥对甜椒产量的影响，结果表明：甜椒产量与氮肥施用量间有极显著的负相关，相关系数为 $r=-0.8505^{**}$。

　　对甜椒产量作氮、磷的二元回归分析，氮磷化肥用量对产量的二元线性回归模型达到极显著水平，其回归数学模型为：$y=50.03-0.02807x_N+0.0042x_P$（$R^2=$

0.5695**），可以用此模型来表达氮磷对甜椒产量的影响，对此模型的截距和偏回归系数进行显著性测验显示：截距的偏回归系数达到极显著水平，这说明即使是在完全不施氮磷化肥的情况下，甜椒能够获得高产；氮肥的偏回归系数达到显著水平，氮肥的施用能显著降低甜椒产量。而磷的偏回归系数未达到显著水平，磷肥对甜椒有一定的增产作用，但是未达到显著水平。

通过对氮磷与甜椒产量的二次响应面的分析表明：该二次曲面有一个最大值 51.48kg/hm²，即最高产量，获得最高产量的氮、磷用量的预测值为：–1.68kg/hm²、–0.94 kg/hm²，这充分说明，不施氮磷化肥能获得甜椒的最高产量。

作氮磷对甜椒产量的等产线图（图 5.10），以 7.76t/hm² 的产量差距将甜椒产量分成 5 个等级，在产量为 44.30kg/hm² 产量水平以上的氮磷肥组合在一个较狭窄的范围内，而产量是随着氮磷量的增加而降低的。在 36.64kg/hm² 的产量水平下，氮磷组合在一个较大区域内能够维持该产量不变，在氮 0~789kg/hm²、磷（P_2O_5）0~456kg/hm² 的取值范围内均能找到获得这一产量的氮磷组合。这说明要获得这一产量水平，氮磷肥用量之间的互配有非常大的弹性（隋方功等，1991）。但是，从 28.98kg/hm² 产量水平的等值线图可以看出，在氮磷肥过量投入的情况下，甜椒的产量进一步下降。

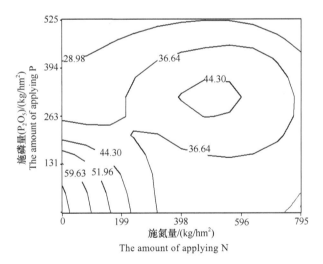

图 5.10　氮磷对甜椒的等产线图
Fig. 5.10　The equal yield line of sweet pepper

（三）施肥对西生菜产量的影响

由表 5.19 可以看出：各处理间产量有显著差异，与习惯施肥处理相比，各处理均有不同程度的增产，增产幅度在 11%~29.6%。产量最高的处理（N1P2/3K2/3）为 92.119t/hm²，与习惯施肥处理（CK）的产量 71.056t/hm² 相差 21.063t/hm²，增

表 5.19　不同施肥处理的生菜产量

Tab.5.19　Effect of different treatments on yield in lettuce

处理 treatments	N∶P$_2$O$_5$∶K$_2$O	氮磷比习惯减少 /%decrease fertilizer rate	产量/（t/hm^2） yield	比习惯增产/%increase production rate	肥料成本/（元/hm^2） fertilizer cost	产值/（元/hm^2） value of output	投入产值 input/output
CK	1.0∶0.4∶0.4	—	71.056cd	—	2 028	37 543.13	5.5
N1P1K1	1.0∶0.5∶1.0	42.3	90.984a	28.0	1 620	42 169.66	7.0
N1P2/3K2/3	1.0∶0.3∶0.7	48.7	92.119a	29.6	1 279.8	49 981.66	3.9
N2/3P2/3K2/3	1.0∶0.5∶1.0	61.5	78.857bc	11.0	1 078.8	47 192.91	2.6
N3/2P3/2K1	1.0∶0.5∶0.7	13.5	86.550ab	21.8	2 070	46 523.14	2.3
CK2	1.0∶0.9∶1.0	1.9	68.065d	-4.2	2 538	35 904.9	4.5

产 29.6%，在 $\alpha=0.05$ 水平下处理 N2/3P2/3K2/3 除与处理 N3/2P3/2K1 差异不显著外，与其余处理差异均达显著水平，其氮磷化肥投入量比习惯施肥量减少 48.7%。产量最低的为农户自种的处理 CK2，产量为 68.065t/hm²，两者差异达 24.054t/hm²。导致该处理产量低下有两方面的原因，一是氮磷肥料过量，氮、磷、钾配比不合理，二是施肥方式不当，农民有在生长中期施用粪水的习惯，在相对密闭的大棚环境中极易引起氨浓度过高而中毒。

不同氮磷化肥用量对生菜产量的影响总的趋势是，在氮磷化肥用量较低的情况下，随着施氮磷量的增加，产量随之增加，当产量达到最高值后，随着氮磷化肥用量的增加，生菜产量急剧下降。可以看出使生菜达到较高产量的氮磷化肥用量范围较窄，生菜是对氮磷都较敏感的作物，这一特性与一些耐肥性的蔬菜有所不同，这也使得在生菜生产中，合理的氮磷用量是生菜获得高产的关键因素，一旦氮磷投入量不足或过量都容易导致生菜减产。

（四）经济效益分析

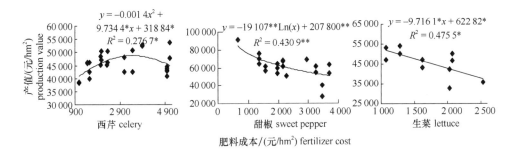

图 5.11　3 种蔬菜的经济效益分析

Fig. 5.11　Economic benefit analysis of the three vegetables

对西芹的产值与化肥成本用二次方程式进行拟合，得到回归方程为：$y=-0.0014x^2+9.7344*x+31\,884*$，$R^2=0.2767*$，二次项系数为负值，该曲线呈报酬递减型。一次项系数达显著水平，说明在化肥投入的起始阶段，对西芹产值有显著的增长效应，求此方程的一阶导数得 $dy/dx=-0.0028x+9.7344$，当一阶导数等于零时，对应的肥料成本是获得最大产值的肥料成本，此时 $x=3476.57$。即当肥料成本为 3476.57 元/hm² 时，西芹将获得最大产值 48 805.2 元/hm²，进一步增加肥料投入将导致西芹的经济效益下降。从目前该地区肥料投入的成本 5100 元/hm² 来看，超过了获得最大产值的肥料投入成本，使得西芹经济效益下降，获得最大产值的肥料投入将比目前习惯投入的肥料成本节省 1623.4 元/hm²。

甜椒的产值与化肥成本之间的关系可以用 $y=-19\,107**\ln(x)+207\,800**$，$R^2=$

0.4309**，决定系数达到极显著水平，二者之间有极好的拟合度，回归系数显著性测验也达到了极显著水平，且为负值，由此可见，肥料投入成本与甜椒产值之间极显著负相关，肥料投入显著降低甜椒的经济效益。生菜产值与肥料投入成本之间的关系可以用直线方程 $y= -9.7161*x+62\,282*$（$R^2=0.4755*$）来拟合，二者达到极显著负相关，生菜产值随着肥料成本的增加而显著下降，对此方程求导 $\mathrm{d}y/\mathrm{d}x= -9.7161$，即每增加一元钱的肥料投入将产生 9.7161 元的产值下降，肥料的过量投入已经成为降低经济效益的重要因素。生菜习惯肥料投入成本为 2028 元/hm²，最高产量的肥料投入成本为 1280 元/hm²，二者相差 748 元/hm²，同时二者之间的产值相差 14 699 元/hm²。

从投入的肥料成本占产值的比例来看，其比例很小，西芹目前的习惯施肥投入成本占产值的 10.1%，甜椒占 10.1%，生菜占 5.5%，但是因肥料投入导致的减产而带来的产值下降是很大的，与获得最高产值（91 546 元/hm²）的处理相比，甜椒习惯施肥处理的产值（34 329 元/hm²）下降 57 217 元/hm²。生菜习惯施肥处理的产值 37 543.13 元/hm²，最高产值为 49 981.66 元/hm²，二者相差 12 438.53 元/hm²，习惯施肥处理对生菜的产值有极显著的负面影响。西芹习惯施肥处理的产值为 50 795 元/hm²，最高产值为 52 569 元/hm²，二者无显著差异，即目前的习惯施肥能使西芹获得较高的产值，其不同于甜椒、生菜的习惯施肥，对其产值有显著的负面影响。

本研究选取了代表叶菜类的生菜，代表果菜类的甜椒及代表茎菜类的西芹（其叶柄发达，类似于茎菜类蔬菜）的 3 种主要蔬菜，研究结果表明：3 种作物的化肥施用的产量效应表现都有自身独特的表现特征，甜椒表现为氮肥的施用已经对其产量有显著的负面影响，磷肥也有负面的影响，而钾肥没有对甜椒的产量产生显著影响；西芹的表现为钾肥对其产量有显著的影响，西芹产量有随肥料施用量的增加而增加的趋势，在高肥量投入的情况下，不易对西芹产量产生负面影响，通过氮磷钾的合理配比可以用较少的肥料获得与高肥量投入时相同的产量；生菜的表现为获得高产的适宜的氮磷化肥用量的范围很窄，肥料过多过少均容易引起生菜减产，要获得生菜高产，需要较严格地确定生菜施肥量。

许多研究证明蔬菜施钾有良好的增产作用（刘明月等，1998；许前欣等，2000；肖厚军等，2001），但是根据本试验结果，钾肥没有表现出对甜椒、生菜的增产效果，对西芹有增产效果，对于甜椒来说，氮肥已经成为减产的因素，在这种情况下，钾肥难于发挥其作用。对生菜而言，土壤的速效钾含量很高（225.04mg/kg），已经能够满足其生长的需要，施钾也难奏效，对于西芹，虽然土壤本底的速效钾含量也很高（293.22mg/kg），但是对西芹仍然有显著的增产效果，西芹生长需要较多的钾素供应。因此，钾肥要发挥钾肥的增产效果，不仅要考虑不同的作物，而且要考虑土壤供钾状况，氮磷养分的供应状况。

氮磷对西生菜有一定增产作用，但不显著，对甜椒、西生菜的均有显著的减产作用，导致上述结果有两方面的原因，一是由于多年的大量的肥料投入，土壤本底的氮、磷养分含量很高（速效氮 N 达 237.03mg/kg，速效磷 P_2O_5 达 105.7mg/kg），超出了土壤氮、磷养分丰富指标的临界值（Stauffer and Beaton，1994；Cemehob et al.，1991），土壤处于富营养化状态。根据大棚土壤养分分级指标，一般土壤养分含量速效氮 N>125mg/kg、速效磷 P>105mg/kg 就已经达到极丰富的程度（Arae，1992），若其含量远远超过这一指标，在土壤中氮磷如此丰富的情况下，施用氮磷化肥不但不会对甜椒的生长带来正效应，反而会带来负面影响。另外，与我国其他地方不太重视有机肥施用的情况不同的是，该地区甜椒生产有大量投入高养分含量有机肥的习惯，以有机肥（鸡粪 60t/hm²）形式投入的养分为 N 511kg/hm²、P_2O_5 292kg/hm²、K_2O 381kg/hm²，加快了土壤养分富集的进程。有机肥投入的养分基本上已经能够满足西芹生长的需求，而目前的施肥现状是在施有机肥的情况下，该地区氮磷肥的平均习惯用量（CK）为 N 1050kg/hm²、P_2O_5 960kg/hm²，氮磷化肥的投入量已经远远超出了作物对氮、磷养分的需求量。在土壤养分含量较为丰富，同时又大量投入有机肥的情况下，减少目前生产上习惯施肥量的 30%~70%，不会影响作物的产量。因此，根据目前该地区的土壤养分状况和肥料养分的投入状况，在该地区保护地种植蔬菜有较大的减少氮磷化肥用量的空间，甚至短期内不施用氮磷化肥，实现各种营养元素适量、平衡协调的供应，保证蔬菜的产量和质量（鲁如坤，1995）。

从施肥的经济效益和环境效益两方面来讨论，目前甜椒的习惯施肥量不仅导致甜椒显著减产，降低产值达 57 217 元/hm²，而且土壤中的累积量已经对环境构成严重威胁，虽然减少化肥用量而节省的生产成本占其产值的比例很小，但是因施肥减产而带来的经济损失是相当大的。降低氮磷化肥用量从能增加农民的收益和减少环境风险两方面来考虑都是有好处的。施肥对西芹产量的增加有一定贡献，增施肥料可以提高经济收益，但是人们可以通过合理的氮磷钾配比和确定合理的用量来获得与目前高肥量投入下相同的产量。本研究表明，在氮磷化肥用量为农户习惯的 27%的情况下，能够获得与习惯施肥相近的产量，这样就可以实现经济效益和环境效益双赢的效果。

（五）小结

西芹习惯施肥量的产量最高，合理的氮磷钾配比可以在大幅度较少氮磷用量的情况下获得西芹的高产，N1P3/2K1 处理的氮磷用量相当于习惯施肥的50%，可以获得与习惯施肥相近的产量。产量随施肥量的增加有增加的趋势，钾肥对西芹有显著的增产效果，磷肥对西芹没有增产效果，在低氮供应情况下，对产量无显著影响，继续增加氮肥的施用量，有显著的增产效果。

甜椒产量与施肥量显著负相关，目前的习惯施肥量对甜椒产量有显著的负面影响，降低产值达 57 217 元/hm²，氮肥对甜椒有显著的减产效果，在低磷供应的情况下，磷肥对甜椒产量影响不显著，继续增加磷肥用量，对甜椒有显著的减产效果，钾肥对甜椒产量没有显著影响。

获得生菜高产的氮磷投入量范围很窄，氮磷用量过高或过低均会引起生菜减产，获得生菜最高产量的施肥处理为 N1P2/3K2/3，处于试验处理的氮磷投入量的中等水平。

根据本研究结果，甜椒、西芹、生菜可以在相对于习惯施肥量来说，减少氮磷40%~100%的情况下，保证作物不减产。

从经济效益分析来看，肥料投入的成本在 5%~10%，占的比例很小，可以看出经济类作物允许承受较多的肥料投入成本。另外，肥料投入带来的经济损失远小于因施肥而带来的减产而造成的经济损失。

二、施肥对作物品质的影响

（一）施肥对生菜品质的影响

叶球的大小、紧实度是生菜重要的外在商品性状指标，叶球大而紧实表明其外在品质好。从表 5.20 看出，叶球体积最大的是处理 N1P1K1，达到 1.52dm³，叶球密度最大的是处理 N1P2/3K2/3，达到 0.52kg/dm³；最小的是该试验地块的处理 CK2，叶球体积、叶球密度分别为 0.70kg/dm³、0.46kg/dm³，其次是习惯施肥的处理 CK1，总的趋势是随着氮磷用量的增加，叶球密度，叶球大小随着下降，与产量的结果有类似的趋势。由于叶球的密度下降，松散的叶片不耐储运，导致生菜的净菜率下降，商品率低。

表 5.20　不同处理的生菜生理性状

Tab. 5.20　Effects of different treatments on lettuce physiological properties

处理 treatments	叶球体积/dm³ bulk of lettuce	叶球毛重/kg grass weight	叶球净重/kg net weight	净菜率/% net weight rate	叶球密度/（kg/dm³） density
CK1	1.15	0.73	0.55	75.3	0.48
N1P1K1	1.52	0.99	0.74	74.7	0.48
N1P2/3K2/3	1.48	0.97	0.77	79.4	0.52
N2/3P2/3K2/3	1.40	0.85	0.66	77.6	0.47
N3/2P3/2K1	1.45	0.92	0.71	77.2	0.50
CK2	1.14	0.70	0.53	75.3	—

从叶球食用部分硝酸盐含量看，在低施氮量的情况下，施氮量的减少能降低硝酸盐含量，N200 水平下硝酸盐（NO₃⁻）含量为 1185mg/L，在 N300 水平下，硝

酸盐（NO$_3^-$）含量为 1397mg/kg，N200 比 N300 减低 NO$_3^-$212mg/kg。随着氮磷用量的进一步增加，生菜硝酸盐的含量反而下降，N547.5P105 的硝酸盐（NO$_3^-$）含量为 840.4mg/L，N300P65.5mg/L 的硝酸盐（NO$_3^-$）含量为 1344.5mg/L，二者相差 504.1mg/L（表 5.21）。这一结果与等在蔬菜上的研究有差异，究其原因，可能是氮磷过量抑制了生菜对氮的吸收和硝酸还原酶活性增强[1]。从硝酸盐作为生菜内在品质来说，适量减少施用氮肥，能有效降低生菜食用部分硝酸盐含量，提高生菜品质。

表 5.21   不同施肥处理对生菜硝酸盐累积的影响
Tab. 5.21   Effects of different treatments on nitrate in lettuce

处理 treatments	化肥投入量/（kg/hm²) fertilizer input			硝酸盐/（mg/kg）NO$_3^-$	差异显著性 5%significance
	N	P$_2$O$_5$	K$_2$O		
N1P1K1	300	150	300	1452	a
N1P2/3K2/3	300	100.5	199.5	1397	a
N2/3P2/3K2/3	199.5	100.5	199.5	1311	ab
N3/2P3/2K1	450	225	300	1026	bc
CK2	408	357	420	990	bc
CK1	540	240	195	840	c

从图 5.12 看出，生菜叶球不同部位硝酸盐的含量里叶<中叶<外叶，高氮水平下，里叶和中叶的硝酸盐含量高于低氮的处理，外叶正好相反，硝酸盐含量不稳定。

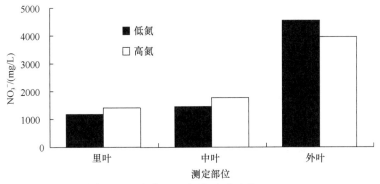

图 5.12   生菜不同部位汁液中的 NO$_3^-$
Fig. 5.12   NO$_3^-$ in lettuce succus

从叶片汁液钾含量来看，外部叶片的钾含量明显高于里叶和中部叶片，里叶和中部叶片的差异不明显，其含量随施钾量增加而增加，不同施钾水平下，其绝对含量外叶差异不明显。

从叶片汁液磷含量来看，在低磷处理的情况下，里叶<中叶<外叶，在高磷处理的情况下其含量正好相反，里叶>中叶>外叶，从其绝对含量看，高磷条件下里叶和中部叶片的磷含量远远高于低磷条件下的含量，而外叶的含量差异不明显。

（二）施肥对西芹品质的影响

从试验结果看（表5.22），不同施肥处理对西芹的单株重、叶柄周长没有显著影响，随着施肥量的增加，单株重、周长有一定差异，但未达到统计显著水平。降低氮、磷化肥用量，能够明显改善西芹的色泽、韧性等商品性状，随着氮、磷施用量的增加，西芹的叶柄颜色浓绿，少有光泽，外观品质差。不施氮处理比CK减少硝酸盐含量1067mg/kg。为了降低西芹体内的硝酸盐，通过减少氮肥施用量，选育硝酸盐低富集型的品种是较为有效的途径。

表5.22 不同处理对西芹品质的影响
Tab. 5.22 Effect of different treatments on American celery quality

处理 treatments	N0P2/3K2/3	N1P1K1	N1P2/3K2/3	N1P3/2K1	N2/3P0K2/3	N2/3P1K2/3	N2/3P2/3K2/3	N3/2P3/2K1	CK
氮、磷施用量/%N，P input	12.6	41	34.9	50.4	14.9	33.6	27.4	61.6	100
单株鲜重/kg weight	1.57	1.54	1.65	1.58	1.53	1.70	1.48	1.73	1.73
单株周长/cm girth	29.75	29.53	30.83	30.20	29.71	30.58	29.27	31.20	31.56
硝酸盐/（mg/kg）NO$_3^-$	633	2033	1733	2033	1967	1450	1583	1833	1700

烧心病是当地西芹生产中的一个常见的生理性病害。氮肥施用过多是导致西芹烧心的重要原因，随着氮肥用量的增加，西芹烧心病的发生率也在加大（白纲义，1984）。另外，氮、磷施用过多，使得西芹的抗病虫害的能力下降，增加了病虫害的发生，势必增加了农药的使用量，导致西芹植株体内农药残留超标，严重影响西芹品质。

1. 氮肥与西芹硝酸盐含量的关系

通过对苗期、生长中期和收获后的西芹硝酸盐的含量与施氮量的田间试验表明（图5.13）：植株硝酸盐含量均随氮肥用量的增加而增加，达到显著或极显著正相关，二者之间的关系可以用直线方程进行拟合，苗期为$y=0.6842x+2857.2$（$R^2=0.7516^*$），生长中期为$y=0.4717x+2530.9$（$R^2=0.8603^{**}$），收获后为$y=0.6688x+1230$（$R^2=0.9826^{**}$），对这3个方程求导得苗期$dy/dx=0.6842$、生长中期为$dy/dx=0.4717$，收获后为$dy/dx=0.6688$。这表明：在苗期每增加N 1kg/hm^2，西芹叶柄硝酸盐将增加0.6842mg/kg，在中期将增加0.4717mg/kg，收获后将增加0.6688mg/kg。

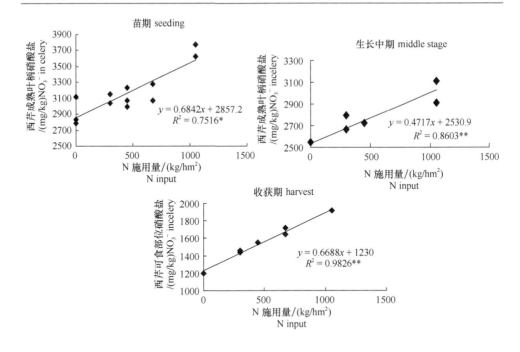

图 5.13 施氮量与西芹硝酸盐的关系

Fig. 5.13 Correlation of N input and nitrate in celery

从 3 条直线的截距可以看出，即使是在不施氮肥的情况下，西芹体内的硝酸盐含量也维持在较高的水平，苗期达到 2857.2mg/kg，生长中期达到 2530.9mg/kg，收获后达到 1230mg/kg。同时也可以看出，施氮对西芹硝酸盐的累积速率在前期和后期要大于生长中期的累积速率，累积速率最大的时期是苗期。

根据这一结果，通过减少氮肥的用量来减少西芹硝酸盐的累积是一项极为有效的措施，许多研究证明，氮肥是影响植株体内硝酸盐累积的主要因素之一（沈明珠，1982；王庆，2000；王朝晖，1998），减少氮肥的施用量能明显减少植株的硝酸盐含量，改善西芹的内在品质。

西芹属于硝酸盐高富集型的蔬菜，即使是在不施氮肥的情况下，西芹硝酸盐含量也超过了 WHO 的限量标准。

通过建立不同时期的氮肥用量与西芹体内硝酸盐含量，可以建立以植株硝酸盐测试施肥推荐指标，为西芹合理施肥和降低西芹硝酸盐积累提供可靠的依据。

2. 磷肥施用对西芹硝酸盐累积的影响

在氮钾供应为 N2/3、K2/3（即 N 300kg/hm^2，K$_2$O 400kg/hm^2）的条件下，研究不同磷肥用量对西芹硝酸盐的影响，试验结果表明，西芹植株硝酸盐在生长中期和收获后都有类似的趋势，随着施磷量的增加，硝酸盐含量显著下降（图 5.14），在西芹生长中期，测定刚成熟叶柄的硝酸盐含量，在不施磷的情况下，其硝酸盐含量为 3084mg/kg，在 P2/3 水平下为 2728mg/kg，在 P1 水平下为 2563mg/kg。施磷量与硝酸盐含量可以用直线方程 $y = -1.3933x + 3082.6$（$R^2 = 0.9115**$）来拟合（图 5.14），对此方程求导得 $dy/dx = -1.3933$，即在此试验条件下，每增施 1kg/hm² 的 P_2O_5，西芹叶柄硝酸盐将下降 1.39mg/kg。增施磷肥 P_2O_5 375kg/hm²，西芹叶柄中的硝酸盐含量将减少 522mg/kg。在收获后测定西芹可食部位的硝酸盐含量，在不施磷的情况下其硝酸盐含量为 1725mg/kg，在 P2/3 水平下为 1275mg/kg，在 P1 水平下为 1125mg/kg。施磷量与硝酸盐含量可以用直线方程 $y = -1.6283x + 1714.5$（$R^2 = 0.7998*$）来拟合，对此方程求导得 $dy/dx = -1.6283$，即在此试验条件下，每增施 1kg/hm² 的 P_2O_5，西芹可食部位硝酸盐将下降 1.63mg/kg。增施磷肥 P_2O_5 375kg/hm²，西芹可食部位中的硝酸盐含量将减少 600mg/kg。

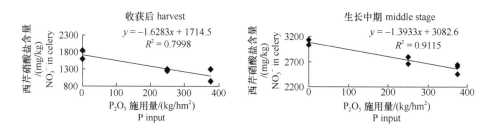

图 5.14　施磷与西芹硝酸盐的相关性

Fig. 5.14　Correlation between P input and NO_3^- in celery

上面讨论了在 N2/3、K2/3 的条件下施磷对西芹硝酸盐累积的影响，接下来讨论在 N1K1 水平下施磷对西芹硝酸盐累积的影响，试验设两个磷水平 P1（磷肥用量 375kg/hm²）和 P3/2（磷肥用量 562.5kg/hm²），结果表明（图 5.15），施磷显著增加了西芹硝酸盐的累积。在西芹生长中期，P1 水平下西芹叶柄中硝酸盐的含量为 2397.3mg/kg，P3/2 水平下西芹叶柄中的硝酸盐含量为 3131mg/kg，施磷量增加了 187.5kg/hm²，硝酸盐含量增加了 733.7mg/kg，收获后测定可食部位的硝酸盐结果为 P1 水平下硝酸盐的含量为 1984.2mg/kg，P3/2 水平下硝酸盐含量为 2303.6mg/kg，施磷量增加了 187.5kg/hm²，硝酸盐含量增加了 319.4mg/kg。

从上面的分析可以看出，在不同的氮磷钾供应水平下，磷肥对西芹硝酸盐的累积表现出完全不同的结果，在氮钾供应量较低的情况下，适当增加磷肥的供应时，可以显著降低西芹的硝酸盐累积量，然而在较高的氮钾供应水平下，同时又投入高量磷肥的情况下，增加磷肥的投入反而显著增加了西芹硝酸盐的累积。许多试验研究结果证明施磷能够降低作物体内的硝酸盐累积（李文娆，2004；

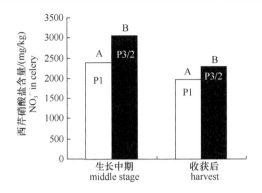

图 5.15　施磷对西芹硝酸盐的影响

Fig. 5.15　Effect of K on nitrate in celery

汪李平，2000），这与本试验低氮低磷供应水平下的结果相一致，然而在高氮高磷的条件下却有相反的结果。因此要发挥施磷对降低作物硝酸盐累积的作用，必须在合理施用氮钾肥的前提下，投入适量的磷肥，否则适得其反。

3. 钾肥施用对西芹硝酸盐累积的影响

在氮磷供应为 N2/3、P2/3（即 N 300kg/hm^2，K$_2$O 400kg/hm^2）的条件下，施钾显著降低西芹的硝酸盐含量，在不施钾的情况下（K0 水平），西芹硝酸盐含量为 1674.4mg/kg，在施钾 K$_2$O 400.5kg/hm^2 的情况下，西芹硝酸盐含量为 1446mg/kg，施钾降低硝酸盐含量，为 228.4mg/kg，二者差异达到显著水平，可见施钾是可以减少西芹硝酸盐积累的，许多试验研究也证明了这一结果（汪雅谷和张四荣，2001；王少先等，1998；Cemehob et al.，1991）。因此适当地施用钾肥是一项降低蔬菜硝酸盐积累低有效措施（图 5.16）。

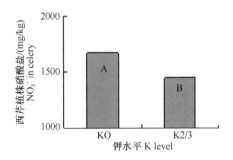

图 5.16　钾对西芹硝酸盐的影响

Fig. 5.16　Effect of K on nitrate in celery

4. 不同生长时期的西芹硝酸盐含量

对苗期、生长中期和收获后的西芹硝酸盐含量对比结果表明（图 5.17），所有施肥处理的西芹硝酸盐含量都表现出较为一致的结果：苗期的叶柄硝酸盐含量比生长中期的叶柄硝酸盐含量要高。

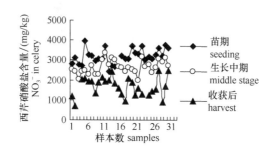

图 5.17 不同时期西芹硝酸盐

Fig. 5.17 Nitrate in celery in different stages

苗期测定的最小值为 2419mg/kg，最大值为 3977mg/kg，平均为 3234mg/kg；生长中期测定的最小值为 1984mg/kg，最大值为 3379mg/kg，平均为 2691mg/kg。这可能是因为在苗期由于西芹生长缓慢，累积硝态氮的程度远大于生长量的增加程度而引起的养分富集效应。而在生长中期，西芹生长迅速，产生的生物量大而引起的体内稀释效应所致（刘杏认，2003）。收获后测定的是西芹可食部位的硝酸盐，其含量比苗期和生长中期叶柄的硝酸盐含量要低很多，其差异跟测定部位有关。

（三）施肥对甜椒品质的影响

甜椒果实中不同的施氮量处理的硝酸盐（NO_3^-）含量均较低，为 86.1~166.7mg/kg。说明甜椒果实不像叶菜类和茎菜类蔬菜容易积累硝酸盐（白纲义，1984），从硝酸盐过多对人体有害的角度看（曹林奎等，2001），甜椒果实内的硝酸盐含量不会对人体造成伤害，因此硝酸盐作为甜椒内在品质的一个因素影响很小。各处理间甜椒果实硝酸盐含量存在一定差异，总的趋势是，随着施氮量的增加而增加，施氮量对硝酸盐的积累有一定影响，但不会造成过分积累。甜椒果实的大小直接影响其商品品质，甜椒单株结果数随着施氮磷量的增加而增加，而平均单果重随着施氮磷量的增加而减少。由于氮磷养分的过量供应，甜椒的营养生长与生殖生长失去平衡，随着施氮磷量的增加，甜椒的结果数量多，但果实小、品质差。因此，过量施用氮磷化肥直接影响甜椒的外在品质。从甜椒果实的还原维生素 C 含量来看，各处理间的差异不显著，不同肥料的配比对还原维生素 C 含量无显著影响。

表 5.23　不同施肥处理对甜椒果实品质的影响
Tab. 5.23　Effects of qualities on pimiento in different treatments

处理 treatments	硝酸盐/（mg/kg） NO_3^-	还原/（mg/kg） VC	单株结果数 No. of fruit	单株产量/kg yield of per plant	单果重/g weight of per fruit
CK1	116.1	459.2	20.0	0.6	29.9
N2/3P0K2/3	86.1	473.1	30.0	0.9	29.4
N0P2/3K2/3	102.8	451.4	32.0	1.1	34.2
N2/3P2/3K0	89.4	469.9	27.7	0.9	31.1
N2/3P2/3K2/3	96.6	469.1	38.3	0.9	23.2
N2/3P1K2/3	151.8	454.0	33.0	1.0	29.8
N1P2/3K2/3	90.0	415.8	42.0	0.8	18.1
N1P1K1	108.7	466.1	31.7	0.9	30.2
N1P3/2K1	166.7	502.0	29.3	0.9	32.9
N3/2P3/2K1	135.5	502.9	32.0	1.0	30.0
CK2			37.0	1.4	37.8

1. 施氮对甜椒果实硝酸盐含量的影响

通过对甜椒果实硝酸盐的含量与施氮量的田间试验表明：植株硝酸盐含量随氮肥用量的增加而增加，达到显著正相关，二者之间的关系可以用直线方程进行拟

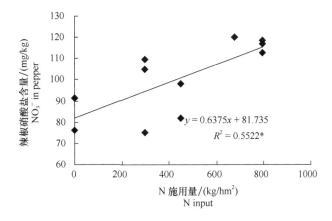

图 5.18　施氮量与辣椒硝酸盐的关系
Fig. 5.18　Correlation between N input and nitrate in pepper

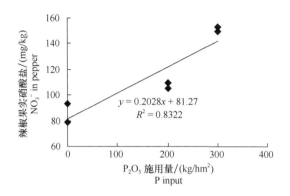

图 5.19　施磷量与辣椒果实硝酸盐的关系

Fig. 5.19　Correlation between P input and nitrate in pepper

合，拟合曲线为 $y=0.6375x+81.735$（$R^2=0.5522*$），对方程求导得 $dy/dx=0.6375$。这表明：在每增加 N 1kg/hm²，甜椒果实硝酸盐将增加 0.6375mg/kg，从直线的截距可以看出，在不施氮肥的情况下，甜椒果实的硝酸盐含量在较低的水平，达81.7mg/kg（图 5.17）。同时也可以看出，施氮对甜椒果实硝酸盐的累积速率与西芹的相当，只是甜椒拟合方程的截距远远小于西芹的截距，因此，尽管它们的硝酸盐累积速率相当，甜椒果实的硝酸盐含量始终维持在较低的水平。

2. 磷肥对甜椒硝酸盐累积的影响

通过对甜椒果实硝酸盐的含量与施磷量的田间试验表明：果实硝酸盐含量随磷肥用量的增加而增加，达到显著正相关，二者之间的关系可以用直线方程进行拟合，拟合曲线为 $y=0.2028x+81.27$（$R^2=0.8322**$），对方程求导得 $dy/dx=0.2028$。这表明：在每增加 P₂O₅ 1kg/hm²，甜椒果实硝酸盐将增加 0.2028mg/kg，从直线的截距可以看出，在不施磷肥的情况下，甜椒果实的硝酸盐含量在较低的水平，达到81.7mg/kg，与不施氮时的含量相当，同时也可以看出，磷对甜椒的硝酸盐累积的影响远小于氮的影响，从两个方程的导数看出，氮肥对硝酸盐的累积速率是磷肥的3.14倍。

3.3 种蔬菜食用部位硝酸盐含量对比

硝酸盐累积在不同遗传类型的植物间存在着很大差异（图 5.20），近年来国内外研究学者进行了大量的研究，结果证明，蔬菜种类不同，硝酸盐含量大不相同，一般的规律是：根菜类>薯芋类>叶菜类>葱蒜类>豆类>瓜类>茄果类>多年生类>食用菌类。同种蔬菜，不同品种间的硝酸盐含量差异也很大，其变化范围是 1.4~20.8倍，这种蔬菜间、品种间硝酸盐累积差异主要受遗传因子控制。

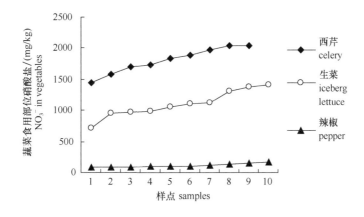

图 5.20　三种蔬菜硝酸盐含量比较

Fig. 5.20　Comparison of nirate in three vegetables

从试验的 3 种蔬菜的硝酸盐含量来看，它们之间存在很大的差异，依次是西芹>生菜>甜椒。3 种蔬菜硝酸盐平均含量为：西芹 1801mg/kg，生菜 1101mg/kg，甜椒 114.4mg/kg，属于叶菜类的西芹发达的肉质叶柄是西芹的主要的营养储存器官，其需肥量大，耐肥性强，能够在体内累积很高的硝酸盐，即使是在不施氮肥的情况下，其硝酸盐的含量也很高，生菜的硝酸盐含量也很高，但与西芹相比，其含量降低了 700mg/kg，西芹的硝酸盐含量是生菜的 1.65 倍，二者有本质的差异。甜椒的硝酸盐含量最低，其含量与西芹相差一个数量级，西芹硝酸盐含量是甜椒硝酸盐含量的 15.74 倍，生菜是它的 9.62 倍。因此，加强种质资源的研究，选育低硝酸盐富集的品种，也是一条有效的降低蔬菜硝酸盐的途径。

（四）滴灌施肥对康乃馨生长及品质的影响

康乃馨的品质对其市场价格起着决定性的作用，很小的品质差异将带来很大的价格差异。从表 5.24 看，滴灌施肥的花枝长度在品种'多明哥'上为 71cm，比习惯施肥的长 16cm，在品种'粉多娜'为 67cm，比习惯施肥长 18cm，根据康乃馨的行业标准（昆明，2000 年），滴灌施肥的枝长达到了一级花的标准，而习惯施肥的花枝长度仅为二级或三级标准。茎干垂度是代表花枝韧性的一个指标，垂度越小，韧性越强。两个康乃馨品种的滴灌施肥的花枝垂度比习惯施肥的要小，通过滴灌施肥增加了康乃馨花枝的韧性。滴灌施肥能增加花蕾的直径、鲜重，花枝的干物质积累也比习惯施肥的要高，花蕾完全开放的直径也是滴灌施肥的比习惯施肥的长。从花枝的插瓶时间来看，滴灌施肥的花枝插瓶时间要比习惯施肥的延长 7d 左右。从康乃馨花枝的各项品质指标整体来看，滴灌施肥明显提高了康乃馨的品质。

表 5.24 滴灌施肥的康乃馨商品性状

Tab.5.24 Effect of fertigation on carnation's market properties

	花枝长/cm branch length	茎杆垂度	花蕾直径/cm bud diameter	花苞鲜重/g bud fw	花鲜重/g bud dw	花干重/g	插瓶时间/d keeping time	全开直径/cm flower diameter
滴灌施肥一 fertigation- I	71	11	1.73	4.071	30	6.497	20	6.3
习喷施肥一 conventional- I	55	12	1.67	3.929	27.27	5.615	14	5.7
滴灌施肥二 fertigation- II	67	11	1.93	5.143	41.67	8.910	23	6.7
习喷施肥二 conventional- II	49	14	1.88	5.000	30.93	6.557	15	6.5

　　从苗期的长势来看（图 5.21），两个康乃馨品种滴灌施肥的株高显著高于习惯施肥的株高，品种'多明哥'（CK1、F1）的滴灌施肥株高为 56cm，习惯施肥的株高为 35cm，滴灌施肥比习惯施肥的株高高出 21cm。品种'粉多娜'（CK2、F2）的滴灌施肥的株高为 44cm，习惯施肥的株高为 36cm，滴灌施肥比习惯施肥的株高高出 8cm，从两个品种间的株高进行比较，滴灌施肥对品种'多明哥'的株高影响明显高于对品种'粉多娜'的影响，这一方面可能是因为康乃馨品种间的基因型差异，另一方面是因为滴灌施肥对不同的康乃馨品种的作用和表现上有差异。从两种不同施肥方式的生物量累积来看，品种'多明哥'滴灌施肥鲜重为 477g，习惯施肥的鲜重为 156g，滴灌施肥的鲜重是习惯施肥的 3 倍，品种'粉多娜'滴灌施肥的鲜重为 284g，习惯施肥的鲜重为 183g，滴灌施肥的鲜重是习惯施肥的 1.6 倍。从植株干重来看，品种'多明哥'滴灌施肥干重为 98g，习惯施肥为 40g，滴灌施肥的干重是习惯施肥的 2.45 倍。品种'粉多娜'滴灌施肥干重为 65g，习惯施肥干重为 45g，滴灌施肥的干重是习惯施肥的 1.44 倍。从植株的含水率来看，滴灌施肥的植株含水率高于习惯施肥的含水率。从康乃馨的株高、干鲜重可以看出，通过滴灌施肥，康乃馨的生长势头明显好于习惯施肥，促进了康乃馨的健壮生长。

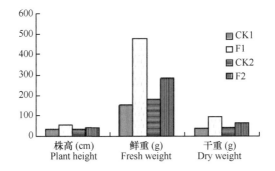

图 5.21　苗期长势对比

Fig. 5.21　Comparison of camation growth

　　试验结果表明（表 5.25）：从花枝鲜重和干重来看，最大的是 N2/3P1K2/3 处理，最小的是习惯施肥的处理（CK）。从花枝长度来看，最长的是 N1P2/3K2/3 处理，最短的是习惯处理 CK，从康乃馨的插瓶时间来看，N2/3P1K2/3 处理的插瓶时间比习惯施肥处理的要长 6d，从花枝下垂角度来看，下垂角度最大的是习惯施肥的处理，下垂角度最小的是 N2/3P1K2/3。综合各项指标，可以看出，习惯施肥处理的各项指标均处于较低的水平，N2/3P1K2/3 处理与其他处理相比，各项指标表现都较好。可见，降低肥料用量可以显著改善康乃馨的品质，增加肥料投入反而是康乃馨品质下降。

表 5.25　施肥对康乃馨品质的影响

Tab. 5.25　Effect of fertilization on carnation quality

处理 treatments	花枝鲜重/（g/ 枝）fresh weight	花枝干重/（g/ 枝）dry weight	枝长/cm branch length	插瓶时间/d keeping days	下垂度 toughness
N2/3P2/3K2/3	24.7	5.8	51.3	18.5	11.6
N2/3P1K2/3	27.3	6.8	51.3	27.0	10.0
N1P2/3K2/3	25.4	5.9	54.1	21.0	11.6
N1P1K1	26.0	6.1	50.4	18.5	12.3
N1P3/2K1	24.6	5.7	52.9	18.5	12.7
N3/2P3/2K1	24.4	5.8	51.6	21.5	15.7
CK	24.3	5.6	49.6	21.0	14.3

（五）小结

目前的习惯施肥对 3 种蔬菜外观品质有负面影响，生菜净菜率、叶球大小和密度均有下降；西芹叶色过绿、少有光泽、易引起烧心；甜椒果形不正、单果重下降、单株结果数增加、小果多。合理的氮磷钾用量和配比能显著改善这几种蔬菜的外观品质。

氮肥与西芹硝酸盐累积的关系是：在不同的生育时期均显著正相关，硝酸盐累积速率苗期最大，中期最小；施氮对甜椒硝酸盐的关系显著正相关，累积速率与西芹相当，但截距远小于西芹；生菜硝酸盐的累积规律是氮肥低量投入，可降低硝酸盐含量，进一步增加投入，也增加硝酸盐含量，过量投入反而降低硝酸盐含量。

磷肥与西芹硝酸盐的关系是在氮磷钾低量投入的条件下，中期和收获后均显著负相关，收获后下降速率大于生长中期，高量氮磷钾投入情况下，增施磷肥显著增加西芹硝酸盐含量；磷肥与甜椒硝酸盐显著正相关，其累积速率远小于氮肥的累积速率，是氮肥的 0.3 倍。

西芹试验表明：增施钾肥能显著降低西芹硝酸盐含量。

生菜不同部位硝酸盐测定表明：硝酸盐含量高低顺序是：外叶>中叶>里叶，中叶硝酸盐含量对氮肥用量最敏感，西芹刚成熟叶柄硝酸盐含量对氮肥最敏感。

西芹苗期的硝酸盐含量大于中期的硝酸盐含量，二者相差 543mg/kg。

3 种蔬菜硝酸盐含量对比表明：西芹>生菜>甜椒，西芹为 1801mg/kg、生菜为 1101mg/kg、甜椒为 114.4mg/kg。

滴灌施肥对康乃馨品质有显著影响，通过滴灌施肥，康乃馨各项指标均达到一级花指标，习惯施肥为二级或三级指标，滴灌康乃馨生长势显著好于习惯施肥。

康乃馨肥效试验结果表明：降低氮磷用量显著改善康乃馨品质。

三、施肥对作物养分吸收利用的影响

（一）施肥对生菜养分吸收利用的影响

生菜吸收氮磷钾的比例为 N：P：K=1：0.15：1.9，生菜对钾的需求量最大，是氮的 2 倍，磷的 12.7 倍，氮次之，磷最少。从植株全氮、全磷和全钾养分含量来看，最高的为处理 N1P1K1，在此施肥水平下，减少氮磷钾施用量也降低氮磷钾养分含量，增施氮磷钾养分也降低氮磷钾养分的含量，氮磷含量以习惯施肥处理 CK1 为最低，钾含量以施钾量最高的处理 CK2 为最低（表 5.26）。

表 5.26　生菜对养分的吸收
Tab. 5.26　Uptake of N，P and K by lettuce

处理 treatments	植株养分含量/% nutrient content of lettuce			N：P：K	作物养分吸收量/（kg/hm²） amount of nutrient absorb		
	全氮 total N	全磷 total P	全钾 total K		N	P	K
CK1	2.865	0.407	5.687	1.00：0.14：1.98	113.2	16.1	224.6
N2/3P2/3K2/3	3.029	0.438	5.740	1.00：0.14：1.89	90.3	13.1	171.2
N1P2/3K2/3	2.880	0.468	6.003	1.00：0.16：2.08	117.9	19.1	245.7
N1P1K1	3.218	0.492	6.512	1.00：0.15：2.02	141.8	21.7	287.0
N3/2P3/2K1	2.943	0.429	5.584	1.00：0.15：1.90	134.9	19.6	255.9
CK2	3.195	0.418	5.099	1.00：0.13：1.60	128.3	16.8	204.8
平均	3.022	0.442	5.771	1.00：0.15：1.91	121.1	17.7	231.5

从每公顷作物带走的养分看，其变化规律与植株养分含量类似，但这种差异更为明显，一方面是因为在养分供应过量或不足时，抑制了作物对氮磷钾养分的吸收，另一方面是因为作物的产量下降，降低了养分带走量。

从作物带走的养分占投入养分的百分比来看，氮在 20%~50%，随着施氮量的增加，所占的比例越小；磷在 10%~40%，其所占比例总体来说比氮的小，有更多的磷残留在土体中，处理间变化与氮有类似的趋势，施磷量越多，带走养分比例越小；钾在 60%~150%，生菜是需钾较多的作物，钾供应水平较低的情况下，钾素支出远远大于收入，最高达 50%的赤字，因此，在生菜生产中为了保证钾素的收支平衡，不至于出现较大的赤字，要保证钾肥的足量供应。

农田养分平衡：养分平衡采用表观平衡法计算，即养分投入量与养分支出量的差值，正值表示盈余，负值表示亏缺。养分投入仅包括化肥带入的养分，未考虑因降水或灌溉、大气沉降等带入的养分，养分支出仅包括因作物收获而携出的养分，未包括因淋洗、挥发和反硝化造成的养分损失。

生菜试验各处理的氮磷钾养分的投入量和吸收量见图 5.22，从氮的吸收量来看，各处理的氮吸收量在 90.3~141.8kg/hm²，吸收量最大的是处理 2（N1P1K1），最小的是处理 1（N2/3P2/3K2/3），氮素吸收总的趋势是在低氮投入的情况下，增加氮素的投入也增加了氮素的吸收，随后，随着氮肥的投入量增加，并没有显著增加氮肥的吸收量，氮肥投入量最高时，氮素吸收量反而有所下降。从氮素的投入量来看，投入量最高的是习惯施肥的处理（处理 6，CK1），投入量最低的是处理 1（N2/3P2/3K2/3）。氮肥投入量在 199.5~547.5kg/hm²。

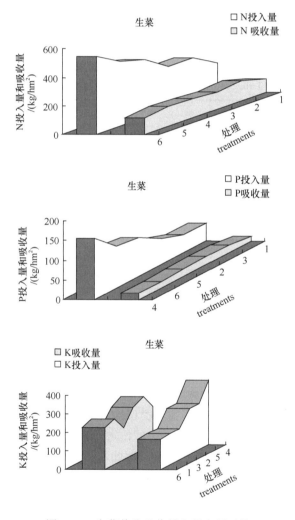

图 5.22　生菜养分吸收量和投入量对比

Fig. 5.22　Comparison of N，P and K input and output

1. N2/3P2/3K2/3；2. N1P1K1；3. N1P2/3K2/3；4. CK2；5. N3/2P3/2K1；6. CK1

从氮素养分平衡来看，所有处理的氮素投入均远大于氮素的吸收量，习惯施肥处理的氮素盈余量最大，达到 434.3kg/hm²，盈余率为 384%，其投入量是吸收量的 4.8 倍，盈余量最小的是处理 1，达到109.2kg/hm²，盈余率为 112%，其投入量是吸收量的 2.2 倍。总的趋势是氮素的盈余量随着施氮量的增加而显著增加，氮素养分吸收量对氮素的盈余量并没有起决定性作用。

从磷的吸收量来看，各处理的磷吸收量在 13.1~21.7kg/hm²，吸收量最大的是处理 2（N1P1K1），最小的是处理 1（N2/3P2/3K2/3），磷素吸收总的趋势与氮素的类似，在低磷投入的情况下，增加磷素的投入也增加了磷素的吸收，随后，随着磷肥的投入量增加，并没有显著增加磷素的吸收量，磷肥投入量最高时，磷素吸收量反而有所下降。从磷素的投入量来看，投入量最高的是习惯施肥的处理（处理 6，CK1），投入量最低的是处理 1（N2/3P2/3K2/3）。磷肥投入量在 43.9~155.9kg/hm²。

从磷素养分平衡来看，所有处理的磷素投入均远大于磷素的吸收量，试验地习惯施肥处理（CK2）的磷素盈余量最大，达到 139.1kg/hm²，盈余率为 828%，其投入量是吸收量的 9.3 倍，盈余量最小的是处理 3，达到 24.7kg/hm²，盈余率为 129%，其投入量是吸收量的 2.3 倍。总的趋势是磷素的盈余量随着施磷量的增加而显著增加，磷素养分吸收量对磷素的盈余量并没有起决定性作用。与氮素相比，磷素盈余率远高于氮素。

从钾的吸收量来看，各处理的钾吸收量在 171~287kg/hm²，吸收量最大的是处理 5（N3/2P3/2K1），最小的是处理 3（N1P2/3K2/3），钾素吸收总的趋势是随着钾投入的增加而增加，钾投入量最高的处理是 CK2，此时，钾吸收量反而有所下降，这并不完全是因为钾素供应过多造成的，而是因为氮磷投入过多而导致减产引起的。从磷素的投入量来看，投入量最高的是试验地习惯施肥的处理 4（CK2），投入量最低的是处理 6（CK1）。钾肥投入量在 161.9~348.6kg/hm²。

从钾素养分平衡来看，除了处理 4 有盈余外，其余处理均处于亏缺状态。处理 3 亏缺量最大，达到–80.12kg/hm²，亏缺率为–33%，其次是处理 CK1，亏缺率为–28%。可以看出，目前的习惯施肥的钾素投入远远不能满足生菜对钾的需求。在氮磷供应适宜，而钾肥供应又相对不足的情况下，钾的亏缺更大。生菜需钾量远大于氮磷，钾素养分吸收量对钾素的盈亏率起决定性作用。

（二）施肥对甜椒养分吸收利用的影响

甜椒每生产 1000kg 经济产量吸收的养分为 N 2.69~3.07kg、P 0.33~0.46kg、K 2.83~3.57kg，氮磷钾养分吸收比例为：N：P：K=1.0：0.16：1.18，从每生产1000kg 经济产量甜椒吸收的氮磷钾养分来看，氮磷钾肥料的不同投入量和配比与其吸收量没有明显的相关性，但从氮磷肥料的投入与产出来看，施用氮磷肥的生产效率已经趋近于零甚至产生副效应，导致甜椒减产。

从表 5.27 中数据可以看出，单位面积甜椒对氮的吸收量以不施氮的处理（CK2）为最高，以调查的平均施氮量处理（CK1）最低，总的趋势是随施氮量的增加，单位面积甜椒对氮的吸收量下降，氮磷钾投入量与氮磷钾吸收量显著负相关（图 5.23），这主要是因为氮营养元素的供应过量，甜椒生长受到抑制，生物量下降。

表 5.27 不同处理与甜椒养分吸收量

Tab. 5.27 Uptake of N，P and K by sweet pepper

处理 treatments	1000kg 经济产量吸收量/ (kg/hm²) uptake of nutrients per 1000kg economic yield			养分吸收量/（kg/hm²） uptake of nutrients			果实吸收氮占整株比例 uptake of nutrients by fruit/Total nutrients		
	N	P	K	N	P	K	N	P	K
CK1	2.99	0.40	3.02	79.30	10.48	80.24	0.65	0.35	0.59
N2/3P0K2/3	3.07	0.46	3.57	120.40	17.86	140.00	0.69	0.36	0.55
N0P2/3K2/3	2.84	0.42	3.55	133.10	19.52	166.72	0.73	0.36	0.54
N2/3P2/3K0	2.77	0.33	2.83	124.30	15.02	126.96	0.68	0.36	0.61
N2/3P2/3K2/3	2.71	0.39	3.03	106.90	15.37	119.28	0.73	0.37	0.60
N2/3P1K2/3	3.02	0.44	3.47	131.70	19.08	151.12	0.68	0.35	0.53
N1P1K1	2.69	0.38	3.18	123.90	17.55	146.48	0.76	0.38	0.58
N1P3/2K1	2.99	0.41	3.49	124.50	17.07	145.44	0.72	0.37	0.58
N3/2P3/2K1	2.78	0.40	2.91	119.30	16.99	124.96	0.73	0.38	0.60
CK2	2.86	0.39	3.48	174.40	23.67	212.48	0.71	0.38	0.53
平均	2.87	0.40	3.25	123.78	17.26	141.37	0.71	0.36	0.57

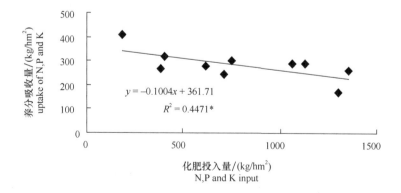

图 5.23 甜椒化肥投入量和养分吸收量的关系

Fig. 5.23 Correlation between input and uptake of N，P and K

　　CK1 处理氮磷养分投入量为最高，导致土壤盐分浓度过高，对甜椒根系产生毒害作用，根系较其他处理生长明显较弱，主根不发达，侧根很少，甜椒对氮磷钾养分吸收的能力下降。氮营养元素的吸收状况直接影响磷钾营养元素的吸收，当氮营养元素的吸收量较少的情况下，磷钾营养元素的吸收也较少，甜椒是对氮较为敏感的作物，氮肥施用的合理与否直接影响甜椒的生长发育，过量施用氮肥已经成为导致甜椒产量下降的重要因素。

　　从甜椒果实对氮磷钾吸收量占整株吸收量比例来看，各处理的平均值氮磷钾分别为：0.71、0.36、0.57，习惯施肥处理（CK1）氮比例最低，为 0.65，总的趋势是随着施氮量的增加，氮的比例在下降，钾也有类似的趋势，而磷肥吸收比例差异不明显。

　　甜椒试验各处理的氮磷钾养分的投入量和吸收量见图 5.24，从氮的吸收量来看，各处理的氮吸收量在 79.3~174.4kg/hm^2，吸收量最大的是处理 10（CK2），最小的是处理 1（CK1），氮素吸收总的趋势是随着氮肥的投入量增加，氮肥的吸收量也随之增加，在不施氮的情况下氮的吸收量最大，施氮量最大的情况下，氮素吸收量最小。产生这一结果的主要原因是氮肥的投入引起甜椒减产。从氮素的投入量来看，投入量最高的是习惯施肥的处理（CK1），投入量最低的是处理 10 和处理 3（CK2、N0P2/3K2/3）。氮肥投入量为 0~795kg/hm^2。

　　从氮素养分平衡来看，除不施氮的处理外，所有处理的氮素投入均远大于氮素的吸收量，习惯施肥处理的氮素盈余量最大，达到 716kg/hm^2，盈余率为 902%，其投入量是吸收量的 10 倍，在施氮的处理中，盈余量最小的是处理 6，达到 168kg/hm^2，盈余率为 128%，其投入量是吸收量的 2.3 倍。总的趋势是氮素的盈余量随着施氮量的增加而显著增加，氮素养分吸收量对氮素的盈余量并没有起决定性作用。

　　从磷的吸收量来看，各处理的磷吸收量为 10.48~23.67kg/hm^2，吸收量最大的是处理 10（CK2），最小的是处理 1（CK1），磷素吸收总的趋势与氮素的类似，在低磷投入的情况下，增加磷素的投入也增加了磷素的吸收，随后，随着磷肥的投入量增加，并没有显著增加磷素的吸收量，磷肥投入量最高时，磷素吸收量反而有所下降。从磷素的投入量来看，投入量最高的是习惯施肥的处理（CK1），投入量最低的是处理 2（N2/3P0K2/3）。磷肥投入量为 0~229kg/hm^2。

　　从磷素养分平衡来看，除不施磷肥的处理外，其他处理的磷素投入均远大于磷素的吸收量，习惯施肥处理（CK1）的磷素盈余量最大，达到 219kg/hm^2，盈余率为 2086%，其投入量是吸收量的 21.9 倍，在施磷的处理中，盈余量最小的是处理 10，达到 35kg/hm^2，盈余率为 149%，其投入量是吸收量的 2.5 倍。总的趋势是磷素的盈余量随着施磷量的增加而显著增加，磷素养分吸收量对磷素的盈余量并没有起决定性作用，施磷是造成磷大量盈余的根本原因。与氮素相比，磷素盈余率远高于氮素。

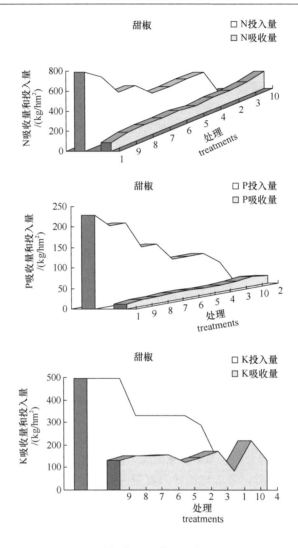

图 5.24　甜椒养分吸收量和投入量对比

Fig. 5.24　Comparison of N，P and K input and output

从钾的吸收量来看，各处理的钾吸收量为 80.24~212.48kg/hm²，吸收量最大的是处理 10（CK2），最小的是习惯施肥处理（CK1），总的趋势是随着钾投入的增加，钾素吸收量并没有随之显著增加，在钾投入量较高时，钾吸收量反而有所下降，这并不完全是因为钾素供应过多造成的，而是因为氮磷投入过多而导致减产引起的。从钾素的投入量来看，投入量最高的是习惯施肥的处理（CK1），投入量最低的是处理 4（N2/3P2/3K0）。钾肥投入量为 0~498kg/hm²。

从钾素养分平衡来看，除了不施钾的处理 4 和处理 10 钾素有亏缺外，其余处理均处于盈余状态。处理 9 盈余量最大，达到 368kg/hm²，盈余率为 284%。可以看出，目前种植辣椒的习惯施肥的钾素投入基本能满足甜椒对钾的需求，并没有出现严重的亏缺现象。

（三）施肥对西芹养分吸收利用的影响

从西芹氮的养分含量来看（表 5.28），增加氮的投入，其含量也增加，不施氮的处理（N0P2/3K2/3）氮含量为 2.989%，在 N1 处理（N1P2/3K2/3）氮含量为 3.114%，而这两个处理从产量分析可知差异不显著，因此可以看出氮养分吸收增加了，氮产量没有增加，导致氮养分的奢侈吸收。增施氮、磷、钾肥料没有带来更多的产出，单位养分的生产效率下降，增加了生产成本。钾也有类似的趋势，磷的这种趋势不明显。从氮磷钾的吸收比例来看，比例为 N∶P∶K＝1∶0.2∶2.4，钾吸收比例最大，氮次之，磷最少，钾吸收是氮的 2.4 倍，磷的 12 倍。各处理间对氮、磷、钾养分的吸收范围为氮（N）1.083~1.445kg/t、磷（P）0.212~0.251kg/t、钾（K）2.449~3.289kg/t，氮吸收量最低的为不施氮处理（N0P2/3K2/3）为 N 1.083kg/t，最高为农户习惯施肥量处理（CK）N 1.445kg/t，西芹对氮的吸收量随着氮施用量的增加而增加，西芹对磷钾吸收量有与氮吸收类似的趋势，随着施用量的增加而增加，西芹试验各处理的氮磷钾养分的投入量和吸收量见图 5.25，

表 5.28　不同处理与西芹养分吸收量

Tab. 5.28　Uptake of N，P and K by celery

处理 treatments	植株养分含量/% nutrient content of lettuce			N∶P∶K	作物养分吸收量/（kg/hm²） amount of nutrient absorb		
	全氮 total N	全磷 total P	全钾 total K		N	P	K
N0P2/3K2/3	2.9890	0.6610	6.759	1∶0.22∶2.26	178	39	403
N2/3P0K2/3	2.9390	0.4927	6.716	1∶0.17∶2.29	203	34	463
N2/3P2/3K0	2.6527	0.5227	7.284	1∶0.20∶2.75	171	34	468
N2/3P2/3K2/3	2.9087	0.5613	6.894	1∶0.19∶2.37	202	39	479
N2/3P1K2/3	2.8730	0.5627	6.807	1∶0.20∶2.37	199	39	471
N1P2/3K2/3	3.1137	0.5020	7.233	1∶0.16∶2.32	246	40	572
N1P1K1	3.0503	0.5563	7.037	1∶0.18∶2.31	223	41	514
N1P3/2K1	3.1277	0.5113	7.440	1∶0.16∶2.38	230	38	546
N3/2P3/2K1	2.8723	0.5857	8.022	1∶0.20∶2.79	207	42	578
CK	3.1207	0.4753	6.798	1∶0.15∶2.18	254	39	554
avergae 平均	**3.0**	**0.5**	**7.1**	**1.0∶0.2∶2.4**	**211.2**	**38.4**	**504.8**

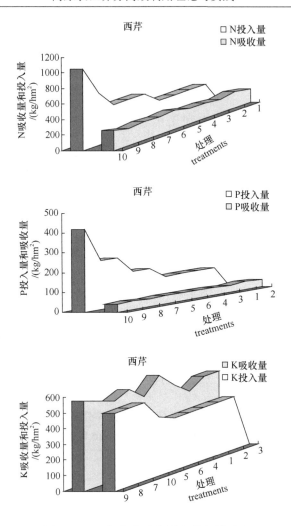

图 5.25　西芹养分吸收量和投入量对比

Fig. 5.25　Comparison of N，P and K input and output

1. CK1；2. N2/3P0K2/3；3. N0P2/3K2/3；4. N2/3P2/3K0；5. N2/3P2/3K2/3；6. N2/3P1K2/3；

7. N1P1K1；8. N1P3/2K1；9. N3/2P3/2K1；10. CK2

从氮的吸收量来看，各处理的氮吸收量为 171~254kg/hm²，吸收量最大的是处理 10（CK2），最小的是处理 3（N2/3P2/3K0），氮素吸收总的趋势是随着氮肥的投入量增加，氮肥的吸收量也随之增加，在氮肥投入量最大的情况下氮的吸收量最大，不施钾的情况下，氮素吸收量最小。从氮素的投入量来看，投入量最高的是习惯施肥的处理（CK1），投入量最低的是处理 1（N0P2/3K2/3）。氮肥投入量为 0~1050kg/hm²。

　　从氮素养分平衡来看，除不施氮的处理外，所有处理的氮素投入均远大于氮素的吸收量，习惯施肥处理的氮素盈余量最大，达到 796kg/hm²，盈余率为 313%，其投入量是吸收量的 4.1 倍，在施氮的处理中，盈余量最小的是处理 2，达到 97kg/hm²，盈余率为 48%，其投入量是吸收量的 1.5 倍。总的趋势是氮素的盈余量随着施氮量的增加而显著增加，氮素养分吸收量对氮素的盈余量并没有起决定性作用。

　　从磷的吸收量来看，各处理的磷吸收量在 34~42kg/hm²，吸收量最大的是处理 9（N3/2P3/2K1），最小的是处理 2（N2/3P0K2/3），磷素吸收总的趋势与氮素的类似，在低磷投入的情况下，增加磷素的投入也增加了磷素的吸收，随后，随着磷肥的投入量增加，并没有显著增加磷素的吸收量，磷肥投入量最高时，磷素吸收量反而有所下降。从磷素的投入量来看，投入量最高的是习惯施肥的处理（CK），投入量最低的是处理 2（N2/3P0K2/3）。磷肥投入量为 0~419kg/hm²。

　　从磷素养分平衡来看，除不施磷肥的处理外，其他处理的磷素投入均远大于磷素的吸收量，习惯施肥处理（CK）的磷素盈余量最大，达到 380kg/hm²，盈余率为 983%，其投入量是吸收量的 21.9 倍，在施磷的处理中，盈余量最小的是处理 10，达到 35kg/hm²，盈余率为 149%，其投入量是吸收量的 10.8 倍。总的趋势是磷素的盈余量随着施磷量的增加而显著增加，磷素养分吸收量对磷素的盈余量并没有起决定性作用，施磷是造成磷大量盈余的根本原因。与氮素相比，磷素盈余率远高于氮素。

　　从钾的吸收量来看，各处理的钾吸收量在 403~578kg/hm²，吸收量最大的是处理 9（N3/2P3/2K1），最小的是处理 1（N0P2/3K2/3），总的趋势是随着钾投入的增加，钾素吸收量并没有随之显著增加，在钾投入量较高时，钾吸收量反而有所下降，从钾素的投入量来看，投入量最高的是习惯施肥的处理 7、处理 8、处理 9，投入量最低的是处理 4（N2/3P2/3K0）。钾肥投入量为 0~498kg/hm²。

　　从钾素养分平衡来看，所有处理的钾素都处于亏缺状态，亏缺量为 –16~468kg/hm²，在施钾的处理中处理 6 亏缺量最大，达到 –239kg/hm²，亏缺率为 284%。可以看出，西芹对钾的需求量很大，目前种植的习惯施肥的钾素投入远远不能满足西芹对钾的需求，需要加大钾的投入。

（四）滴灌施肥对康乃馨养分吸收利用的影响

　　从滴灌施肥与习惯施肥的康乃馨养分吸收量来看（表 5.29），滴灌施肥的单位面积的氮磷钾养分吸收量均大于习惯施肥的养分吸收量，主要原因是习惯施肥的产量远大于习惯施肥的产量，从养分吸收比例来说，滴灌施肥能显著增加磷钾的吸收比例。滴灌施肥的单位面积养分吸收量大于习惯施肥。习惯施肥的氮肥投入是养分吸收量的 5 倍，磷是 29.76 倍，钾是 2.52 倍。滴灌施肥的氮投入是

表 5.29 康乃馨的养分吸收特性

Tab. 5.29 Uptake of N，P and K by carnation

处理 treatments	产量/（百万枝/hm²）yield	化肥投入量/（kg/hm²）fertilizer input			养分吸收比例 N∶P∶K	养分吸收量/（kg/hm²）N，P and K uptake		
		N	P	K		N	P	K
CKs（对照南）	2.55	1710	1035	870	1∶0.1∶1	341.76	34.78	345.9
CKn（对照北）	2.70	1710	1035	870	1∶0.1∶1.2	323.37	36.84	392.20
DFs（滴灌南）	2.85	701	386	1046	1∶0.11∶1.4	486.28	67.29	679.02
DFn（滴灌北）	3.00	701	386	1046	1∶0.12∶1.4	398.59	46.0	574.01

养分吸收量的 1.4 倍，磷是 2.5 倍，钾是 1.2 倍。从养分盈余率来看，习惯施肥量的氮、磷、钾的盈余率为：429%、1118%、77%，施肥量的氮、磷、钾的盈余率为：44%、149%、23%。

（五）小结

生菜吸收氮磷钾的比例为 N∶P∶K=1∶0.15∶1.9，生菜对钾的需求量最大，约是氮的 2 倍，磷的 12.7 倍，氮次之，磷最少；甜椒果实氮磷钾养分吸收比例为 N∶P∶K=1.0∶0.16∶1.18；钾吸收量最大，是氮的 1.18 倍，磷的 7.4 倍；西芹氮磷钾养分吸收比为 N∶P∶K=1.0∶0.2∶2.4，钾吸收量最大，是氮的 2.4 倍，是磷的 12 倍。康乃馨吸收氮磷钾的比例为 N∶P∶K=1∶0.12∶1.27，滴灌施肥能显著增加磷钾的吸收比例。

生菜养分吸收平均为：N 121.1kg/hm²，P 17.7kg/hm²，K 231.5kg/hm²。生菜在低氮投入的情况下，增加氮肥用量，氮养分含量也增加，进一步增加氮肥用量，其养分含量反而下降，磷钾也有类似的趋势。单位面积养分吸收量的变化趋势与养分含量趋势类似，但这种趋势更明显。

甜椒养分吸收平均为：N 123.78kg/hm²，P 17.26kg/hm²，K 141.37kg/hm²。甜椒随施氮量的增加，单位面积甜椒对氮的吸收量下降，氮磷钾投入量与氮磷钾吸收量显著负相关。

随着施氮量的增加，甜椒果实吸收氮量占整株吸收的比例在下降，说明更多的养分留在了秸秆中，钾也有类似的趋势，而磷肥吸收比例差异不明显。

氮养分吸收增加了，氮产量没有增加，导致氮养分的奢侈吸收。钾也有类似的趋势，磷的这种趋势不明显。西芹养分吸收平均为：N 211.2kg/hm²，P 38.4kg/hm²，K 504.8kg/hm²。西芹对氮的吸收量随着氮施用量的增加而增加，西芹对磷钾吸收量有与氮的吸收类似的趋势。

生菜习惯施肥氮的投入量是吸收量的 4.8 倍，磷是 9.3 倍，钾处于亏缺状态，亏缺率为–28%。

甜椒习惯施肥氮的投入量是吸收量的 10 倍,磷是 21.9 倍,钾处于盈余状态。

西芹习惯施肥氮的投入量是吸收量的 4.1 倍,磷是 21.9 倍,所有处理钾都处于亏缺状态,最大达到–239kg/hm²。

滴灌施肥的氮投入是养分吸收量的 1.4 倍,磷是 2.5 倍,钾是 1.2 倍。习惯施肥的氮肥投入是养分吸收量的 5 倍,磷是 12.9 倍,钾是 2.0 倍。从养分盈余率来看,习惯施肥量的氮、磷、钾的盈余率为 429%、1118%、77%,施肥量的氮、磷、钾的盈余率为 44%、149%、23%。

四、施肥对氮、磷肥料利用率的影响

(一)种植西芹的氮、磷肥料利用率

从分析结果可以看出,不同处理的氮、磷利用率都很低,最高为氮、磷用量 34.9% CK 的处理,氮为 15.1%,磷为 5.2%,我国肥料平均利用率氮肥为 30%~35%,磷肥为 10%~25%。相当于全国氮、磷利用率水平的一半左右,调查的习惯施肥量(CK)处理的氮、磷利用率处于较低的水平,氮的利用率为 7.2%,磷的利用率为 1.1%,这主要是由于该地块长期大量投入氮、磷化肥及农家肥,土壤处于富营养化状态,导致肥料利用率很低。此外,从表 5.30 中数据可看出,随着氮、磷化肥投入量的增加,氮、磷肥利用率有明显下降的趋势。氮、磷、

表 5.30 不同处理西芹对氮、磷利用率的影响
Tab. 5.30 Effect of different treatments on N,P utility

处理 treatments	CK	N0P2/3K2/3	N2/3P0K2/3	N2/3P2/3K0	N1P2/3K2/3	N2/3P1K2/3	N1P1K1	N1P3/2K1	N3/2P3/2K1
氮施用量 N input	CK	0%CK	28.6%CK	28.6%CK	42.9%CK	28.6%CK	42.9%CK	42.9%CK	64.3%CK
磷施用量 P input	CK	26.1%CK	0%CK	26.1%CK	26.1%CK	39.1%CK	39.1%CK	58.6%CK	58.6%CK
N:P_2O_5 :K_2O	1:0.9 :0.4	0:1 :1.6	1:0 :1.3	1:0.8 :1.3	1:0.6 :0.9	1:1.3 :1.3	1:0.8 :1.3	1:1.3 :1.3	1:0.8 :0.9
N 利用率/% N utility	7.2	—	8.2	7.9	15.1	6.9	9.9	11.5	4.3
P 利用率/% P utility	1.1	5	—	4.6	5.2	3	4.1	1.5	3.4

钾养分的配比对氮、磷利用率也有影响，从 CK 处理看出，其 N：P_2O_5：K_2O 为 1：0.9：0.4，氮、磷供应过量，钾肥供应相对不足，氮、磷钾养分供应失调也导致氮、磷利用率下降。由此可见，氮、磷施用过量，氮、磷钾供应不平衡是导致氮、磷利用率低的重要原因，肥料利用率低不仅使生产成本偏高，而且使环境污染，是水体富营养化的直接原因之一。滇池流域蔬菜和花卉地主要分布在湖滨地带，地下水位较浅（40cm 左右），施入的氮、磷化肥通过下渗经地下水流失和地表径流流失的强度大，其单位面积的肥料投入量高，氮、磷输出的距离短，故其输出氮、磷的强度大，总量多。因此通过精确施肥，实现氮、磷钾养分的平衡协调供应是提高化肥利用率的有效途径，同时降低因施肥带来的氮、磷流失，降低环境污染的风险。

（二）甜椒的氮磷肥料利用率

从氮磷肥利用率的试验结果（表 5.31）可以看出，所有处理的氮肥利用率均为负值，磷肥利用率在磷肥施用量较低不施氮肥（CK2）的情况下达到 9.8%，随着磷肥和氮肥施用量的增加，磷肥利用率急剧下降直至负数。由于该试验地的鸡粪用量为 4.5t/亩，鸡粪全氮含量为 3.26%，全磷含量为 2.42%，由鸡粪带入的纯氮为 25.6kg/亩，纯磷为 14.59kg/亩，此量已经足以满足甜椒生长的需要，可见施用氮磷化肥已经对甜椒的生长不能产生正效应，反而抑制甜椒的生长。因此在目前有机肥的施用水平下，可以完全不施氮磷化肥，便可实现土壤氮磷养分的充足供应。

表 5.31　不同处理甜椒对氮、磷利用率的影响
Tab. 5.31　　Effect of different treatments on N，P utility

处理 ID	CK1	N2/3P0K2/3	N0P2/3K2/3	N2/3P2/3K2/3	N2/3P1K2/3	N1P1K1	N1P3/2K1	N3/2P3/2K1	CK2
氮肥利用率/%	-6.8	-4.2	—	-8.7	-0.5	-2.1	-1.9	-2.1	—
磷肥利用率/%	-3.2	—	1.9	-2.9	0.9	-0.2	-0.4	-0.5	9.8

（三）小结

西芹氮利用率最大为 15.1%，最小为 4.3%，磷利用率最大为 5.2%，最小为 1.1%。

甜椒氮肥利用率所有处理均为负值，最低为-8.7%，最高为-0.5%，磷利用率习惯施肥（CK1）最低为-3.2%，试验地习惯（CK2）最高为 9.8%。

随着氮磷肥料用量的增加，氮磷利用率不断下降。

五、施肥对土壤硝酸盐的累积及环境风险

（一）西芹试验土壤中的硝酸盐累积

在种植前和不同生育时期采集 0~30cm、30~60cm、60~90cm 3 个土壤剖面层次的土壤样本，用紫外分光光度计测定土壤硝酸盐的含量。不同的施氮水平下，土壤硝态氮含量整个生育期的动态变化都有相似的趋势（图 5.26）：在移栽前土壤硝态氮含量处于较高的水平，这与该地块前茬种植西芹，肥料大量投入（N 1104t/hm^2、鸡粪 75t/hm^2）有关，土壤残余了大量的氮，在立心期土壤硝态氮含量下降到较低的水平，到了旺长期，土壤硝态氮含量明显上升，达到最高值，收获后土壤硝态氮含量有所下降。在相同的生育时期，随着氮肥施用量的增加，土壤中硝酸盐的含量也随着增加。含量最高的为调查的农户习惯施肥处理 N5 水平，最低的为不施氮肥的处理 N1 水平。在氮肥减量 57.1%的情况下，立心期土壤硝酸盐比对照 N5 水平减少 251.5~279.8mg/kg、旺长期土壤硝酸盐比对照 N5 水平减少 417.5~539.7mg/kg、收获后土壤硝酸盐比对照 N5 水平减少 260.2~416.4mg/kg，由此可见氮肥的施用直接影响土壤硝态氮的含量。土壤中的硝酸盐作为氮向滇池水体流失的重要来源，降低氮肥施用量可以减少氮肥的流失，降低因氮肥施用而造成环境污染的风险。

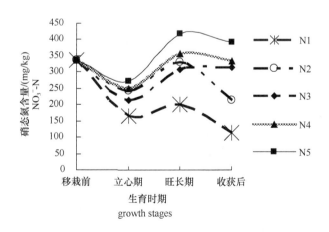

图 5.26　西芹地土壤硝态氮动态变化

Fig. 5.26　Development of NO$_3^-$-N in soil

从 0~30cm、30~60cm、60~90cm 3 个土壤剖面层次看施氮量与硝酸盐累积的关系（图 5.27），3 个剖面层次的硝态氮浓度均随氮肥施用量的增加而增加，表层

土壤的硝态氮浓度显著高于下层土壤。3 个层次的施氮量与土壤硝态氮浓度的关系均可用直线方程拟合，表层土壤（0~30cm）为 $y = 1.1688x + 633.57$，$R^2 = 0.8989*$；30~60cm 土壤用直线方程拟合，为 $y = 0.4882x + 160.76$，$R^2 = 0.989**$；60~90cm 的土壤用直线方程拟合，为 $y = 0.3303x + 28.007$，$R^2 = 0.9601**$，3 个方程的 R^2 值均达显著水平，能够很好地反映施肥量与硝酸盐浓度两者间的关系。

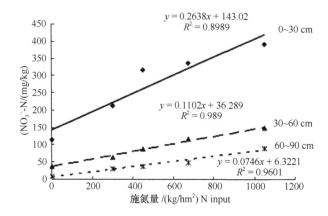

图 5.27　氮肥施用量与土壤剖面硝酸盐的关系

Fig. 5.27　Correlations between N levels and nitrates in soil sections

从 3 条直线的斜率：（0~30cm 为 1.1688、30~60cm 为 0.4882cm、60~90cm 为 0.3303）可以看出，硝态氮浓度随施氮量增加的增长率随剖面深度的增加而减小。表层土壤的增长率是 30~60cm 土层的 2.4 倍，是 60~90cm 土层的 3.54 倍。

从磷对土壤硝酸盐含量的影响，在 N2/3K2/3 水平下，施磷能降低土壤中的硝态氮含量（图 5.28），P2/3 处理的土壤硝态氮含量与 P0 处理有显著差异，P2/3 处

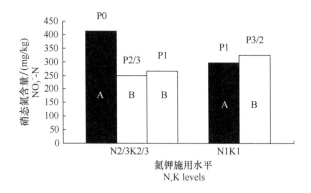

图5.28　西芹试验施磷对土壤硝酸盐累积的影响

Fig. 5.28　Effect of P on NO_3^--N in soil

理与 P1 处理的土壤硝态氮含量差异不显著。在 N1K1 水平下,继续增施磷肥反而增加土壤中的硝态氮含量,P3/2 处理的土壤硝酸盐显著高于 P1 处理,二者相差 28mg/kg。

(二) 生菜试验土壤硝酸盐的累积

土壤硝态氮含量与施氮量的关系可以用直线方程进行拟合(图 5.29),生菜试验在结球期二者的关系拟合方程为 $y=0.8866x+182.92$($R^2=0.6232^*$),在收获以后拟合方程为 $y=1.2304x+305.54$($R^2=0.5358^*$),二者显著正相关。对两个方程求导得:结球期 $dy/dx=0.886$;收获后 $dy/dx=1.2304$,可以看出收获后土壤硝态氮随施氮量增加,累积速率大于结球期的累积速率,前者是后者的 1.4 倍。从两个方程的截距可以看出,在相同施氮水平下,土壤的硝酸盐是一个不断累积的过程,在结球期含量较低,收获后达到最高值。

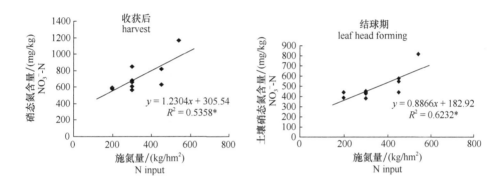

图 5.29　施氮量与土壤硝态氮的关系
Fig. 5.29　Correlation between N input and NO_3^--N in soil

由此可见,氮肥用量的增加是土壤硝酸盐累积的重要原因,减少氮肥施用量明显减少土壤硝酸盐的含量,另外,有机肥的大量施用(牛粪 75t/ hm^2)加速了硝酸盐的累积,有机肥对硝酸盐积累也是一个不可忽视的因素(郭胜利等,2000;袁新民等,2000;张庆忠等,2002)。由于硝酸盐的不断富集,收获后土壤硝酸盐的流失风险最大,为了降低氮的流失风险,应减少氮肥用量,后期控制氮肥的施用,有机肥的施用也应该适量。

(三) 甜椒试验土壤硝酸盐的累积规律

1. 施氮肥对土壤硝酸盐累积的影响

土壤中硝态氮随氮肥施用量的变化用指数方程进行拟合,表层 0~30cm 的土壤硝态氮含量与施氮量的指数方程为 $y=25.83e^{0.0021x}$;30~90cm 土层硝态氮含量与施

氮量的指数方程为 $y=50.977e^{0.0021x}$，达到极显著的相关性（$R^2=0.9762$），土壤 0~30cm、30~90cm 的硝态氮含量均随氮肥施用量的增加而增加，相同施氮量的前提下，表层 0~30cm 的土壤硝态氮含量为 30~90cm 土层硝态氮含量的 4.43 倍（图 5.30）。

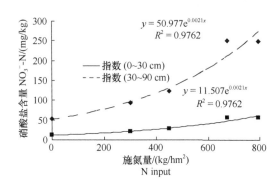

图 5.30　氮肥施用量与甜椒土壤硝酸盐的关系
Fig. 5.30　Correlations between N levels and nitrates in soil

　　从表层土壤的硝态氮与施氮量的富集规律看，随着施氮量的增加，造成表层土壤硝态氮的大量积累。由于滇池流域的降雨特征为：70%~80%的雨量以暴雨的形式出现（李旭东，2000），极大地增加了氮素以地表径流的形式流失的风险。另外，从 30~90cm 土壤硝态氮与施氮量的富集规律看，它与表层土壤硝态氮发生同步富集现象。蔬菜保护地甜椒种植区一般位于滇池的湖滨带，距离滇池水体的距离短，同时地下水位很浅，一般在 50cm 左右，这就使得保护地区域的地下水与滇池水体时刻发生强烈的交换，导致氮素通过地下水流失进入滇池水体，成为氮素流失的一条重要的途径。由此可以看出，在土壤硝态氮大量累积的情况下，无论是通过地表径流还是通过地下水都是氮素流失的重要途径。

2. 施磷肥对土壤硝酸盐累积的影响

　　磷化肥对甜椒地的土壤硝酸盐累积的影响如图 5.31 所示，在 N2/3K2/3 水平下，设 P0、P2/3、P1 3 个施磷水平，试验结果表明，在此试验条件下，施磷显著降低土壤中的硝酸盐，在 N1K1 水平下，P1 和 P3/2 处理的土壤硝酸盐含量有显著差异，增施磷增加土壤中的硝酸盐。

3. 施钾对土壤硝酸盐累积的影响

　　西芹和生菜的试验表明（图 5.32），施钾能显著降低土壤中的硝酸盐，不施钾处理的土壤硝态氮含量显著高于施钾的处理。而在辣椒试验中，施钾与不施钾处理的土壤硝态氮含量差异不显著。

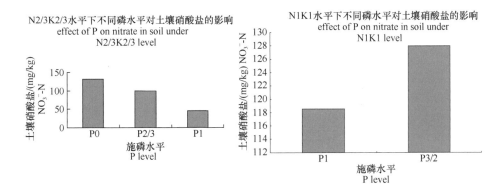

图 5.31　磷对甜椒土壤硝酸盐的影响

Fig. 5.31　Effect of P on nitrate in soil

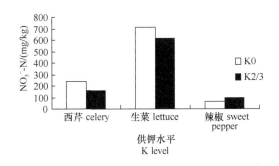

图 5.32　施钾对土壤硝酸盐累积的影响

Fig. 5.32　Effect of K on nirate in soil

（四）康乃馨试验土壤硝酸盐累积

康乃馨试验结果表明（图 5.33）：在不同的磷钾供应水平下，施氮均显著增加土壤中的硝酸盐含量，在 P2/3K2/3 水平下，N1 处理比 N2/3 处理增加土壤硝酸盐含量 67mg/kg，在 P3/2K1 水平下，N3/2 处理比 N1 处理增加土壤中硝酸盐含量 55mg/kg。在同样的 N1 水平下，不同的磷钾水平对土壤硝酸盐有显著影响，增加磷钾的投入也增加了土壤中的硝酸盐含量。施磷对土壤硝酸累积也有显著影响（图 5.34），在 N2/3K2/3 水平下，P1 处理的硝酸盐含量比 P2/3 处理的高 100mg/kg，在 N1K1 水平下，P3/2 处理的硝酸盐含量比 P1 处理的高 84mg/kg。由此可见，在康乃馨试验中，氮和磷对土壤硝酸盐的累积都有显著影响，随氮磷量投入的增加而增加，特别是在增加氮肥投入的同时增加磷肥的投入，土壤中硝酸盐的累积量更大。

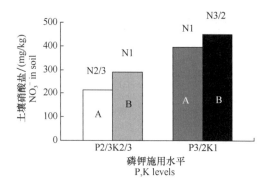

图 5.33　施氮对土壤硝酸盐的影响

Fig. 5.33　Effect of N on nitrate in soil

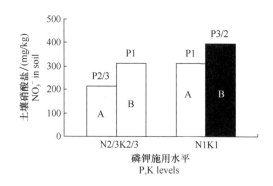

图 5.34　施磷对土壤硝酸盐的影响

Fig. 5.34　Effect of P on nitrate in soil

（五）滴灌施肥对土壤硝态氮含量的影响

康乃馨滴灌施肥与习惯施肥结果表明（图 5.35），在土壤不同的剖面层次，滴灌施肥显著减少不同土壤剖面中的硝酸盐累积。滴灌施肥的氮投入量为 701kg/hm^2，习惯施肥的氮投入量为 1710kg/hm^2，习惯施肥的氮投入量是滴灌施肥氮投入量的 2.44 倍，表层土壤习惯施肥的硝态氮浓度是滴灌施肥的 3.93 倍。滴灌施肥 30~60cm、60~90cm 土层硝态氮含量占表层土壤硝态氮含量的分数为：0.107、0.028，而习惯施肥所占的分数为：0.236、0.047，由此可以看出，滴灌施肥的土壤硝态氮向下的迁移量远小于习惯施肥。滴灌施肥土壤硝酸盐累积的减少主要来自于氮肥投入量的减少，通过滴灌施肥来减少氮肥的投入，提高氮肥利用率，减少土壤中硝酸盐残留是一条有效途径（戴丽等，2002；樊军，2000）。

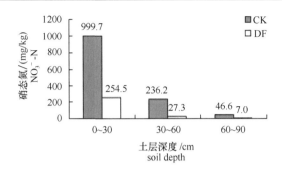

图 5.35   滴灌施肥对土壤硝酸盐的影响

Fig. 5.35   Effect of fertigation on nitrate in soil

地下水分析结果对比

采集 70cm 的地下水分别分析了总氮、总磷、氨氮、硝氮的含量，测试结果如下：习惯施肥区的含量分别为 108.6mg/L、12.8mg/L、11.1mg/L、97.4mg/L，滴灌施肥的含量分别为 47.8mg/L、10.0mg/L、6.4mg/L、40.0mg/L。4 个测试指标均为习惯施肥区的含量高于滴灌施肥区的含量（图 5.36），习惯施肥区的总氮、总磷、硝态氮、氨态氮分别是滴灌施肥区的 2.3 倍、1.3 倍、1.7 倍、2.4 倍。由此可以看出，滴灌施肥对降低地下水的硝态氮含量最为明显，总氮与硝态氮情况类似，其次是氨态氮，滴灌施肥区的总磷含量与习惯施肥区的含量差异没有硝态氮的明显，这主要是因为磷肥不通过滴灌带来施用，而是以常规方式施用，只是在施用量上有差异，加之磷在土壤中的移动性较差，上层的磷不易向下层运移。

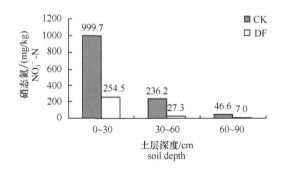

图 5.36   地下水中氮、磷含量对比

Fig. 5.36   Comparison of N and P in groundwater

（六）小结

西芹试验土壤硝态氮累积动态为：在不同的施氮水平下，均有类似的趋势，

苗期最低，生长中期最高，到了收获后又有所下降。西芹的最高值出现在生长的中后期，而生菜出现在收获后。

西芹试验土壤不同剖面层次的土壤硝态氮含量均随施氮量的增加而增加，二者显著正相关，从单位氮肥对硝态氮的累积速率来看，表层土壤累积速率最快，随土壤深度增加累积速率下降，表层土壤的累积速率是 30~60cm 土层的 2.4 倍，是 60~90cm 土层的 3.54 倍。

西芹试验中，在 N2/3K2/3 水平下，与不施磷的处理相比，施磷能显著降低土壤中的硝态氮含量，而在 N1K1 水平下，增施磷肥将显著增加土壤中的硝态氮含量。

生菜试验中，在结球期和收获后，土壤硝态氮与施氮量均显著正相关，硝态氮的增长速率在收获后是结球期的 1.4 倍。

甜椒试验中，0~30cm 和 30~90cm 土壤的硝态氮含量随施氮量的增加而呈指数增长，二者关系可以用指数方程拟合，达极显著相关。从两个土壤层次硝态氮累积速率来看，表层是下层的 4.43 倍。

甜椒试验中，施磷对土壤的硝酸盐累积有显著的影响，低氮情况下施磷能显著减少土壤中硝酸盐的累积，但过量的磷肥投入反而增加土壤中的硝酸盐含量。

康乃馨试验中，氮磷对土壤硝态氮都有显著影响，在 N2/3P2/3K2/3 和 N1P1K1 水平下，增施氮磷都能显著增加土壤中硝态氮的含量。

滴灌施肥显著减少土壤中的硝酸盐累积。表层土壤习惯施肥的硝态氮浓度是滴灌施肥的 2.44 倍，滴灌施肥的土壤硝态氮向下的迁移量远小于习惯施肥。习惯施肥区地下水的总氮、总磷、硝态氮、氨态氮分别是滴灌施肥区的 2.3 倍、1.3 倍、1.7 倍、2.4 倍。

钾对土壤硝态氮的影响，在氮磷供应适宜的情况下，增施钾肥能降低土壤中的硝酸盐含量，而在过量的氮磷供应水平下，增施钾肥对降低土壤中的硝酸盐积累没有影响。

为了减少土壤中硝酸盐的积累和因此带来的环境污染风险，不仅需要总体上大量减少氮磷化肥的投入，也要根据不同作物栽培下土壤硝酸盐的累积规律，改进施肥时期和方式。从氮素的流失风险和作物健康生长两方面考虑，合理适量地施用氮肥具有重要的意义。合理的氮磷钾配比和平衡协调供应，可以保证蔬菜、花卉的优质高效生产而又不对环境构成威胁。

六、土壤中的速效磷累积及环境风险

（一）土壤磷素的环境风险

土壤有效磷含量环境警戒值的界定：尽管土壤具有较高的磷素吸附容量，但土壤长期或大量地接受磷肥将导致土壤磷素的积累。土壤磷水平的提高将意味着土壤磷素向非土壤环境迁移的能力增强，存在很大的磷素流失风险。研究者指出（Sharpley et al.，1994）：按土壤测试磷与作物产量响应程度的关系，可将土壤含磷量划分为低、中、高，以及很高等若干等级，而存在潜在环境问题的土壤主要是在土壤测试磷超过高磷等级以上的水平。因此，通过土壤测试磷水平可以在一定程度上反映土壤磷素流失的潜能大小。

　　另外，由于土壤磷素流失的发生与所在地块的地理位置、农业耕作、水文条件等有关，因此，土壤磷素流失潜能的评估应当体现地块特征。研究者在太湖地区的研究表明（曹志洪等，2001），对于爽水型水稻土，当表层土壤 Olsen-P<34mg/kg，DP 和 TP 的流失量基本上不随 Olsen-P 增大而增加。当表层土壤 Olsen-P>34mg/kg，DP 和 TP 的流失量均随 Olsen-P 增大而急剧增加。每增加 10ppm[①] Olsen-P，DP 和 TP 分别增加 100g P/hm^2 和 180g P/hm^2。因此，34mg/kg Olsen-P 可能是爽水型水稻土磷径流流失的转折点（breakpoint）。在美国、澳大利亚等土壤磷素状况调查中，研究者采用 Mehlich-IP 31mg/kg 作为土壤高磷的起始水平，大于该值就认为土壤磷素具有较高的流失潜能（Gartley et al.，1994）。依据不同作物需磷水平的差异，英国制订了农业与园艺作物需磷水平的土壤指数（MAFF，1994 年）。土壤磷指数认为：当 PI 为 2 时（此时的土壤 Olsen-P 为 16~25mg/kg），土壤磷素对牧草的供给充足，而对于大棚栽培作物而言，PI 为 6 时（此时的土壤 Olsen-P 为 101~140mg/kg），土壤磷素的供给是充足的，当 PI>7 时，土壤磷素对所有作物均过量，若土壤磷素能够满足相应作物的生长，施磷将提高土壤磷素流失潜能。在有关耕层土壤磷素与土壤暗管排水磷素"转折点"的研究中，多数研究可在田间进行。长期定位试验表明，当麦田表层 0~23cm 土壤 Olsen-P 大于 60mg/kg 以上时，显著提高了土壤 65cm 深的地下暗管排水中磷素水平，在土壤 Olsen-P 小于 60mg/kg 范围之内，当土壤 Olsen-P 水平增加时，对应地下暗管排水中磷素水平增加不明显，因此将 Olsen-P 60mg/kg 看作影响地下暗管排水磷素水平的"转折点"。类似的研究也发现，在耕层土壤 Olsen-P 70mg/kg 以上时，土壤淋溶排水磷素水平显著提高，因此，在与上述土地利用、农事耕作及土壤排水等特征类似的地块中，可以依据土壤 Olsen-P 60~70mg/kg 评估土壤磷素淋溶对水体环境造成的不良影响。借助于土柱渗漏计（lysimeter）研究证实，在 30cm 深的土壤淋溶排水中，当耕层土壤 Olsen-P 大于 77mg/kg 时，淋溶液中活性磷显著提高。因此，可将耕层土壤 Olsen-P 77mg/kg 视为能够影响 30cm 深的淋溶排水磷素水平的"转折点"，并以此评估相类似土壤的磷素流失潜能。而在另一种土壤中，能够用于土壤磷素流失潜能评估的"转折点"为 Olsen-P 49mg/kg。

　　综合国内外目前对土壤磷素含量与其对环境污染的风险的研究，可以看出，

---

① 1ppm=1×10^{-6}

对于磷素地面流失的环境警戒值要远小于通过地下淋溶排水的警戒值，对于大棚种植区来说，由于塑料大棚的遮盖，并且多数地块位于滇池沿岸，在大多数时间里，不易产生地表径流，磷素通过地下水淋溶排出的可能性将会大一些。大多数研究结果表明，通过地下淋溶作用磷素流失的环境警戒值在土壤表层土壤Olsen-P 60~70mg/kg，因此，不妨取其上限 Olsen-P 70mg/kg 来评价本项研究的环境流失风险。

从辣椒试验地块各个小区的土壤 0~30cm 的 Olsen-P 来看，其最大值为105.5mg/kg，最小值为 37.2mg/kg，平均为 69mg/kg，有一半左右的点是在环境警戒值以下的，而另一半却在环境警戒值以上。从生菜试验地块各个小区的土壤0~30cm 的 Olsen-P 来看，其最大值为 264.8mg/kg，最小值为 132mg/kg，平均为197.5mg/kg，各个小区的 Olsen-P 均远大于 70mg/kg，总体水平高于甜椒和西芹地土壤速效磷。从西芹试验地块各个小区的土壤 0~30cm 的 Olsen-P 来看，在苗期其最大值为 204mg/kg，最小值为 93.4mg/kg，平均为 126mg/kg；在生长中期其最大值为 169mg/kg，最小值为 97mg/kg，平均为 127mg/kg；在收获后其最大值为253mg/kg，最小值为 110mg/kg，平均为 171mg/kg。（图 5.37）在西芹生长的苗期

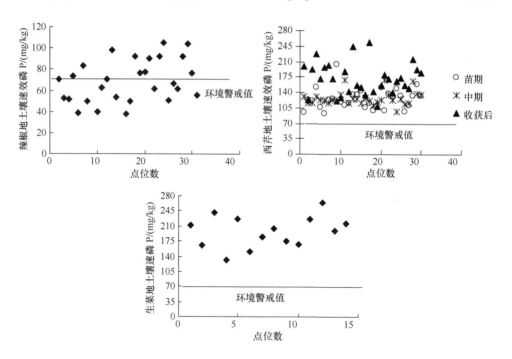

图 5.37　土壤 Olsen-P 与环境警戒值

Fig. 5.37　Olsen-P and breakpoint

中期和收获后的各个时期，所有的点均在环境警戒值以上，另外从总体来看，苗期的 Olsen-P 含量小于中期的含量，收获后含量最高，从 3 个时期土壤速效磷的变异系数来看，苗期为 0.149，中期为 0.127，收获后为 0.208，可以看出，收获后土壤的变异性远大于苗期和中期，说明各个小区的速效磷含量差异在逐渐增大，同时也说明在一季作物的时期内因施肥处理和作物生长不同而引起土壤中速效磷的累积差异很大。

从整体来看，辣椒地的速效磷含量较低，西芹地的速效磷含量次之，生菜地的速效磷含量最高，分析其原因，除了由于各组试验的肥量投入量不同引起的差异外，最根本的原因是因为 3 块试验地的土壤本底的速效磷含量差异很大，西芹本底的速效磷含量为 105.7mg/kg，生菜本底的速效磷含量为 118.5mg/kg，辣椒本底的速效磷含量为 54.8mg/kg，由此可以看出，虽然通过一定的施肥措施可以降低或升高土壤中的速效磷含量，但是由于土壤本底的速效磷含量不同，其地块间的速效磷含量差异是很大的，因而，要降低土壤磷素的环境风险，除了改进施肥措施外，更重要的是要降低土壤本身的速效磷含量，否则，即使是在完全不施磷肥的情况下，种植一季作物后，土壤速效磷的含量仍然在环境警戒值以上。

（二）生菜试验土壤速效磷的累积

磷肥投入与土壤速效磷的含量的关系可以用直线拟合（图 5.38），其线性拟合方程为 $y=0.7107x+71.84$（$R^2 = 0.8425**$），二者极显著正相关，从该方程的截距可以看出，在不施磷肥的情况下，土壤速效磷的含量将达到 71.84mg/kg，从上面讨论的速效磷的环境警戒值 Olsen-P 70mg/kg 来看，在该试验地块上，即使是完全

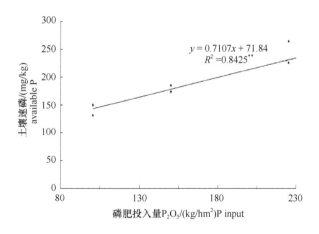

图 5.38　磷肥投入与土壤速效磷的相关性

Fig. 5.38　Correlation between P input and available P

不施磷的情况下，种植一季生菜以后，土壤中的速效磷含量仍然在环境警戒值以上。

对该方程求导 $dy/dx=0.7107$，即每投入 $1kg/hm^2 P_2O_5$，土壤中速效磷的含量将提高 $0.71mg/kg$。以此速率增长，在磷肥投入量相同的情况下，氮钾不同配比对土壤速效磷含量有显著影响（表 5.32）。在磷肥投入量（P_2O_5）同为 $100kg/hm^2$ 时，N∶P_2O_5∶K_2O 为 $1.0∶0.5∶1.0$ 的情况下，土壤速效磷的含量为 $188.2mg/kg$；当 N∶P_2O_5∶K_2O 为 $1.0∶0.3∶0.7$ 时，土壤速效磷的含量为 $140.9mg/kg$，二者达到显著差异，进一步分析可知，在磷肥投入量相同的情况下，增加氮钾的投入可以降低土壤中速效磷的含量，这可能跟不同氮磷钾配比对作物吸收磷素的差异性及氮磷在土壤中的化学行为有关。磷肥将不断增加土壤磷素流失的环境风险。

表 5.32　氮磷钾配比对生菜土壤速效磷的影响
Tab. 5.32　Effect of proportion of N，P and K on available P

磷肥投入量 P_2O_5/（kg/hm^2）P input	N∶P_2O_5∶K_2O	土壤速效磷（P）/（mg/kg）available P
100	1.0∶0.5∶1.0	188.2A
100	1.0∶0.3∶0.7	140.9B

（三）西芹试验土壤速效磷的累积

西芹试验土壤中速效磷的动态变化，分别于苗期、生长中期和收获后测定土壤0～30cm 土壤的速效磷（图 5.39），结果发现，在不施磷的处理中，土壤中速效磷在整个生育期的消长规律是不断下降的趋势，在苗期最高，到收获后降到最低点。其他施磷的处理的动态变化是在整个生育期土壤速效磷在不断地累积，收获后土壤速效磷含量最高。从不同施磷量在不同的生育时期对土壤速效磷含量的影响来看（图 5.40），

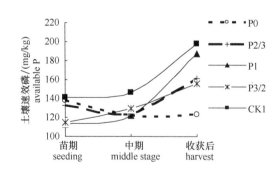

图 5.39　土壤速效磷的动态变化
Fig. 5.39　Development of available P

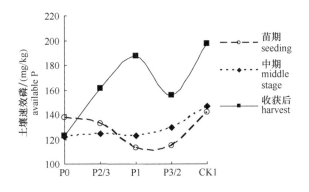

图 5.40　施磷量与土壤速效磷的关系

Fig. 5.40　Relation between P input and available P

在不同的生育期有不同的表现，在苗期，随着磷肥施用量的增加，土壤速效磷的含量反而有下降的趋势，只有在磷肥投入量最高时，土壤速效磷的含量有所回升，在生长中期，土壤速效磷总的趋势是随着施磷量的增加而增加，但增加的趋势较为缓慢。到了收获以后，土壤速效磷随施磷量的增加增长较快。在施磷处理为 P3/2 时，土壤速效磷的含量反而有所下降，这是因为该处理的西芹对速效磷的吸收量是最高的，作物带走了大量的磷。总的来看，施磷量与土壤含磷量的关系在整个生育期是逐渐表现出正向相关关系的。

（四）甜椒试验土壤速效磷的累积

在甜椒试验中，土壤速效磷的含量与磷施用量的关系见图 5.41，它们二者的关系可以用直线方程 $y=0.1088x+33.775$（$R^2=0.5536*$）来拟合，二者间显著正相关，根据这一方程的截距，在不施磷的情况下，土壤中的速效磷的含量为 33.8mg/kg，对此方程求导 $dy/dx=0.1088$，即每增加 1kg/hm^2 的 P$_2$O$_5$，土壤中速效磷的浓度将增加 0.1088mg/kg，由于该试验地块的土壤本底速效磷含量较低，根据这一方程推算，当施磷量为 333kg/hm^2 时，土壤中的速效磷含量将达到环境警戒值 70mg/kg。而目前的习惯施肥磷投入是 525kg/hm^2，远远大于这一数值，因此，即使是在土壤本底含磷量较低的地块，习惯的施磷量也对环境产生极大的威胁。

施氮对土壤速效磷的含量有显著影响，总的趋势是随着施氮量的增加，土壤中的速效磷含量也随之增加（表 5.33），在不施氮的情况下，土壤速效磷的含量最低，为 78.2mg/kg，当施氮量达到 450kg/hm^2 时，土壤中的速效磷含量显著高于不施氮的处理。这一方面是因为增施氮肥导致甜椒减产和影响了甜椒对磷素的吸收，另一方面可能是施氮对磷素在土壤中的化学行为有影响。

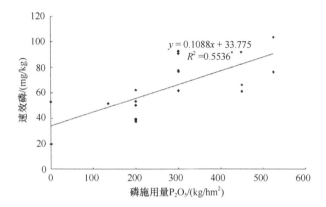

图 5.41 施磷量与土壤速效磷的相关性

Fig. 5.41 Correlation between P input and available P

表 5.33 施氮对甜椒土壤速效磷的影响
Tab. 5.33 Effect of N on available P

施氮量/（kg/hm^2）N input	0.0	300.0	450.0
土壤速效磷/（mg/kg）available P	78.2A	84.6A	97.4B

（五）康乃馨试验土壤速效磷的累积

通过对康乃馨施肥对土壤速效磷的研究结果表明（图 5.42）：在 N2/3K2/3 水平下，土壤速效磷的含量随施磷量的增加而增加，P1 处理的土壤速效磷比 P2/3 处

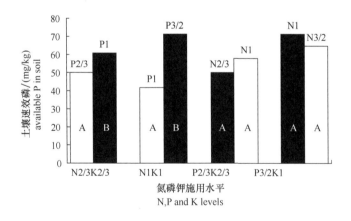

图 5.42 氮磷钾对土壤速效磷的影响

Fig. 5.42 Effect of N, P and K on available P

理的速效磷高 10.5mg/kg；在 N1K1 水平下，土壤速效磷的含量也随施磷量的增加而增加，P3/2 处理的速效磷比 P1 处理的高 29.6mg/kg，其单位施磷量对土壤速效磷的增加量是前者的 2.8 倍；在相同的施磷量下，N1K1 水平的土壤磷含量比 N2/3 水平的低，这说明不同的氮磷钾组合对土壤速效磷的含量影响很大。

通过氮肥对土壤速效磷含量的影响结果分析表明：在 P2/3K2/3 水平下，N2/3 处理的土壤速效磷比 N1 处理的速效磷含量低，但统计上未达到显著水平，在 P3/2K1 水平下，增施氮肥反而使土壤速效磷含量有所下降，统计上也未达到显著水平。可见，施磷对土壤速效磷含影响最大，氮磷钾组合的不同也对土壤速效磷有影响，而氮对土壤速效磷的影响不大。

（六）小结

若以 Olsen-P 70mg/kg 作为土壤磷流失的环境警戒值，试验结束后生菜试验的所有小区的 Olsen-P 均远大于警戒值，平均含量为 197.5mg/kg；西芹试验所有小区不同生育时期的 Olsen-P 均远大于警戒值，平均含量苗期、中期、收获后分别为：126mg/kg、127mg/kg、171mg/kg，各小区的速效磷变异性在整个生育期逐渐增大；甜椒试验的小区 Olsen-P 含量有一半左右在警戒值一下，一半在警戒值以下，平均为 69mg/kg。

虽然通过一定的施肥措施可以降低或升高土壤中的速效磷含量，但是由于土壤本底的速效磷含量不同，其地块间的速效磷含量差异是很大的，因而，要降低土壤磷素的环境风险，除了改进施肥措施外，更重要的是要降低土壤本身的速效磷含量，否则，即使是在完全不施磷肥的情况下，种植一季作物后，土壤速效磷的含量仍然在环境警戒值以上。

生菜试验表明：施磷量与土壤速效磷含量呈极显著正相关，施磷量相同，氮钾配比不同对土壤速效磷有显著影响。

西芹试验表明：不施磷的处理在整个生育期土壤速效磷缓慢下降，其他处理土壤速效磷在不断累积。

西芹试验表明：从不同施磷量在不同的生育时期对土壤速效磷含量的影响来看，在不同的生育期有不同的表现，在苗期，随着磷肥施用量的增加，土壤速效磷的含量反而有下降的趋势，只有在磷肥投入量最高时，土壤速效磷的含量有所回升，在生长中期，土壤速效磷总的趋势是随着施磷量的增加而增加，但增加的趋势较为缓慢。到了收获以后，土壤速效磷随施磷量的增加增长较快。总的来看，施磷量与土壤含磷量的关系在整个生育期是逐渐表现出正向相关关系的。

甜椒试验表明：施磷量与土壤速效磷显著正相关，施氮对土壤速效磷有显著影响，增加施氮量显著增加土壤中的速效磷含量。

康乃馨试验表明：施磷显著增加土壤速效磷含量，施氮对土壤速效磷含量影响不显著。滴灌施肥显著降低土壤速效磷的含量。

七、施肥对其他土壤养分的影响

（一）施肥对土壤速效钾的影响

1. 西芹试验土壤中的速效钾

从钾的整个生育期动态来看，在不同的施钾水平下都表现出相同的趋势，土壤中速效钾的含量在整个生育期是逐渐下降的，下降幅度最大的是不施钾的处理，总的趋势是施钾量越少，下降幅度越大，施钾量越大，下降幅度越小。从前一节

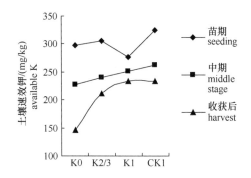

图 5.43　施钾量与土壤速效钾的关系

Fig. 5.43　Relation between K input and available K

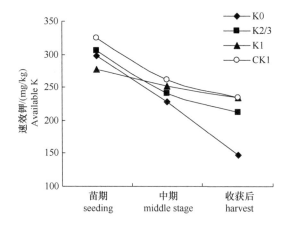

图 5.44　土壤速效钾动态变化

Fig. 5.44　Development of available K

养分收支平衡的结果可以看出，西芹是对钾需求量很大的作物，所有处理的钾素投入量都小于吸收量，也就是说西芹在消耗完所有通过化肥投入的钾时还远远不能满足其对钾的需求，同时还要消耗土壤中的钾，导致土壤中的钾不断地亏缺。

从钾投入量与土壤速效钾含量的关系看，在不同生育期均有相同的趋势，土壤中速效钾的含量随着钾投入量的增加而增加，在苗期的 K1 处理水平下，土壤速效钾反而有所下降，这是因为该处理西芹对钾的吸收量最大。在生长中期，土壤速效钾随施钾量增加而平稳增加，到了收获以后，土壤中的速效钾在钾肥投入的起始阶段随加肥的投入量增加而增加的速度较快，到了 K1 水平，土壤中钾素的增加趋于平缓，这是因为该处理钾的吸收量最大，作物带走了大量的钾。可以推断，对于西芹这种需钾量较大的作物，除了施钾对土壤速效钾含量影响较大外，作物本身对钾的吸收也是一个重要的影响因素。

2. 甜椒试验土壤中的速效钾

种植辣椒的土壤速效钾与施钾量的关系见图 5.45，土壤速效钾含量与施钾量达到极显著正相关，二者关系可以用直线方程 $y=0.1207x+110$（$R^2=0.7296**$），通过该方程的截距可以看出，在完全不施钾肥的情况下，土壤速效钾为 110mg/kg，而土壤本底的速效钾含量为 101.6mg/kg，这说明在不施钾的情况下，种植一季辣椒后，土壤中的速效钾含量不但没有降低，反而升高了 8.4mg/kg，这与土壤速效氮的情况类似，有机肥的施用带入了足量的钾，对此方程求导得 $dy/dx=0.1207$，由此可以看出土壤速效钾含量随施钾量的增加，其增长速率为每增加 K_2O 1kg/hm^2，土壤速效钾含量将增加 0.1207mg/kg。这一增长速率远低于速效氮的增长速率，这与甜椒对钾的需求量大于氮的需求量有关。

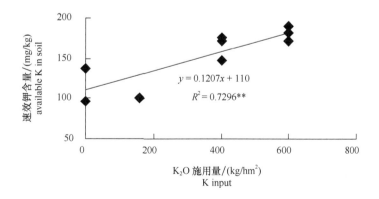

图 5.45　施钾量与辣椒地土壤速效钾的关系

Fig. 5.45　Correlation between K input and available K

（二）施肥土壤碱解氮的影响

1. 施肥对西芹试验地土壤碱解氮的影响

对于施氮对西芹土壤碱解氮的影响，如图 5.46 所示，从不同的生育时期来看，在苗期，土壤碱解氮并没有明显的随施氮量增加而增加的趋势，在生长中期，从不施氮到 N1 水平之间，土壤碱解氮的含量随施氮量的增加趋于平稳，随后，随着施氮量的增加，土壤碱解氮的含量也随着增加。到了收获以后，土壤碱解氮的含量随施氮量的增加而增加的趋势很明显。从土壤碱解氮的整个生育期动态来看（图5.47），总的趋势是土壤碱解氮在整个生育期是一个不断累积的过程，到收获后达到最高点。但是在不同的施氮水平下，其累积动态有各自的特征。不施氮的处理，在苗期到生长中期这一阶段，土壤碱解氮是在增加的，这可能是土壤中有机肥矿化分解的结果，从中期到收获后这一阶段，该处理的碱解氮变化趋于平稳，这与这一阶段作物生长迅速、养分吸收量大有关。对于 N2/3 处理，其动态变化过程与N0 类似，只是氮的整体含量水平比 N0 的高，N1 处理的碱解氮在苗期到中期增长较缓慢，从中期到收获，碱解氮的含量增长较快，习惯施肥的处理的土壤碱解氮整个生育期都在不断快速增长。

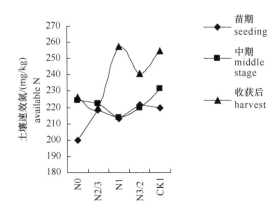

图 5.46　施氮量与土壤碱解氮的关系

Fig. 5.46　Relation between N input and available N

2. 施肥对辣椒试验地土壤碱解氮的影响

种植辣椒的土壤碱解氮与施氮量的关系见图 5.48，土壤碱解氮含量与施氮量达到极显著正相关，二者关系可以用直线方程 $y=0.8518x+126.52$（$R^2=0.5868**$）拟合，通过该方程的截距可以看出,在完全不施氮肥的情况下,土壤碱解氮为 126.52mg/kg,

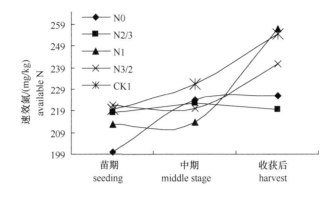

图 5.47　土壤碱解氮的动态变化

Fig. 5.47　Development of available N

这说明在完全不施氮的情况下，种植一季辣椒后，土壤碱解氮仍然处于较为丰富的水平，这主要跟土壤本底的碱解氮含量有关。在种植辣椒前，土壤的碱解氮含量为 162.6mg/kg，与之相比下降了约 36mg/kg。对该方程求导得 $dy/dx=0.8518$，由此可以得出施氮对土壤碱解氮含量的增长速率，即每增施 N 1kg/hm^2，土壤中的碱解氮含量将增加 0.8518mg/kg。由此方程可以预测出，在施用 N 39.3kg/hm^2 的条件下，种植辣椒后，土壤中的碱解氮含量将与种植前本底的碱解氮含量持平，之所以在施用如此少的氮肥的情况下还能维持土壤中碱解氮的含量，主要是因为该试验是在施用了大量的有机肥的前提下进行的，计算该试验地由有机肥带入土壤中的养分量为：N 511kg/hm^2、P$_2$O$_5$ 292kg/hm^2、K$_2$O 381kg/hm^2，其带入的养分量是相当可观的。

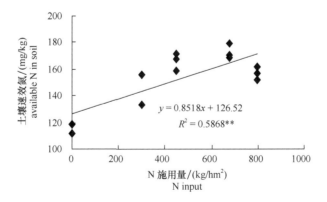

图 5.48　施氮量与辣椒地土壤碱解氮的关系

Fig. 5.48　Correlation between N input and available N

3. 施肥对康乃馨试验地土壤碱解氮的影响

康乃馨试验的结果表明（图 5.49），氮对土壤碱解氮的影响表现为在低磷钾水平下（P2/3K2/3），增施氮肥土壤碱解氮的含量也增加，差异达显著水平，在此条件下，N1 处理比 N2/3 处理增加了土壤中的碱解氮 17mg/kg；在高磷钾水平下（P3/2K1），增施氮肥同样增加土壤中的碱解氮含量，在此条件下，N3/2 处理比 N1 处理增加土壤中的碱解氮 24mg/kg，由此还可以看出，虽然两个磷钾水平下增施的氮量是相同的，但是显然高磷钾水平下施氮所增加的土壤碱解氮的量要比低磷钾水平的多 7mg/kg。因此可以看出，在高氮磷钾水平下，施氮对土壤碱解氮的增加速度要比在低氮磷钾水平下的速度快。在相同的氮钾施用水平下，考察施磷对土壤碱解氮的影响，从图 5.49 可以看出，在低氮钾水平下（N2/3K2/3）增施磷肥土壤碱解氮含量有增加的趋势，但差异不显著，而在高氮钾水平下（N1K1），继续增加施磷量，施磷增加的土壤碱解氮达到了显著水平。

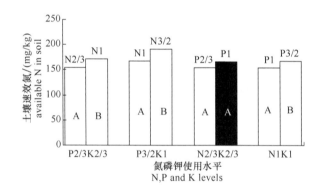

图 5.49　氮磷钾对土壤碱解氮的影响

Fig. 5.49　Effec of N，P and K on available N

4. 滴灌施肥对土壤速效养分的影响

从图 5.50 可以看出，习惯施肥的土壤碱解氮、速效磷、速效钾都显著高于滴灌施肥的含量。

1）土壤养分的小区变异分析

由各小区（20m²）土壤养分变异性来看（表 5.34），速效养分的变异性远远大于全量养分的变异性，这是因为全量养分的变异主要取决于土壤的本底特性，人为的活动不易对全量养分产生重大影响。从全量养分之间的变异来看，全磷>全氮>全钾，全钾在土壤中的含量比较均匀而且稳定。从土壤速效养分的变异情况来看，

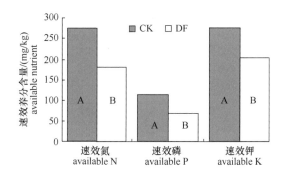

图 5.50　土壤速效养分含量对比

Fig. 5.50　Comparison of available nutrition in soil

速效钾>速效磷>碱解氮，速效钾的变异性最大，这是因为各区钾的不同施用量、作物带走钾的量的差异性，同时蔬菜地对钾的需求最大，人为活动和作物自身生长都容易引起土壤速效钾的空间不均匀性。土壤有机质的变异较小，与全量养分的变异类似，土壤 pH 有中等程度的变异，说明即使是在小范围内土壤有局部酸化的可能。由此可见，对于高度集约化保护土壤来说，在某一田块微小的区域范围内，土壤养分也存在着较大的空间变异，为了实现精确的施肥，需要寻求微观的土壤养分管理模式。

表 5.34　土壤养分的变异性

Tab. 5.34　Variability in soil nutrient

	全氮/% TN	全磷/% TP	全钾/% TK	速效氮/ （mg/kg）AN	速效磷/ （mg/kg）AP	速效钾/ （mg/kg）AK	有机质 OM/%	pH	有效钙/ （mg/kg）Ca
最大值 maximum	0.333	0.670	1.760	299.8	264.8	588.0	4.72	6.93	6488.6
最小值 minimum	0.284	0.535	1.662	224.4	79.9	189.3	4.10	5.65	3699.8
平均 average	0.316	0.622	1.676	267.1	189.7	407.7	4.37	6.30	5037.7
变异系数 CV%	4.262	5.166	1.556	8.9	19.5	28.8	4.27	6.03	11.3

　　2）土壤有效钙与速效磷的相关性

　　通过对各小区的土壤的速效磷与有效钙用二次抛物线进行拟合（图 5.51），二者之间有极好的拟合度（R^2=0.5276），从曲线上可以看出，在速效磷含量较低时，土壤有效钙随速效磷的增加而增加，这可以解释为施用过磷酸钙可以增加土壤的钙含量（关于蔬菜的硝酸盐含量，1981 年），同时低磷水平下，钙的有效性高。当

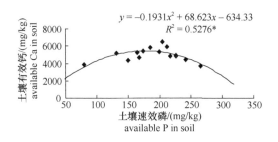

图 5.51　土壤有效钙与速效磷的关系

Fig. 5.51　Relationship between available P and available Ca in soil

土壤有效磷在 150~200mg/kg 时，土壤有效钙的含量较高。随后随着土壤有效磷的增加，土壤有效钙的含量开始下降，这可能是因为磷与钙发生化学沉淀作用，降低了钙的有效性（Portch，1994）。因此，在保护地生菜种植中，要注意钙与磷的协同供应。由于生菜属于喜钙作物（艾绍英等，2000），在磷肥用量过大时，可能会引起钙的缺乏。

（三）小结

西芹试验表明：在整个生育期，土壤速效钾在不断下降，不施钾处理下降最快。土壤速效钾含量随施钾量增加而增加。

甜椒试验表明：土壤速效钾与施钾量显著正相关，二者关系可以用直线方程表达。

甜椒试验表明：在种植一季辣椒之后，不施钾处理土壤速效钾含量高于种植前的含量，这与有机肥的投入和甜椒对钾的需求相对较低有关。

西芹试验表明：施氮量对土壤速效氮含量在苗期和中期影响不显著，在收获后，土壤速效氮含量随施氮量快速增长。土壤速效氮整个生育期为不断累积的过程，N0、N2/3 处理速效氮累积前期较快，之后趋于平缓。

甜椒试验表明：土壤速效氮含量与施氮量极显著正相关，根据二者回归模型可以预测，在施氮 N 39.3kg/hm², 种植一季辣椒后，土壤速效氮含量与种植前持平。

康乃馨试验表明：施氮增加土壤速效氮的含量，在高氮磷钾投入情况下，增施磷肥也显著增加土壤速效氮含量。

滴灌施肥降低土壤速效氮含量。

土壤养分小区变异为：全量养分变异小于速效养分的变异，速效养分中速效钾养分变异最大。土壤速效磷与有效钙的关系可用二次抛物线表达，在速效磷含量较低时，土壤有效钙随速效磷的增加而增加，随后随着土壤有效磷的增加，土壤有效钙的含量开始下降。

八、结论与研究展望

（一）结论

通过本章的研究，主要获得以下结论。

施肥对作物产量影响方面的研究结果　西芹习惯施肥量的产量最高，合理的氮磷钾配比可以在大幅度较少氮磷用量的情况下获得西芹的高产，N1P3/2K1 处理的氮磷用量相当于习惯施肥的 50%，可以获得与习惯施肥相近的产量。产量随施肥量的增加有增加的趋势，钾肥对西芹有显著的增产效果，磷肥对西芹没有增产效果，在低氮供应情况下，对产量无显著影响，继续增加氮肥的施用量，有显著的增产效果。甜椒产量与施肥量显著负相关，目前的习惯施肥量对甜椒产量有显著的负面影响，降低产值达 57 217 元/hm²，氮肥对甜椒有显著的减产效果，在低磷供应的情况下，磷肥对甜椒产量影响不显著，继续增加磷肥用量，对甜椒有显著的减产效果，钾肥对甜椒产量没有显著影响。获得生菜高产的氮磷投入量范围很窄，氮磷用量过高或过低均会引起生菜减产，获得生菜最高产量的施肥处理为N1P2/3K2/3，处于试验处理的氮磷投入量的中等水平。根据本研究结果，甜椒、西芹、生菜可以在（相对于习惯施肥量来说）减少氮磷40%~100%的情况下，保证作物不减产。从经济效益分析来看，肥料投入的成本在5%~10%，占的比例很小，可以看出经济类作物允许承受较多的肥料投入成本。另外，肥料投入带来的经济损失远小于因施肥而带来的减产而造成的经济损失。

施肥对作物品质影响方面的研究结果　目前的习惯施肥对 3 种蔬菜外观品质有负面影响，生菜净菜率、叶球大小和密度均有下降；西芹叶色过绿、少有光泽、易引起烧心；甜椒果形不正、单果重下降、单株结果数增加、小果多。合理的氮磷钾用量和配比能显著改善这几种蔬菜的外观品质。氮肥与西芹硝酸盐累积的关系是，在不同的生育时期均显著正相关，硝酸盐累积速率苗期最大，中期最小；施氮对甜椒硝酸盐的关系显著正相关，累积速率与西芹相当，但截距远小于西芹；生菜硝酸盐的累积规律是氮肥低量投入，可降低硝酸盐含量，进一步增加投入，也增加硝酸盐含量，过量投入反而降低硝酸盐含量。磷肥与西芹硝酸盐的关系是在氮磷钾低量投入的条件下，中期和收获后均显著负相关，收获后下降速率大于生长中期，高量氮磷钾投入情况下，增施磷肥显著增加西芹硝酸盐含量；磷肥与甜椒硝酸盐显著正相关，其累积速率远小于氮肥的累积速率，是氮肥的 0.3 倍。西芹试验表明：增施钾肥能显著降低西芹硝酸盐含量。生菜不同部位硝酸盐测定表明：硝酸盐含量高低顺序是：外叶>中叶>里叶，中叶硝酸盐含量对氮肥用量最敏感，西芹刚成熟叶柄硝酸盐含量对氮肥最敏感。西芹苗期的硝酸盐含量大于中期的硝酸盐含量，二者相差 543mg/kg。3 种蔬菜硝酸盐含量对比表明：西芹>生菜>甜椒，西芹为 1801mg/kg、生菜为 1101mg/kg、甜椒为 114.4mg/kg。滴灌施肥对康乃馨品质有显著影响，通过滴灌施肥，康乃馨各项指标均达到一级花指标，习惯施肥为二级或三级指标，滴灌康乃馨生长势显著好于习惯施肥。康乃馨肥效试验结果表明：降低氮磷用量显著改善康乃馨品质。

作物养分吸收利用方面的研究 生菜吸收氮磷钾的比例为 N∶P∶K=1∶0.15∶1.9，生菜对钾的需求量最大，约是氮的 2 倍，磷的 12.7 倍，氮次之，磷最少；甜椒果实氮磷钾养分吸收比例为 N∶P∶K=1.0∶0.16∶1.18；钾吸收比例最大，是氮的 1.18 倍，磷的 7.4 倍；西芹氮磷钾养分吸收比例为 N∶P∶K=1.0∶0.2∶2.4，钾吸收比例最大，是氮的 2.4 倍，是磷的 12 倍。康乃馨吸收氮磷钾的比例为 N∶P∶K=1∶0.12∶1.27，滴灌施肥能显著增加磷钾的吸收比例。生菜养分吸收平均为：N 121.1kg/hm^2，P 17.7kg/hm^2，K 231.5kg/hm^2。生菜在低氮投入的情况下，增加氮肥用量，氮养分含量也增加，进一步增加氮肥用量，其养分含量反而下降，磷钾也有类似的趋势。单位面积养分吸收量的变化趋势与养分含量趋势类似，但这种趋势更明显。甜椒养分吸收平均为：N 123.78kg/hm^2，P 17.26kg/hm^2，K 141.37kg/hm^2。甜椒随施氮量的增加，单位面积甜椒对氮的吸收量下降，氮磷钾投入量与氮磷钾吸收量显著负相关。随着施氮量的增加，甜椒果实吸收氮量占整株吸收的比例在下降，说明更多的养分留在了秸秆中，钾也有类似的趋势，而磷肥吸收比例差异不明显。氮养分吸收增加了，氮产量没有增加，导致氮养分的奢侈吸收。钾也有类似的趋势，磷的这种趋势不明显。西芹养分吸收平均为：N 211.2kg/hm^2，P 38.4kg/hm^2，K 504.8kg/hm^2，西芹对氮的吸收量随着氮施用量的增加而增加，西芹对磷钾吸收量有与氮的吸收类似的趋势。生菜习惯施肥氮的投入量是吸收量的 4.8 倍，磷是 9.3 倍，钾处于亏缺状态，亏缺率为–28%。甜椒习惯施肥氮的投入量是吸收量的 10 倍，磷是 21.9 倍，钾处于盈余状态。西芹习惯施肥氮的投入量是吸收量的 4.1 倍，磷是 21.9 倍，所有处理钾都处于亏缺状态，最大达到–239kg/hm^2。滴灌施肥的氮投入是养分吸收量的 1.4 倍，磷是 2.5 倍，钾是 1.2 倍。习惯施肥的氮肥投入是养分吸收量的 5 倍，磷是 12.9 倍，钾是 2.0 倍。从养分盈余率来看，习惯施肥量的氮磷钾的盈余率为 429%、1118%、77%，施肥量的氮磷钾的盈余率为 44%、149%、23%。西芹氮利用率最大为 15.1%，最小为 4.3%，磷利用率最大为 5.2%，最小为 1.1%。甜椒氮肥利用率所有处理均为负值，最低为–8.7%，最高为–0.5%，磷利用率习惯施肥（CK1）最低为–3.2%，试验地习惯（CK2）最高为 9.8%。随着氮磷肥料用量的增加，氮磷利用率不断下降。

施肥对土壤硝态氮累积方面的研究结果 西芹试验土壤硝态氮累积动态为：不同的施氮水平下，均有类似的趋势，苗期最低，生长中期最高，到了收获后又有所下降。西芹的最高值出现在生长的中后期，而生菜出现在收获后。西芹试验土壤不同剖面层次的土壤硝态氮含量均随施氮量的增加而增加，二者显著正相关，从单位氮肥对硝态氮的累积速率来看，表层土壤累积速率最快，随土壤深度增加累积速率下降，表层土壤的累积速率是 30~60cm 土层的 2.4 倍，是 60~90cm 土层的 3.54 倍。西芹试验中，在 N2/3K2/3 水平下，与不施磷的处理相比，施磷能显著降低土壤中的硝态氮含量，而在 N1K1 水平下，增施磷肥将显著增加土壤中的硝态氮含量。生菜试验中，在结球期和收获后，土壤硝态氮与施氮量均显著正相关，硝态氮的增长速率在收获后是结球期的 1.4 倍。甜椒试验中，0~30cm 和 30~90cm 土壤的硝态氮含量随施氮量的增加而呈指数增长，二者关系可以用指数方程拟合，达极显著相关。从两个土壤层次硝态氮累积速率来看，表层是下层的 4.43 倍。甜椒试验中，施磷对土壤的硝酸盐累积有显著的影响，低氮情况下施磷能显著减少土壤中硝酸盐的累积，但过量的磷肥投入反而增加土壤中的硝酸盐含量。康乃馨试验中，氮磷对土壤硝态氮都有显著影响，在 N2/3P2/3K2/3 和 N1/P1K1 水平下，增施氮磷都能显著增加土壤中硝态氮的含量。滴灌施肥显著减少土壤中硝酸盐的累积。表层土壤习惯施肥的硝态氮浓度是滴灌施肥的 2.84 倍，滴灌施肥的土壤硝态氮向下的迁移量远小于习惯施肥。习惯施肥区地下水的总氮、总磷、硝态氮、氨态氮分别是滴灌施肥区的 2.3 倍、1.3 倍、1.7 倍、2.4 倍。钾对土壤硝态氮的影响，在氮磷供应适宜的情况下，增施钾肥能降低土壤中的硝酸盐含量，而在过量的氮磷供应水平下，增施钾肥对降低土壤中的硝酸盐积累没有影响。为了减少土壤中硝酸盐的积累和因此而带来的环境污染风险，不仅需要总体上大量减少氮磷化肥的投入，也要根据不同作物栽培下土壤硝酸盐的累积规律，改进施肥时期和方式。从氮素的流失风险和作物健康生长两方面考虑，合理适量的施用氮肥具有重要的意义。合理的氮磷钾配比和平衡协调供应，可以保证蔬菜、花卉的优质高效生产而又不对环境构成威胁。

施肥对土壤速效磷的影响方面的研究结果　若以 Olsen-P 70mg/kg 作为土壤磷流失的环境警戒值，试验结束后生菜试验的所有小区的 Olsen-P 均远大于警戒值，平均含量为 197.5mg/kg；西芹试验所有小区不同生育时期的 Olsen-P 均远大于警戒值，平均含量苗期、中期、收获后分别为：126mg/kg、127mg/kg、171mg/kg，各小区的速效磷变异性在整个生育期逐渐增大；甜椒试验的小区 Olsen-P 含量有一半左右在警戒值一下，一半在警戒值以下，平均为 69mg/kg。虽然通过一定的施肥措施可以降低或升高土壤中的速效磷含量，但是由于土壤本底的速效磷含量不同，其地块间的速效磷含量差异是很大的，因而，要降低土壤磷素的环境风险，除了改进施肥措施外，更重要的是要降低土壤本身的速效磷含量，否则，即使是在完全不施磷肥的情况下，种植一季作物后，土壤速效磷的含量仍然在环境警戒值以上。生菜试验表明：施磷量与土壤速效磷含量极显著正相关，施磷量相同，氮钾配比不同对土壤速效磷有显著影响。西芹试验表明：不施磷的处理在整个生育期土壤速效磷缓慢下降，其他处理土壤速效磷在不断累积，从不同施磷量在不同的生育时期对土壤速效磷含量的影响来看，在不同的生育期有不同的表现，在苗期，随着磷肥施用量的增加，土壤速效磷的含量反而有下降的趋势，只有在磷肥投入量最高时，土壤速效磷的含量有所回升，在生长中期，土壤速效磷总的趋势是随着施磷量的增加而增加，但增加的趋势较为缓慢。到了收获以后，土壤速效磷随施磷量的增加增长较快。总的来看，施磷量与土壤含磷量的关系在整个生育期是逐渐表现出正向相关关系的。甜椒试验表明：施磷量与土壤速效磷显著正相关，施氮对土壤速效磷有显著影响，增加施氮量显著增加土壤中的速效磷含量。康乃馨试验表明：施磷显著增加土壤速效磷含量，施氮对土壤速效磷含量影响不显著。滴灌施肥显著降低土壤速效磷的含量。

施肥对土壤速效钾及其他养分的研究结果　西芹试验中在整个生育期，土壤速效钾在不断下降，不施钾处理下降最快。土壤速效钾含量随施钾量增加而增加。甜椒试验表明：土壤速效钾与施钾量显著正相关，二者关系可以用直线方程表达，在种植一季辣椒之后，不施钾处理土壤速效钾含量高于种植前的含量，这与有机肥的投入和甜椒对钾的需求相对较低有关。西芹试验表明：施氮量对土壤速效氮含量在苗期和中期影响不显著，在收获后，土壤速效氮含量随施氮量快速增长。土壤速效氮整个生育期为不断累积的过程，N0、N2/3处理速效氮累积前期较快，之后趋于平缓。甜椒试验表明：土壤速效氮含量与施氮量极显著正相关，根据二者回归模型可以预测，在施氮 N 39.3kg/hm^2，种植一季辣椒后，土壤速效氮含量与种植前持平。康乃馨试验表明：施氮增加土壤速效氮的含量，在高氮磷钾投入情况下，增施磷肥也显著增加土壤速效氮含量。滴灌施肥降低土壤速效氮含量。土壤养分小区变异为：全量养分变异小于速效养分的变异，速效养分中速效钾养分变异最大。土壤速效磷与有效钙的关系可用二次抛物线表达，在速效磷含量较低时，土壤有效钙随速效磷的增加而增加，随后随着土壤有效磷的增加，土壤有效钙的含量开始下降。

（二）研究展望

1. 有机肥施用对作物产量、品质的影响及环境效应方面的研究

本章的研究是在大量投入有机肥的情况下进行的，从目前的有机肥投入的养分来看（见本章第二节材料与方法），其投入土壤的养分量是相当可观的，其必然会对作物的产量、品质和环境效应方面产生重要影响。而本章的研究内容涉及有机肥方面的很少，同时论文中一些结论需要借助有机肥的施用才能解释，国内外对有机肥方面的研究虽然有一些报道，但是对集约化种植条件下，有机肥对环境和作物生长方面的研究还不多。

2. 长期定位试验

本研究所有的研究结果都是在种植一季作物后得出的，许多结果并不能代表长期试验的结果，需要进行长期的定位试验，通过多年、多点、多重复深入研究施肥对设施条件下作物生长和环境的影响。

3. 设施条件下农田氮磷释放规律和流失途径

由于设施条件下改变了传统的农业生产方式，改变了作物生长环境，设施大棚成为作物生长系统与外界接触的一道屏障，在这种条件下，农田氮磷流失途径和释放规律有其自身的特殊性，需要对其深入了解，才能有的放矢地找到改进目前的生产方式和对氮磷流失风险进行客观正确的评估的方法。

参 考 文 献

艾绍英，杨莉，姚建武，等.2000.蔬菜累积硝酸盐的研究进展.中国农学通报，16（5）：45~46.

白纲义.1984.几种蔬菜中硝酸盐含量及食前处理.农业环境保护，（2）：21~22.

曹林奎，陆贻通，林玮.2001 生物有机肥料对温室蔬菜硝酸盐和土壤盐分累积的影响.农村生态环境，17（3）：45~47.

陈吉宁，李广贺，王洪涛.2004.滇池流域面源污染控制技术研究.中国水利，（9）：47~50.

陈欣.1997.磷肥低量施用制度下土壤磷库的发展变化.土壤学报，34（1）：81~87.

陈振德，程炳嵩.1988.蔬菜中硝酸盐及其与人体健康.中国蔬菜，（1）：40~42.

陈宗良.1993.控制稻田甲烷排放的农业耕作条件研究.农村生态环境（增刊）：43~47.

戴丽，郭慧光，汤承彬，等.2002.滇池农村固体废物和化肥流失治理试验研究.云南地理环境研究，（2）：70~79.

樊军，郝明德，党廷辉.2000.旱地长期定位施肥对土壤剖面硝态氮分布与累积的影响.土壤与环境，9（1）：23~26.

樊军，郝明德.2003.旱地农田土壤剖面硝态氮累积的原因初探.农业环境科学学报，22（3）：263~266.

冯永军，陈为峰，张蕾娜，等.2001.设施园艺土壤的盐化与治理对策.农业工程学报，17（2）：111~114.

高超，张桃林，吴蔚东.2001.农田土壤中的磷向水体释放的风险评价.环境科学学报，21（3）：34~348.

高祥照，马文奇，杜森，等.2001.我国施肥中存在问题的分析.土壤通报，32（6）：259~262.

耿建梅，丁淑英.2001.降低蔬菜中硝酸盐含量的途径及其机制.四川环境，20（2）：27~29.

顾益初，钦绳武.1997.长期施用磷肥条件下潮土中磷素的积累、形态转化和有效性.土壤，（1）：13~17.

桂萌，祝万鹏，余刚.2003.滇池流域大棚种植区面源污染释放规律.农业环境科学学报，22（1）：1~5.

郭慧光，闫自申.1999.滇池富营养化及面源控制问题思考.环境科学研究，12（5）：43~44.

郭胜利，余存祖，戴鸣钧.2000.有机肥对土壤剖面硝态氮淋失影响的模拟研究.水土保持研究，4（7）：123~126.

郭亚芬，许修宏.1999.硫对蔬菜产量与品质的效应.东北农业大学学报，30（1）：23~26.

何天秀，何成辉，吴得意.1992.蔬菜中硝酸盐含量及其与钾含量的关系.农业环境保护，11（5）：209~211.

胡承孝，邓波儿，刘同仇.1992.施用氮肥对小白菜、番茄中硝酸盐累和影响.华中农业大学学报，11（3）：239.

胡春胜，程一松，于贵瑞.2001.华北平原施氮对农田土壤溶液中硝态氮含量的影响.资源科学，6（23）：45~48.

胡勤海，傅柳松.1991.双氰胺对蔬菜硝酸盐积累抑制作用的研究.环境污染与防治，13（1）：6~8.

黄建国.1996. 袁玲重庆市蔬菜硝酸盐、亚硝酸盐含量及其与环境的关系. 生态学报, 16 (4): 383~388.

黄启为, 李天贵.1991. 长沙市湖潭市蔬菜硝酸盐污染的调查. 湖南农学院学报, 17 (S0): 381~387.

黄绍敏, 宝德俊, 皇甫湘荣.2000a. 施氮对潮土土壤及地下水硝态氮含量的影响. 农业环境保护, 19 (4): 228~229.

黄绍敏, 皇甫湘荣, 宝德俊, 等.2001. 土壤中硝态氮含量的影响因素研究. 农业环境保护, 20 (5): 351~354.

黄绍敏, 张鸿程, 宝德俊, 等.2000b. 施肥对土壤硝态氮含量及分布的影响及合理施肥研究. 土壤与环境, 9 (3): 201~203.

蒋柏藩.1992. 石灰性土壤无机磷有效性的研究. 土壤, 24: 61~64.

蒋晓辉.2000. 滇池面源污染及其综合治理. 云南环境科学, 4: 33~34.

金相灿, 刘鸿亮, 屠清瑛, 等.1990. 中国湖泊富营养化. 北京: 中国环境科学出版社.

巨晓棠, 张福锁.2003. 中国北方土壤硝态氮的累积及其对环境的影响. 生态环境, 12 (1): 24~28.

雷宝坤.2004. 滇池流域施肥对作物产量、品质的影响及其环境风险. 北京: 中国农业科学院硕士论文.

李海云, 邢禹贤, 王秀峰.2001. 蔬菜硝酸盐积累的控制措施. 长江蔬菜, (4): 8, 32.

李俊良, 崔德杰, 孟祥霞, 等.2002. 山东寿光保护地蔬菜施肥现状及问题的研究. 土壤通报,33(2):126~128.

李庆逵, 朱兆良, 于天仁.1998. 中国农业持续发展中的肥料问题. 南昌: 江西科学技术出版社.

李仁发, 潘晓萍, 蔡顺香, 等.1999. 施用有机肥对降低蔬菜硝酸盐残留的影响. 福建农业科技, (6): 14~15.

李文学, 李光德, 骆洪义.1995. 大棚栽培对土壤盐分状况影响的研究. 山东农业大学学报, 26 (2): 165~169.

李晓林, 张福锁.2000. 平衡施肥与可持续优质蔬菜生产. 北京: 中国农业出版社: 8~21.

李云海, 王秀峰, 邢禹贤.2001. 设施土壤盐分积累及防治措施研究进展. 山东农业大学学报 (自然科学版), 32 (4): 535~538.

林葆, 李家康.1989. 五十年来中国化肥肥效的演变和平衡施肥. 国际平衡施肥学术讨论会论文集: 43~51.

林志刚, 赵仪华, 薛耀英.1993. 叶菜类蔬菜的硝酸盐积累规律及其控制方法研究. 土壤通报,24(6):253~255.

刘更另.1989. 中国粮食生产和平衡施肥学术讨论会文集. 北京: 农业出版社.

刘建玲, 张福锁.2000. 华北耕地、蔬菜保护地的土壤磷素状况研究. 植物营养与肥料学报, 6 (2): 179~186.

刘丽萍. 2001. 滇池富营养化治理成效及其思考. 重庆环境科学, 23 (5): 24~26.

刘敏超.2002. 蔬菜的硝酸盐污染及防止措施. 现代化农业, 4: 6~7.

刘晓宏, 田梅霞, 郝明德.2001. 黄土旱塬长期轮作施肥土壤剖面硝态氮的分布与积累. 土壤肥料, (1): 9~12.

刘秀茹, 孙晓荣, 王晓雪, 等.1991. 有机肥与氮化肥配施对蔬菜产量及硝酸盐含量的影响. 辽宁农业科学, (5): 50~52.

刘义新, 刘武定等.2000. 结晶有机肥对土壤磷吸附和解吸特性的影响. 华中农业大学学报, 19 (1): 22~24.

鲁如坤, 时正元, 顾益初.1995. 土壤积累态磷研究 II 磷肥的表观利用率. 土壤, 27 (6): 286~289.

鲁如坤.2000. 土壤农业化学分析法. 北京: 中国农业科技出版社.

鲁如坤.2003. 土壤磷素水平和水体环境保护. 磷肥与复肥, 18 (1): 4~7.

陆轶峰, 李宗逊, 雷宝坤.2003. 滇池流域农田氮、磷肥施用现状与评价. 云南环境科学, 1 (22): 34~37.

马朝红.2000. 蔬菜土壤养分积累状况与环境风险. 长江蔬菜, 12: 43~45.

马立珊.1979. 亚硝胺与癌. 环境保护, (5): 40~43.

马茂桐, 陈际型, 谢建昌.1997. 我国菜园土壤的养分状况与施肥//谢建昌, 陈际型. 菜园土壤肥力与蔬菜合理施肥论文集. 南京: 河海大学出版社: 25~31.

马文奇, 毛达如, 张福锁.1999. 山东省粮食作物施肥现状的评价. 土壤通报, (5): 217~220.

马毅杰, 马立珊.1995. 化肥与生态环境//中国植物营养与肥料学会. 现代农业中的植物营养与施肥. 北京: 中国农业科技出版社: 1~7.

苗玉新.1998. 降低蔬菜硝酸盐含量的途径. 农业系统科学与综合研究, 14 (1): 69~71.

闵航.1994. 不同栽培措施对水稻田甲烷释放甲烷产生菌和甲烷氧化菌的影响. 农业环境保护,13(1):7~11.

秦玉芝, 陈学文, 刘明月, 等.2000. 芹菜硝酸盐积累量变化的研究. 湖南农业大学学报, 26 (2): 100~101.

全继运, 吴荣贵.1994. 施肥与耕地资源的合理利用和保护//中国农业科学院土壤肥料研究所施肥与环境学术讨论会论文集. 北京: 中国农业科技出版社: 75~83.

全为民，严力蛟. 2002. 农业面源污染对水体富营养化的影响及其防治措施. 生态学报，22（3）：291~230.

任祖淦，邱孝煊，蔡元呈，等. 1997. 化学氮肥对蔬菜累积硝酸盐的影响. 植物营养与肥料学报，3（1）：81~84.

邵可声. 1996. 水稻品种，以及施肥措施对稻田甲烷排放的影响. 北京大学学报（自科版），32（4）：505~513.

沈明珠. 1982. 蔬菜硝酸盐积累的研究. 园艺学报，（4）：41~47.

隋方功，郭立忠，史全文，等. 1991. 氮磷钾在夏谷不同器官中的分配与转移. 莱阳农学院学报，03：186~191.

隋方功，王运华，长友诚，等. 2001. 滴灌施肥技术对大棚甜椒产量与土壤硝酸盐的影响. 华中农业大学学报，4（20）：358~343.

塔娜，田维平. 1998. 蔬菜的硝酸盐积累问题. 内蒙古科技与经济，（6）：56~57.

汤承彬，施甘霖. 1997. 滇池水源地农田径流污染控制工程的研究. 云南环境科学，（2）：3~5.

陶战. 1993. 不同施肥处理的一季稻田甲烷排放量研究. 农业环境保护，12：193~197.

汪李平，向长萍，王运华. 2000a. 我国蔬菜硝酸盐污染状况及防治途径研究进展（下）. 长江蔬菜，（5）：1~4.

汪李平，向长萍，王运华. 2000b. 武汉地区夏季蔬菜硝酸盐含量状况及其防治. 华中农业大学学报，19（5）：497~499.

汪雅谷，张四荣. 2001. 无污染蔬菜生产的理论与实践. 北京：中国农业出版社：134~144，273~283.

王朝辉，李生秀. 1996. 蔬菜不同器官的硝态氮与水分、全氮、全磷的关系. 植物营养与肥料学报，2（2）：144~151.

王朝辉，宗志强，李生秀. 2002. 蔬菜的硝态氮累积及菜地土壤的硝态氮残留. 环境科学，3（23）：79~84.

王庆仁，李继云. 1999. 论合理施肥与土壤环境的可持续性发展. 环境科学进展，7（2）：116~124.

王少先，章和珍，张保根，等. 1998. 蔬菜硝酸盐污染及其防治. 江西农业学报，10（4）：86~90.

王晓丽，李隆，江荣风. 2003. 玉米-空心菜间作降低土壤及蔬菜中硝酸盐含量的研究. 环境科学学报，4（23）：463~467.

王学梅，郭文忠，蒲盛凯. 2002. 蔬菜硝酸盐的积累特性及控制技术. 宁夏农业科技，3：40.

王永和，曹翠玉，史瑞和. 1996. 有机肥料对石灰性土壤无机磷组分的影响. 土壤，28（4）：180~182.

魏际新，黄强. 1999. 红壤开发实施"沃土计划"发展持续农业的思考. 江西农业大学学报，21（2）：253~255.

吴凤芝，刘德，王东凯. 1998. 大棚蔬菜连作年限对土壤主要理化性状的影响. 中国蔬菜，（4）：5~8.

肖厚军，闫献芳，彭刚. 2001. 氮肥对菠菜产量和硝酸盐含量的影响. 贵州农业科学，29（1）：22~24.

徐晓荣，李恒辉，陈良. 2000. 利用^{15}N研究氮肥对土壤及植物内硝酸盐的影响. 核农学报，14（5）：301~304.

许前欣，孟兆芳，于彩虹. 2000. 减少体内硝酸盐污染的施肥技术研究. 农业环境保护，19（2）：109~110.

颜平进. 1997. 肥料问题及其对我国农业持续发展的制约. 国家科学技术委员会. 北京：中国农业出版社：22~24.

杨丽娟，张玉龙，李晓安. 2000. 灌水方法对塑料大棚土壤—植株硝酸盐分配影响. 土壤通报，2（31）：63~66.

杨少海，徐培智. 1999. 降低蔬菜硝酸盐含量的农业措施. 土壤与环境，8（3）：235~237.

杨学云，张树兰，刘杰兰. 1998. 有机-无机肥配施增产效应及土壤剖面 NO_3^--N 累积定位研究. 西北农业学报，7（2）：63~66.

殷允相，杨俊，林孔仪，等. 1993. 银川地区蔬菜硝酸盐类含量、污染评价及防治途径研究. 宁夏农林科技，（1）：40~43.

尤文瑞. 1994. 临界潜水蒸发量初探. 土壤通报，25（5）：201~203.

袁可能. 1993. 植物营养元素的土壤化学. 北京：科学出版社.

张庆忠，陈欣，沈善敏. 2002. 农田土壤硝酸盐累积与淋失研究进展. 应用生态学报，13（2）：233~238.

张世贤. 1994. 中国土地资源保护与平衡施肥技术对策. 施肥与环境学术讨论会文集，中国农业科技出版社. 1994，9，6.

张世贤. 1989. 中国的农业发展及平衡施肥在农业生产上的应用. 国际平衡施肥学术讨论会议论文集. 10~15.

张水铭. 1993. 农田排水中磷素对苏南太湖水系的污染. 环境科学，14：2~29.

张维理，田哲旭，张宁. 1995. 我国北方农田氮肥造成地下水硝酸盐污染的调查. 植物营养与肥料学报，1（2）：80~87.

张志剑，王珂，朱荫湄，等. 2001. 浙北水稻主产区田间土-水磷素流失潜能. 环境科学，22（1）：98~101.

张智猛，戴良香. 1996. 施磷对土壤有效磷含量吸持性及小麦产量的影响. 河北农业技术师范学院学报，13（1）：11~15.

章永松，林咸永，罗安程. 1998. 有机肥对土壤中磷的活化作用即机理研究Ⅱ有机肥（物）分解产生的有机酸及其对不同形态磷的活化作用. 植物营养与肥料学报，4（2）：151~155.

章永松，林咸永. 1998. 有机肥对土壤中磷活化作用及机理研究Ⅰ有机肥（物）对不同形态无机磷的活化作用. 植物营养与肥料学报，4（2）：145~150.

《中国农业年鉴》编辑委员会. 中国农业年鉴. 1979~1997. 北京：中国农业出版社.

周根娣，卢善玲. 1989. 上海市主要蔬菜中硝酸盐含量及加工处理后硝酸盐和亚硝酸盐含量. 环境污染与防治，11（6）：31~32.

周永祥，袁玲. 2000. 小白菜叶片硝酸盐与矿质元素含量的研究. 西南农业大学学报，22（3）：253~256，260.

周泽义. 1999. 中国蔬菜硝酸盐和亚硝酸盐污染机制及控制对策. 资源生态环境网络研究动态，10（1）：13~19.

朱国鹏，王玉彦. 2002. 蔬菜设施栽培土壤的盐分累积及其调控. 热带农业学报，2（3）：57~69.

朱建国. 1995. 硝态氮污染危害与研究展望. 土壤学报，2（增刊）：62~69.

朱荫湄 1994. 施肥与地面水富营养化. 施肥与环境学术讨论会会论文集. 北京：中国农业科技出版社：40~44.

朱荫湄. 1995. 施肥与温室气体. 施肥与环境学术讨论会论文集. 北京：中国农业科技出版社：45~55.

朱兆良. 1998. 肥料与农业和环境. 大自然探索，66（17）：25~28.

Adams P L, Daniel T C, Edwards D R, et al. 1994. Poultry litter andmanure contributions to nitrate leaching through the vadose zone. Soil Science Society of America Journal, 58: 1206~1211.

Addiscott T M. 1997. A sample computer model for leaching in structured soils. J Soil Sci, 28: 554~563.

Aggelides S, Ioannis A, Petros K, et al. 1999. Effects of soil water potential on thenitrate content and the yield of lettuce. CommunSoil Sci Plant Anal, 30 (1&2): 235~243.

Arae B A. 1992. 植物积累硝酸盐的农业生态因素. 蔡元定译. 土壤学进展，（12）：20~24.

BarkerAV. 1974. Variations in nitrate accumulation among spinach cultivars. J Amer Soc Hort Sci, 99 (2): 132~134.

Bar-YosefB, Sagiv B. 1982. Response of tomatoes to N and water applied via a trickleirrigation system. Ⅰ Water Agron J, 74: 637~639.

Beckwith C P, Cooper J, Smith K A, et al. 1998. Nitrate leaching loss following application of organic manures to sandy soils in arable cropping I. Effects of applicationtime, manure type, over winter crop cover and nitrification inhibition. Soil Use & Manage, 14 (3): 123~130.

Bhogal A, Young S D, Sylvester Bradley R. 1997. Straw in corporation and immobilization of spring applied nitrogen. Soil Use & Manage, 13: 111~116.

Blevins D G, Barnett N M, Frost W B. 1978. Role of potassium and malate in nitrateuptake and translocation by wheat seedlings. Plant Physiol, 62: 784~788.

Blom-Zandstra M. 1989. Nitrate accumulation in vegetables and its relationship to puality. Ann Appl Biol, 115: 553~561.

Booltink H W G. 1995. Field monitoring of nitrate leaching and water flow in a structured clay soil. Agric Ecosys & Environ, 52 (2/3): 251~2616.

Bot J L, Kirkby E A. 1992. Diurnal uptake of nitrate and potassium during the vegetativegrowth of tomato plants. J Plant Nutr, 15 (2): 247~264.

Brandi Dohrn F M, Dick R P, Hess M, et al. 1997. Nitrate leaching under a cereal rye cover crop. J Environ Qual, 26 (1): 181~1887.

Breeuwsma A, Reij Erinkj G A, Schoumans O F. 1980. A simple model for predicting the effects of leaching of fertilizer of nitrate during the growing season on the nitrogen fertilizer need of crops. J Soil Sci, 31: 175~185.

Canter L W. 1997. Nitrates in Groundwater. New York: CRC PressInc, Lewis Publishers: 204.

Cantliffe D I. 1972. Nitrate accumulation in spinach grown at different temperatures. J Amer Soc Hort Sci, 87 (5): 674~676.

Carballo S J, Blankenship S M, Sanders D C. 1994. Drip fertigation with nitrogen andpotassium and postharvest susceptibility to bacterial soft rot of bell peppers. J of Plant Nutrition，17（7）：1175~1191.

Cardenas-Navarro B，Adamowicz S，Robin P. 1999. Nitrate accumulation in plants：arolefor water. J of Experimental Botany，50（334）：613~624.

Cemehob B A，et al. 1991. 农作物积累硝酸盐的农业生态因素. 蒋自立译. 国外农业环境保护，（1）：24~26.

Chang C，Entz T. 1996. Nitrate leaching losses under repeated cattlefeedlot manure applications in Southern Alberta. Journal of Environmental Quality，25：145~153.

Cox F R，Henddcks S E. 2000. Soil test phosphorous and clay effects on runoff water quality. J Environ Qual，29：1582~1586.

Di H J，Cameron K C ，Moore S，et al. 1998. Nitrate leaching and pasture yields following the application of dairyshed effluent or amerspray or flood irrigation：results of alysimeter study. Soil Use & Manage，14（4）：209~214.

Djurhuus J，Olsen P. 1997. Nitrate leaching after cut grass/clover leysas affected by time of ploughing. Soil Use & Manage，13（2）：61~67.

Emteryd O， Lu D Q ，Nykvist N. 1998. Nitrate in soil profiles and nitrate pollution of drinking water in the loess region of China. Ambio，27（6）：441~443.

Feigin A，Letey J，Jarrell W M. 1982. Celery response to type，amount and method of N-fertilizer application under drip irrigation. AgronJ，74：971~977.

Fragstein P，Von-Fragstein P，Kristensen L，et al. 1995. Manuring，manuring strategies，catch crops and N-fixation. In：Kristensen L，Stopes C. Nitrogen Leaching in Ecological Agriculture. Bicester：ABA：287.

Gardner B R，Roth R L. 1989a. Midrib nitrate concentration as a means for determining nitrogen needs of broccoli. J of Plant Nutri，12（1）：1073~1088.

Gardner B R，Roth R L. 1989b. Midrib nitrate concentration as a means for determiningnitrogen needs of cabbage. J of Plant Nutri，12（1）：111~125.

Gaynor J D，Findllay W I. 1995. Soil and phosphorous loss from conservation and conventional tillage in corn production. J Environ Qual，24：734~741.

Grigg O B. 1993. The World Food Problem. Blackwell：Oxford.

Guillard K. 1995. Nitrogen utilization of selected cropping system in the U. S. northeast：II70 Soil profile nitrate distribution and accumulation. Agron J，87：199~207.

Gupta R K. 1997. Surface water quality impacts of tillage practices under liquid swine manure application. AmWater Resour Assoc，33：681~688.

Hageman R H，Flesher D，Giller H. 1961. Diurnal variation and other light effects influencing the activity of nitrate reductase and nitrogen metabolism in corn. Crop Sci，1：201~204.

Hallberg G R. 1987. Nitrate in low a groundwater. In：Rural Ground Water Contamination. BocaRaton，Florida：Lewis Publishers.

Hansen E M，Djurhuus J. 1996. Nitrate leaching as affected by long term N fertilization on a coarse sand. Soil Use & Manage，12（4）：199~204 .

Hartz T K，Lestrange M，May D M. 1993. Nitrogen requirements of drip-irrigated pepper. Hort Science，28（11）：1097~1099.

Hochmuth G J. 1994. Efficiency ranges for nitrate nitrogen and potassium for vegetablepetiole sap quick test. Hort Technology，4：218~222.

Hooda P S，Rendell A R，Edwards A C. 2000. Relating soil phosphorus indices to potential phosphorous release to water. J Environ Qual，29：1166~1171.

Huang W Y ， Shank D，Hewitt T I. 1996. On farm costs of reducing residual nitrogen on cropland vulnerable to nitrate leaching. Rev Agric Econom，18（3）：325~339.

Huett D O，Rose G. 1989. Diagnostic nitrogen concentrations for cabbage grown in sandculture. Australian Journal of experimental Agriculture，29：883~892.

Huett D O，White E. 1991. Determination of critical nitrogen concentrations of zucchinisquash (*Cucurbita pepo* L.

cv. Blackjack) grown in sand culture. Australian Journal ofexperimental Agriculture，31：835~842.

Huett D O，White E. 1992. Determination of critical nitrogen concentrations of potato (*Solanum tuberosum* L. cv. Sebago) grown in sand culture. Australian Journal of Experimental Agriculture，32：765~772.

Huett D O，Rose G. 1988. Diagnostic nitrogen concentrations for tomato grown in sandculture. Australian Journal of Experimental Agriculture，28：401~409.

Jabro J，Lotse E，Simmons K，et al. 1991. A field study ofmacropore flow under saturated conditions using a bromide tracer. Journal of Soil and Water Conservation，46 (5)：376~380.

Joachim Z，Strohemerierl K. 1996. Nitrogen supply of vegetables based on the "KNS-system". Acta Horticultural，428：223~233.

Justes E. 1997. Diagnosis using stem base extract：JUBIL method. *In*：Lemaire G. Diagnosis of N Status in crops. Berlin：164~178.

Kachanoski R G，Fairchild G L. 1994. Field scale fertilizer recommendation and spatial variability of soil test values. Better Crops with Plant Food，78 (4)：20~21.

Kandeler E，Eder G，Sobotik M. 1994. Microbial biomass，nmineralization，and the activities of various enzymes in relation tonitrate leaching and root distribution in a slurry-amended grassland. Biology and Fertility of Soils，18：7~12.

Katupitiya A ，Eisenhauer D E，Ferguson R B，et al. 1997. Long term tillage and crop rotation effectson residual nitrate in the crop root zone and nitrate accumulation in the intermediatevadose zone. Trans ASAE，40 (5)：1321~1327.

Lathwal O P，Rathore D N. 1992. Effect of nitrogen and irrigation levels on NUE in wheat. Haryana Agricultural University Journal of Research，22 (2)：113~12471.

Lind A M，Debosz K K，Maag M. 1995. N balance for mineral N onspring barley cropped sandy loam and coarse sandy soil with mineraland organic fertilizers. Acta Agriculturae Scandinavica，45 (1)：39~50.

Magnard D N. 1978. Nitrate in the Environment Soil-Plant-Nitrogen Relationship. Vol 2. New York：Academic Press：221~234.

Maynard D N，Barker A V. 1974. Nitrate accumulation in spinach as influenced by leaftype. J Amer Soc Hort Sci，99 (2)：135~138.

McCracken D V，Smiss M S，Grove J H，et al. 1994. Nitrate leaching as influenced by cover cropping and nitrogen source. Soil Sci Soci Ame，58 (5)：1476~1483.

Mediavilla V，Stauffer W，Siegenthaler A. 1995. Pigslurry and sewage sludge，influence on N-content of the soil. Agrarforschung，2：265~268.

Mehlich A. 1984. Mehlich-3 soil test extractant：a modification of Mehich-2 extractant. Soil Sci Plant Anal，15：1409~1416.

Moller H E，Djurhuus J. 1997. Nitrate leaching as influenced by soil tillage and catch crop. Soil & Till Res，41 (3/4)：203~219.

Mozafar A. 1993. Nitrogen fertilizers and the amount if vitamins in plants：a review. J of Plant Nutrition，16 (12)：2479~2506.

Nambiar K K M. 1994. Soil Fertility and Crop Productivity Under Long-Term Fertilizer Use in India. Indian Councilof Agricultural Research.

Oaks A. 1992. A re-evaluation of nitrogen assimilation in roots. Bioscience，42：103~111.

Otoma S. 1985. Model simulation of solute leaching and its application for estimating the netrate of nitrate for mation under field conditions. J Hydrol，82：193~209.

Owens L B，Edwards W M，Shipitola M J，et al. 1995. Nitrate leaching throughly simeters in a corn soybean rotation. Soil Sci Soci Amer，59 (3)：902~907.

P·弗里茨. 1981. 关于蔬菜的硝酸盐含量. 园艺学报，8 (4)：69~70.

Pearson C J，Steer B T. 1977. Daily changes in nitrate uptake and metabolism in. *Capsicum annuum*. Planta，137：107~112.

Pier J W，Doerge T A. 1995. Nitrogen and water interactions in trickle irrigated water melon. Soil Sci Soc Am J，
　　59：145~150.

Prasad M，Spiers T M. 1984. Evaluation of a rapid method for plant sap nitrate analysis. Commun Soil Sci Plant
　　Anal，15：673~679.

Prunty L，Greenland R. 1997. Nitrate leaching using two potato-corn N-fertilizer pans on sandy soil. Agric Ecosyst
　　Environ，65：1~12.

Raul C N，Adamowicz S，Robin P. 1999. Nitrate accumulation in plants: a role for water. J of Experimental
　　Botany，50（334）：613~624.

Reinink K，Eenink A H. 1988. Genotypical difference in nitrate accumulation in shoots of lettuce. Scientia
　　Horticultruae，37（1&2）：13~14.

Reinink K，Eenink A H. 1989. Genotypical differences in nitrate accumulation invegetables and its relationship to
　　quality. Annals of Applied Biology，115（3）：553~561.

Ressler D E. 1997. Testin a nitrogen fertilizer applicator designed to reduce leaching losses. Appl Eng Agric，13：
　　345~353.

Ribardo M O. 1994. Land retirement as a tool for reducing agricultural nonpoint source pollution. Land Econ，70：
　　77~83.

Roorda van Eysinga J P N L. 1984. Nitrate in vegetables under protected cultivation. Acta Horticulturae，145：
　　25~28.

Sallade Y E，Sims J T. 1994. Nitrate leaching in an Atlanticcoastal-plain soil amended with poultry manure or urea
　　ammoniumnitrate-influence of thiosulfate. Water，Air and Soil Pollution，78：307~316.

Sammis T W. 1980. Comparison of sprinkler，trickle subsurface and furrow irrigationmethods for row crops. Agron
　　J，72：701~704.

Scaife A，Turner M K. 1987. Field measurements of sap and soil nitrate to predictnitrogen top dressing
　　requirements of brussel sprouts. J Plant Nutr，10：1705~1712.

ScaifeA，Stevens K L. 1983. Monitoring sap nitrate in vegetable crops: comparison of teststrips with electrode
　　methods，and effects of time of day and leaf position. Commun Soil Sci Plant Anal，14（9）：761~771.

Schenk M K. 1988. N-status of pot plants as evaluated by measurement of substrate and plantsap nitrate. Acta
　　Hort，221：253~260.

Schenk M K. 2000. Nitrogen use in vegetable crops in temperate climates. Horticultural Reviews，22：185~222.

Selenka F. 1985. Nitrate in drinking water：the basis for a regulatory limit. *In*：Winteringham F P W.
　　Environmentand Chemicals in Agriculture. Amsterdam：Elsevier Appl Sci Publ：87~104.

Sharpley A N，Sims J T. 1996. Determing environmentally sound soil phosphorous level. J Soil and Conservation，
　　51（2）：160~165.

Sharpley A N. 1993. Assessing phosphorus bioavailability in agricultural soils and runoff. Fertilizer Research，36：
　　259.

Sheikh E L. 1970. Critical nitrate levels for squash cucumber and melon plants. Commum Soil Sci Plant Annual，
　　1（4）：213~219.

Shepherd M，Bhogal A. 1998. Regular applications of poultry litter to a sandy arable soil: effects on nitrate
　　leaching and nitrogen balance. J Sci Food Agric，78（1）：19~29.

Sims J T. 1998. Phophorous soil testing: innovations for water quality protection. Communsoil Sci Plant Anal，
　　29（11~14）：1471~1489.

Stauffer M D，Beaton J D. 1994. 肥料在世界农业中的地位. 北京：中国农业科技出版社：91~96.

Stout W L，Fales S A ，Muller L D，et al. 1997. Nitrate leaching from cattle urine and feces in North East USA.
　　Soil Sci Soci Amer，61（6）：1787~1794.

Sveda R. 1992. Evaluation of various nitrogen sources and rates on nitrogen movement，Pensacola bahiagrass
　　production and water quality. Commun Soil Sci Plant Anal，23（17~20）：2451~2478.

Thompson T L，Doerge T A，Godin R E. 2000. Nitrogen and water interactions in subsurface drip-irrigated cauliflower: Ⅱ. Agronomic, economic, and environmental outcomes. Soil Sci Soc Am J, 64: 412~418.

Thompson T L, Doerge T A, Godin R E. 2002. Subsurface drip irrigation and fertigation of broccoli: Ⅱ. Agronomic, economic, and environmental outcomes soil. Sci Soc Am J, 66: 178~185.

Thompson T L, White S A, Walworth J, et al. 2003. Fertigation frequency for subsurface drip-irrigated broccoli soil. Sci Soc Am J, 67: 910~918.

Tim U S, Jolly R. 1994. Evaluation agricultural non-point source pollution using integrated geographic information systems and hydrologic/water quality. Model Environ Qual, 23: 25~35.

United Nations Food and Agriculture Organization. 1993. Agriculture: Towards 2010. Rome: FAO.

Vachaud G, Kengni L, Normand B, et al. 1988. Water and nitratebalance in irrigated soils. *In*: Pereira L S. Sustainability of WCully Hessionand VOShanholz. A geographic information system for targeting nonpoint source agriculture pollution. Boston: Soil & Water Conser, 6: 264~266.

Wdf A M, Baker H B. 1985. Soil tests for estimating labile, soluble and algae-available phosphorous in agriculture soils. J Eviron Qual, 14 (3): 341~348.

Yin C Q, Zhao M, Jin W G, et al. 1993. A mult-pond system as a protective zone for management of lakes in China. Hydrobiologia, 251: 321~329.

第六章　信息技术与养分管理

第一节　数字土壤与养分管理

一、数字土壤和互动式技术的作物养分管理技术——施肥通 V2.0 系统设计

在充分分析研究国内外作物养分管理技术产品的基础上，并考虑农民了解田块作物、熟悉肥料的宜用性，以及科学家所拥有的作物养分平衡计算、氮磷钾比例和土壤与肥料当季供养能力等知识基础上，以作物养分管理模型为主线，辅之以数字土壤、海量数据库等现代信息技术，简化输入界面，采用科研人员、地方科研人员、农民互动的方式修正农民的实际施肥量或者给出施肥推荐量，保证农民应用技术产品后作物增产或者平产。

在施肥通 V1.0 示范推广过程中，研发人员逐渐发现系统难以适应基层用户的使用；同时也发现系统应用的技术有待于进一步更新，因此在吸收施肥通 V1.0 示范推广成功经验的基础上，重新定位设计开发施肥通 V2.0。

二、归一化处理技术

全面总结以中国农业科学院土壤肥料研究所为主的在滇池流域 23 种蔬菜、9 种花卉作物在 40 多种轮作方式下的试验研究资料，以及田间定位观测试验资料数据信息，结合种植模式、土壤、气候、施肥等多种信息，对试验资料进行标准化、归一化处理，进而研究作物养分需求规律，以及确定相关养分需求参数。

三、作物养分管理模型的建立技术

基于高精度数字土壤和互动式技术的作物养分管理技术不同于传统的施肥专家系统，具有动态功能，即它可以应用于不同作物、不同生态区和不同田块，但实现这样的目的离不开网格分析和模型技术。

作物养分管理模型在考虑传统施肥模型的基础上，针对我国农户经营规模小、缺少适合农民应用的施肥技术产品、肥料使用不合理现象突出等特点，建立施肥

量修正模型，重点是修正农民施肥量推荐中不合理部分、尊重农民的施肥习惯方式，具体包括土壤养分分级模块、施肥量校正、基追肥比例、配肥校正等子模型，主要特点有：建立作物养分管理模型、作物养分的分级管理，即根据土壤养分的测试结果，采用五等级（大量元素）或者三等级（中、微量元素）的分类原则对土壤养分进行分类，在此基础上，建立作物养分的分区、分类、量化管理模型。

农民习惯或者计划施肥用量的校正模型。该模型主要是在考虑作物类型、产量，以及养分分级的基础上，建立施肥修正量模型：

$$Puse/Cuse=K \tag{6.1}$$

通过 K 值到校正系数表查询作物校正系数 J

$$Fuse=Puse \times J \tag{6.2}$$

式中，Puse 为农民习惯或者计划用量，Creq 为某一作物产量水平下的养分需求量，K 为农民习惯或者计划用量与作物养分需求量比值，Fuse 为某一田块的养分修正量。值得说明的是，Cuse 是通过土壤养分分级校正过后的值。

基追肥比例模型：该模型主要采用两种方式。其一为专家推荐的基追肥比例，其二是直接采用农民习惯应用的基追肥比例模型（主要是考虑农民对作物生长情况的适时了解），模型推荐采用农民所用的基追肥比例模型。

配肥模型：主要是对给出的肥料量进行具体的肥料品种选择，该模型将肥料分为两大类型，一类是专家推荐类型，即某一肥料如尿素能够在全国范围内应用，其二为具有地方特色的肥料类型，主要是指有机肥，以及复混肥，用户可以从参数表中选择适宜的肥料，系统将根据施肥推荐量和用户选择的肥料类型确定各种肥料的具体用量。模型还通过专家知识限制某些肥料在特定作物上的应用。

四、云南数字土壤技术

云南数字土壤技术主要包括云南省历次土壤普查形成的土壤图、土种志的收集工作并借助于现代信息技术，通过矢量化、数字化、配准、接边等多个工作步骤，建立云南省数字土壤空间数据库。尤为重要的是，依托本工作所收集的土壤样本分析结果和文献资料，开发土壤信息快速查询技术产品，以及进行土壤信息在作物养分管理信息系统中的应用研究。

施肥推荐模块：该模块功能是完成到地块的氮磷钾养分和大、中、微量元素肥料用量的推荐（修正），是施肥通 V2.0 最重要的模块。通过输入界面、可通过多种方式了解农田基本信息和各地块计划或习惯施肥信息，以及前茬施肥信息，选择专家推荐比例或者农民常用方式；通过专家施肥推荐（修正）模型，完成地块施肥决策；通过输出界面，输出施肥推荐（修正）量、基追肥分配、农户计划或习惯施肥量的合理性判断，结果可以直接打印输出或者导出。

施肥参数库：该模块提供专家施肥推荐（修正）模型中用到的各种参数，是实现科研人员、地方科研人员和农民三层互动的基础所在。参数库包括作物参数、肥料参数、土壤养分分级、校正系数、施肥比例参数、配肥参数、试验修正等七大类参数，具有对参数进行编辑与管理功能。

数字土壤库：该模块为施肥推荐提供土壤信息。有两种方式，其一是依托数字土壤拥有的海量土壤数据库，采用全球定位系统结束、经纬度输入、居民地选择、地图选点定位等方式，获得 3s×3s 的高精度数字土壤数据；其二是用户直接输入单地块或者批量的土壤新的测试数据（图 6.1）。

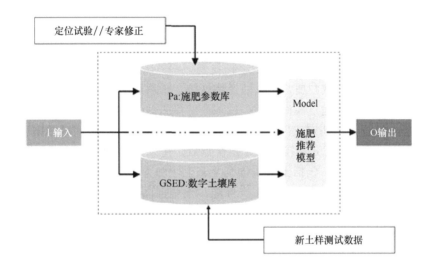

图 6.1　施肥推荐模块

Fig. 6.1　The recommendation module of fertilization

五、数据库管理及高效利用技术

因为本项技术拥有海量数据库的支持，海量数据库的高效管理及应用将是确定系统运行快慢的关键因素，项目将研究数据库的高效储存、构造、大小、数量，以及连接方式以便于模型快捷调用等技术。

六、已开展工作

（一）初步制订云南省的高精度数字土壤规程并初步开发完成土壤通

初步制订的规程除了包括具体操作方法、步骤，以及注意事项外，强调全程质量控制.其包括 4 个部分:①数字土壤空间数据数字化流程及其制作规范;②数字土壤属性数据数字化流程及其制作规范;③数字土壤数据质量监督规范;④土种志数字化注意事项.这里仅简略描述数字土壤空间与属性数据数字化操作流程,空间数据数字化流程为:扫描(灰度 300dpi,彩色 300dpi,256色)→拼接→屏幕数字化→建立拓扑关系→按照填写的某县土壤图图例,赋属性编码→初步校错→配准(转换相应的投影或大地坐标)→再次校错→成图入库.属性数据数字化流程为:土壤资料审核→扫描→电子图书的制作→原始资料的识别数字化→数据表格整理→土壤属性数据库库表整理→数据库→校错→入库.

目前项目已完成云南省土壤信息系统,并在此基础上,以项目区通海县土壤信息为主要开发目标,开发完成了云南省土壤信心查询系统(通海版).应用土壤通(通海版)可以:①通过一定的途径找到一些点位的空间地理位置,包括在地图上的位置、行政地域归属、点位的经纬度等.土壤通提供 5 种定位方式,底图选点、居民地选择、地点模糊查找、输入经纬度查找、GPS 定位等.无论哪一种定位方式,都能准确地定位出所要点位在地图上的位置、行政地域归属和经纬度等.②点位信息查询,是指当确定了定位点后,可以查询本点位的一些土壤信息,以及一些环境要素等.包括土壤质量概要、土壤肥力要素、土壤理化性状、农田养分平衡、土壤环境要素、土壤生产性能、土壤剖面、土壤重金属含量、土壤元素背景值等,并且可以图形等形式对部分数据进行对比描述或比较.③评价,土壤通能够对土壤大、中、微量元素养分含量、土壤重金属元素含量、土壤元素背景值进行评价.本系统推广并采用中国农业科学院农业资源与农业区划研究所张维理博士提倡的 5 级分类评价体系,通过图形方式,用户可一目了然地知道点位的土壤养分含量水平、重金属含量水平及其是否对土壤造成污染或污染程度等.④浏览地图.土壤通装有与农业有关的养分图和专题图,包括:土壤养分图、土壤图、土壤生产性能图、农作制度图、农田养分平衡图、土壤重金属元素含量图、土壤元素背景值分布图、部分气象图等.通过地图浏览功能,用户可方便地了解一个区域的土壤和气象条件,直接为农业生产服务.

(二)完成试验示范基地的土壤样本采集分析工作

应用网格取样的方法,在晋宁县、呈贡县和通海县进行了土壤样本采集,其中晋宁县、通海县和呈贡县斗南镇采用 200m×200m 网格,呈贡县大渔乡采用 600m×600m 网格,三县共采集样本数近百份.土壤样品采用常用的分析方法分析,测试项目包括 pH、全氮、全磷、全钾、速效磷、速效钾、速效氮和有机质共 8 项,获得测试数据约 800 个.同时,采用信息共享原则,又获得呈贡县和通海县近 200个土壤样本测试分析数据,统计分析结果见表 6.1.

表 6.1　示范区土壤养分含量情况
Tab. 6.1　The soil nutrient contents in demonstration area

地点	测定指标	最大值	最小值	平均值	标准差	变异系数
呈贡 （$n=42$）	速效磷/（mg/kg）	203.6	27.1	110	42.44	0.39
	速效钾/（mg/kg）	1902.8	59	371.6	352.19	0.95
	全氮/（g/kg）	4.64	1.33	2.99	0.77	0.26
	有机质/（g/kg）	100.75	51.23	74.8	11.77	0.16
	pH	7.15	4.24	6.22	0.74	0.12
晋宁 （$n=31$）	速效磷/（mg/kg）	145.54	11.84	53.93	30.91	0.57
	速效钾/（mg/kg）	386.45	48.21	104.14	68.83	0.67
	全氮/（g/kg）	2.86	1.57	2.17	0.34	0.16
	有机质/（g/kg）	75.17	54.2	62.51	4.82	0.08
	pH	7.65	4.94	6.79	0.51	0.07

从表 6.1 中可以看出，示范区耕层土壤（0~20cm）各种养分含量均较丰富。其中，呈贡、晋宁两个示范区的土壤有机质含量平均为 74.8g/kg 和 62.51g/kg；全氮含量分别平均为 2.99g/kg、2.17g/kg；速效磷均值为 110g/kg、53.93g/kg；速效钾两地均值为 371.6g/kg 和 104.14g/kg；总体上来说，呈贡县土壤养分含量的测试指标均要高于晋宁，这可能与呈贡县蔬菜、花卉种植历史时间悠久、养分投入量大有关。

根据全国第二次土壤普查中提出的土壤养分丰缺分级标准（表 6.2），项目区土壤有机质平均含量属于极高等级；呈贡、晋宁的土壤速效磷平均值分别为 110mg/kg 和 53.93mg/kg，远远超过了极高等级的 40mg/kg 的标准，即使是最低值也处于适宜等级；呈贡县速效钾属于极高这一等级（371.6mg/kg），而晋宁县示范区速效钾含量的平均值（104.14mg/kg）则属于适宜这一级别，应该注意的是两个示范区的个别田块速效钾含量偏低。

表 6.2　土壤养分含量分级
Tab. 6.2　The classification of soil nutrient content

级别	有机质/（g/kg）	速效磷/（mg/kg）	速效钾/（mg/kg）
极高	>40	>40	>200
高	30~40	20~39	150~199
适宜	20~30	10~19	100~149
偏低	10~20	5~9	50~99
低	6~10	3~4	30~49
极低	<6	<3	<30

注：本表中的速效磷为 P_2O_5，速效钾为 K_2O

（三）示范区农田土壤养分快速扫描

传统的土壤采样技术仅可获取点状数据，对于施肥管理水平均一的大田作物来说，其代表面积可在200~1000亩，而对于分散经营、施肥水平差异极大的蔬菜、花卉作物来说，其代表面积仅1~2亩，由于土壤测试成本太高（每个500元），测试周期偏长，因此传统的土壤采样技术很难在示范区应用。如何将土壤养分点状数据转换成面状数据，从宏观上把握示范区土壤养分现状与空间变异特性，分区调控施肥，是本项目重点解决的一个难题。

为此，2000年6月20日采用GPS定位技术指导下的田间网格取样方法，对坝区农田土壤理化性状进行了全面调查，共计采集土壤样本293个，土壤采样点位分布图见图6.2。采样层次分3层，即0~30cm、30~60cm、60~90cm。分析项目包括土壤有机质、全氮、全磷、全钾、碱解氮、速效磷、速效钾、有效硫、有效硼、有效锌、有效铜、有效钼、有效锰、有效铁、阳离子交换量、盐基饱和度、pH等17项指标。共计获取土壤理化性状测试数据4980余项次。

图6.2　示范区农田土壤养分采样点的分布
Fig. 6.2　The distribution of farmland soil nutrient sampling point in demonstration area

（四）示范区农田土壤养分含量与丰缺状况

土壤养分详查结果表明，示范区耕层土壤（0~30cm）各种养分含量均较丰富（表6.3），土壤肥力状况较高。其中，土壤有机质含量变化在16.7~54.5g/kg，平均为32.9g/kg；全氮含量平均为1.9g/kg；速效磷、速效钾变异较大，变幅分别为16.8~287.0mg/kg和59.5~607.0mg/kg，平均值分别为72.5mg/kg和154.7mg/kg；土壤pH变化在5.2~7.8。

表6.3　实验区土壤基础养分状况

Tab. 6.3　The nutrient status of the soil foundation in experimentation area

项目	有机质/（g/kg）	全氮/（g/kg）	速效氮/（mg/kg）	速效磷/（mg/kg）	速效钾/（mg/kg）	pH
平均值	32.9	1.9	136.9	72.5	154.7	6.8
变幅	16.7~54.5	1.0~3.2	54.1~326.4	16.8~287.0	59.5~607.0	5.2~7.8
标准差	0.66	0.04	32.3	45.2	79.6	0.56
变异系数%	20.0	21.4	23.6	62.3	51.5	8.2

除有效硼以外，示范区土壤微量元素含量都比较丰富（表 6.4），各种微量元素的有效含量分别为：铁 76.8mg/kg、锰 66.38mg/kg、铜 17.80mg/kg、锌 6.37mg/kg、硼 0.36mg/kg。但土壤微量元素测定结果变异更大，土壤有效锌、有效硼和有效硫的变异系数都高于 100%，说明地块之间微量元素含量差异很大。

表6.4　土壤中微量元素养分状况

Tab. 6.4　The nutrient status of trace elements in soil

项目	有效铁/（mg/kg）	有效锰/（mg/kg）	有效铜/（mg/kg）	有效锌/（mg/kg）	有效硼/（mg/kg）	有效硫/（mg/kg）
平均值	76.8	66.38	17.80	6.37	0.36	147.09
变幅	20.8~323.6	26.8~168.6	9.6~36.7	2.3~28.7	0.15~2.27	45~1263
标准差	63.99	31.19	7.48	7.92	0.46	223.84
变异系数%	83.5	47.0	42.0	124.4	127.0	152.2

根据全国第二次土壤普查中提出的土壤养分丰缺该分级标准（表6.5，表6.6），项目区土壤有机质平均含量属于高，大部分土壤有机质基本上分布在适宜到高的范围内；土壤速效氮的平均值为 136.9mg/kg 也属于极高，土壤速效磷则属于极高范围，平均值为 72.5mg/kg，远远超过了极高的 40mg/kg 的标准。土壤速效钾平均含量为 154.7mg/kg，基本上属于高范围。

表6.5　土壤普查土壤养分含量分级

Tab. 6.5　The classification of soil nutrient content in soil survey

级别	有机质/（g/kg）	碱解氮/（mg/kg）	速效磷 /（mg/kg）	速效钾/（mg/kg）
极高	>40	>150	>40	>200
高	30~40	120~150	20~39	150~199
适宜	20~30	90~119	10~19	100~149
偏低	10~20	60~89	5~9	50~99
低	6~10	30~59	3~4	30~49
极低	<6	<30	<3	<30

注：本表中的速效磷为 P_2O_5，速效钾为 K_2O

表 6.6　土壤普查土壤微量元素分级

Tab. 6.6　The classification of soil trace elements in soil survey

分级	微量元素含量/（mg/kg）					
	硼	钼	锰	锌	铜	铁
很丰	>2.0	>0.3	>30	>3.0	>1.8	>20
丰	1.1~2.0	0.21~0.3	16~30	1.1~3.0	1.1~1.8	11~20
适中	0.51~1.0	0.16~0.2	5.1~15	0.51~1.0	0.21~1.0	4.6~10
缺	0.21~0.5	0.11~0.15	1.1~5.0	0.31~0.5	0.11~0.2	2.6~4.5
很缺	<0.2	<0.1	<1.0	<0.3	<0.1	<2.5

示范区土壤微量元素中有效铁、锰、铜和锌含量均高于很丰富的临界范围，说明项目区土壤中不缺乏这些微量元素。但土壤有效硼含量较低，平均只有0.36mg/kg，属于缺乏的范围，在生产中需要补充硼。

按照土壤养分含量分级标准，坝区农田产业基地大部分地区氮、磷、钾元素，以及中、微量元素的有效养分含量大多属于中上等水平。这与示范区内肥料过量施用、养分盈余较多有关。

（五）区域性农田养分管理技术

该项技术面向政府决策部门、农技人员和肥料生产部门，以县或乡（镇）级行政区域为服务单元，通过 GPS、GIS 等现代信息技术与传统农化技术的结合，综合应用数字土壤、当地社会经济状况及气象资料，详尽迅速地了解一个地区的土壤有效养分的分区状况，并在此基础上为这一地区配制出适合主要轮作和土壤类型的专用肥，便于农民采用，提高整个区域内的肥料施用水平。具有高效率、低成本、技术的可移植性好等特点。适合集约化作物生产地区采用，技术主要由以下三部分组成。

区域土壤养分空间分布状况的快速扫描：以土壤养分的区域性分布规律研究为主线，通过综合应用 GPS（全球定位系统）定位技术、土壤养分含量分级指标和 GIS 技术，找出土壤养分的主要限制因子，分析土壤养分的空间变异特征，明确土壤养分的区域性空间分布规律。

养分管理分区技术：利用 GIS 智能技术和数据库，在充分了解当地土壤、气象、水文地质等自然条件状、轮作、农民经济技术条件、农田利用类型等的基础上，综合土壤养分区域性分布特征，种植模式等因素，确定环境友好，同时最大限度地兼顾作物产量和品质的施肥量，特别是氮肥用量。实现根据轮作类型进行标准化的分区养分管理施肥分区管理。

智能化的分区配肥技术：在施肥分区管理的基础上，根据种植计划进行区域性肥料总体规划和分区合理配置。提供合理的养分配比，适宜肥料选择和肥料混配方案。

1. 土壤养分空间变异特征

受长期人为耕作的影响，土壤养分空间分布将产生很大变化。因此，仅观测区域土壤总体养分及其变化状况不足以据此来进行施肥推荐。同时，项目区农民户均耕地面积小，平均只有 3.2 亩，而且每个大棚仅 0.2~0.4 亩，十多个大棚往往零散分布在村庄周围，这样又为针对单一田块进行测土或施肥推荐造成了很大障碍。因此，在项目执行过程中提出根据土壤养分空间变异特征，将项目区划分为几个不同的土壤养分分布区域，根据不同区域土壤主要肥力指标的变化特征具体指导肥料的施用。

2. 土壤养分空间变异结构特征

土壤养分空间变异性是引起肥料利用率不高和作物产量变异的原因之一。因此，对土壤养分空间变异性的充分了解是进行土壤养分管理和合理施肥的基础。对土壤养分空间变异性进行分析的传统方法是 Fisher 的统计方法。该方法只能在一定程度上反映样本的总体变化情况，而不能定量地描述土壤养分空间变化的随机性、结构性、独立性和相关性。目前，对土壤养分空间变异性进行定量描述的方法主要是基于 20 世纪 60 年代法国学者创立的地统计学方法。采用地统计学方法对土壤养分空间变异性进行研究是进一步进行土壤养分分区的基础。

目前，描述土壤养分空间变异主要采用半方差分析方法。即首先计算出 $\gamma(h)$-h 的散点图，分别用不同类型的模型进行拟合，根据模型的参数值、决定系数和离差平方和等共同选取不同的模型。有几个参数共同决定了土壤养分的空间变异结构。第一个参数是块金方差（C_0），也就是当两个采样点间距为零时的方差，是由实验误差和小于采样尺度上施肥、作物吸收差异和管理水平等因素引起的养分变异。如果 C_0 值较大，表明在较小尺度上存在不容忽视的某种过程；第二个参数是结构方差（C），它表示由土壤母质、地形、气候等非人为因素（空间自相关）引起的变异；第三个参数为基台值（C_0+C），是半方差函数随间距递增到一定程度后出现的平稳值，表示系统内总的变异；第四个参数为变程（a），即半方差达到基台值时的样本间距。

表 6.7 中最大相关距即为变程（a），表示某种土壤养分测定值大于该距离时彼此之间相互独立，小于该值则存在一定的空间相关性。

项目区主要土壤养分之间均存在半方差结构，不同土壤养分的空间变异性有一定的差异。各种养分之间的半方差函数均可用半球模型拟合。土壤有机质和土壤速效钾在较大范围内存在空间相关性，有较强的渐变性分布规律。土壤速效磷

表 6.7　实验区土壤养分及其空间变异系数
Tab. 6.7　The soil nutrient and its spatial variation coefficient in experimental area

项目	块金方差 C_0	基台值 C_0+C	结构方差/基台值 $C/(C_0+C)$	最大相关距 $a,\ m$	决定系数 R^2
有机质	0.756	1.256	0.398	3857.1	0.717
速效磷	0.214	0.985	0.783	351	0.615
速效氮	0.177	0.968	0.817	502	0.817
速效钾	0.780	1.111	0.298	3871	0.510

和速效氮的最大相关距较其他土壤养分要小，分别为 351m 和 502m。不同土壤养分的空间变异程度也有差异。土壤有机质和速效钾的块金方差较大，其 $C/(C_0+C)$ 要小于其他两种养分，说明土壤速效钾和有机质受随机因素影响较大，受施肥和管理水平等人为因素影响大。这与项目区主要种植作物为蔬菜和花卉有很大关系。这两类作物都属于喜钾作物，对土壤钾吸收量大，同时，施用大量有机肥，对土壤速效钾和有机质影响较大。

3. 土壤养分的空间变异特征

　　为摸清项目区内不同土壤养分含量的空间分布特征，依据土壤养分分级指标，应用 Kriging 最优内插法对不同土壤肥力指标进行了空间分布特征研究。结果表明，各种土壤养分均呈现明显的空间分布格局。

4. 土壤有机质的空间变化特征

　　土壤有机质在整个项目区内有一定的变化，但变化幅度不大，大部分区域土壤有机质含量在 30~40g/kg。从总体分布上表现为 3 个不同区域。项目区中部为土壤有机质含量中等区域。沿主干渠偏南，大渔村和小河口土壤有机质含量一般，在 20~30g/kg，近水域地带也零星分布有一些土壤有机质含量一般的土壤。在项目区南部，以小海晏为中心土壤有机质含量较高，大于 40g/kg，同时，在其他区域也零星分布有部分有机质含量高于 40g/kg 的土壤，基本分布特征是以村庄为中心，如太平村、大河口村等（图 6.3）。

5. 土壤速效磷空间分布特征

　　项目区土壤速效磷空间分布规律比较复杂，分异性较大。总体而言，示范区土壤速效磷较为丰富。土壤速效磷变异较大，除了土壤中磷的移动性较小，受施肥影响较大外，与项目区常年施用高量磷肥，土壤累积大量的磷也有很大关系。除项目区北部以松花铺为中心有一个区域土壤速效磷含量小于 40mg/kg 外，其余大部分区域土壤速效磷含量均远高出一般农田土壤速效磷含量。土壤速效磷含量也明显表现为以村落周边区域较高的趋势。项目区南部土壤速效磷含量很高，大、小海晏周边土壤速效磷含量高于100mg/kg（图6.4）。土壤中长期累积大量的磷素，对滇池水体构成了严重的威胁。

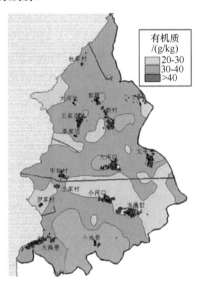

图 6.3　示范区土壤有机质分布

Fig. 6.3　The distribution of soil organic matter in demonstration area

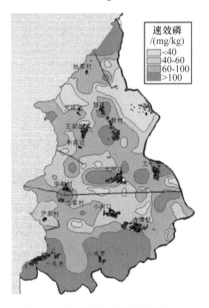

图 6.4　示范区土壤速效磷分布

Fig. 6.4　The distribution of soil available P in demonstration area

6. 土壤速效钾空间分布特征

项目区土壤速效钾总体含量一般，平均值约为 154mg/kg，属于土壤速效钾的临界范围。但从空间分布来看，分布并不均衡。除大渔村外，其他区域表现为离村庄较远的区域土壤速效钾含量低，基本含量在 80~130mg/kg，属于低钾区域。以村庄为中心分布有一些高钾区域，含量高于 180mg/kg，环绕这些高钾区域还分布有一些土壤速效钾在 130~180mg/kg 的土壤（图 6.5）。这些土壤属于临界范围附近的土壤，生产中需要注意稳定地补充一些钾素。

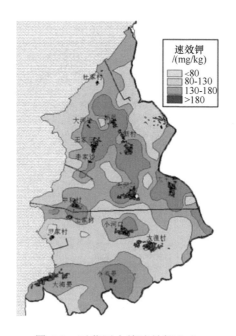

图 6.5　示范区土壤速效钾分布

Fig. 6.5　The distribution of soil available K in demonstration area

7. 基于土壤养分空间分布状况的区域性分区施肥技术

在形成土壤养分分区图的基础上，利用基于作物养分平衡原理的肥料推荐技术，制订出不同养分分区的作物优质高产施肥图。具体技术路线是根据土壤养分分区图与研究区域边界图进行叠加，确定重新生成的各个分区所需的养分量。在可能的情况下，最好与当地土地利用图进行二次叠加，然后根据地块或一定的自然边界，不同分区所占的比例，采用面积优先法、加权平均法或最小施肥量法等不同方法确定每个分区的养分用量（图 6.6）。

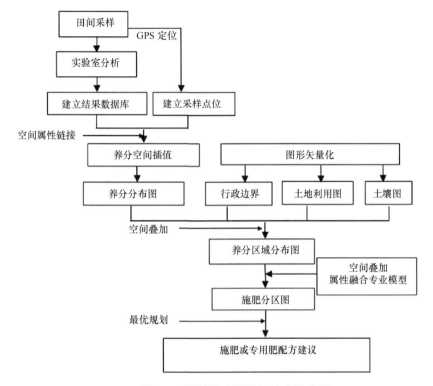

图 6.6 区域性分区施肥技术路线图

Fig. 6.6 The roadmap of regional partition fertilization technology

在养分分区图的基础上，还可以根据当地主要种植类型，提出不同作物的专用肥配方，以专用肥的形式将区域养分管理技术进行物化。通过不同元素的平衡施用，提高产量和效益，同时防止过量施肥对环境和水体造成的污染。

根据项目区土壤有机质、速效氮、速效磷和速效钾的空间分布规律及土壤养分丰缺评价指标，应用地理信息系统（GIS）的空间叠加技术对项目区土壤养分进行了综合分析（图 6.7），提出项目区适宜的氮磷钾用量比例。该区域大致划分为 3 个区域。一是项目区中部，以太平、大河口、新村等为中心的区域，包括南部小海晏。该区域土壤养分含量高，土壤中氮、磷含量均十分丰富，施肥主要以氮磷控制为主，保持适量钾肥供应。该区域养分供应比例以 N：P_2O_5：K_2O 为 1：(0.4~0.6)：(0.6~0.8)较为合适。二是项目区内大渔村、小河口及其周边区域，该区域基本特点是土壤氮磷养分供应基本充足，需要补充钾肥。N：P：K_2O 适宜比例为 1：(0.6~0.8)：(1.2~1.4)；三是除上述两个区域外的其他区域。该区域共同特点离村庄有一定距离，属适当控制氮磷肥用量，稳定钾肥用量的区域。N：P：K_2O 比例为 1：(0.4~0.6)：(1.0~1.2)（图 6.8）。

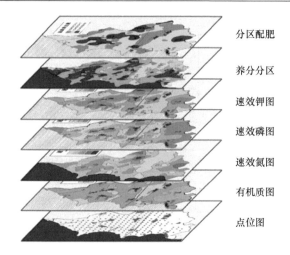

分区配肥

养分分区

速效钾图

速效磷图

速效氮图

有机质图

点位图

图 6.7　项目区土壤养分分布状况综合分析
Fig. 6.7　The comprehensive analysis of soil nutrient distribution in project area

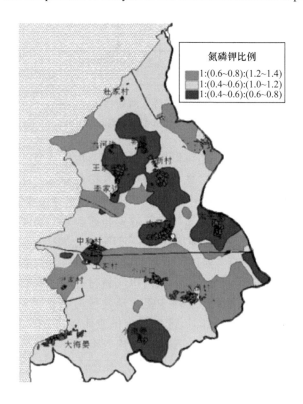

图 6.8　项目区土壤养分综合分区
Fig. 6.8　The comprehensive partition of soil nutrient in project area

根据项目区不同区域土壤养分分布特征，结合当地不同作物养分吸收研究结果，提出项目区主要作物基于区域养分管理技术的施肥方案（表 6.8）。根据该方案，在项目区的氮磷控制区域，如太平关和小海晏周边区域，种植西芹时采用 N∶P∶K$_2$O 比例为 1∶0.4∶0.7，氮用量为 20~28kg/亩。而在土壤养分供应基本充足的区域，如大渔村和小河口区域种植西芹时，推荐的 N∶P∶K$_2$O 比例为 1∶0.6∶1.2，氮用量为 30~40kg/亩。

表 6.8　项目区主要作物基于区域养分管理技术的施肥方案
Tab. 6.8　The fertilization scheme based on regional nutrient management techniques of the main crops in project area

图中色阶	作物	适宜氮磷钾比例	氮肥用量/(kg/亩)
	西芹	1∶0.6∶1.2	30~40
	青花	1∶0.65∶1.3	20~30
	青椒	1∶0.6∶1.25	15~25
	生菜	1∶0.8∶1.4	15~25
	西芹	1∶0.5∶1.0	25~35
	青花	1∶0.55∶1.05	15~25
	青椒	1∶0.55∶1.1	14~18
	生菜	1∶0.7∶1.2	12~20
	西芹	1∶0.4∶0.7	20~28
	青花	1∶0.5∶0.8	12~18
	青椒	1∶0.4∶0.8	10~20
	生菜	1∶0.6∶0.9	10~18

第二节　粮食作物快速营养诊断

一、研究的目的和意义

美国著名育种学家 Borlaug 博士在向国际土壤学会提交的一份世界粮食生产的报告中指出，20 世纪粮食产量的增加一半以上是来自于施用化学肥料，而且在 21 世纪这个作用还将继续增加（Borlaugand Dowswell，1994）。我国化肥网多年的研究也表明，我国施用化肥的增产效果为 40%~60%（林葆等，1996）。世界范围的经验证明，施肥，尤其是施用化肥，不论在发达国家还是在发展中国家都是最快、最重要的增产措施。

近年来，我国的化肥生产和施用水平迅速提高，1980 年化肥施用量为 1269 万 t

（养分），2000 年我国成了世界第一大肥料消费国和进口国，世界第二大化肥生产国，我国的化肥生产量 2000 年达到 3186 万 t（养分），施用量达到 4973 万 t（养分）；同时化肥是农业生产中的最大投资，全国化肥投入达 1500 亿元，约占农民全部生产性支出的 50%（《农资科技》，2003.5）；氮肥是化肥中施用量最大的肥料，氮肥的用量占化肥用量的 70%左右，2000 年氮肥产量达 5203 万 t（实物），其中尿素达 3070 万 t。由此可见，肥料尤其是氮肥在我国农业生产中起着举足轻重的作用，经济合理地施肥，也关系到农民增收节支的问题。然而，长期以来，我国农业生产中不合理施肥的现象非常普遍，这不仅造成了施肥经济效益的下降，也对生态环境造成了不良影响，主要表现如下。

（1）肥料利用率低。从 1984~1994 年十年间，我国化肥用量增加 90.7%，而粮食产量只增加了 9.0%（中国农业年鉴，1984~1994）。我国氮肥利用率平均为 35%（陈同斌，1993），主要粮食作物的氮肥利用率仅为 28%~41%（朱兆良，1992）；在经济作物，如花卉、蔬菜种植区，肥料的利用率更低，据测定，云南省呈贡县部分地区的化肥利用率还不到 10%。而与国外的化肥施用情况对比也可以看出我国的化肥施用效率远低于国外发达国家（表 6.9）。

表 6.9　中外施肥量比较
Tab. 6.9　The comparison of fertilizer rate between chinese and foreign

国家	人均耕地面积/hm^2	平均施肥量/（kg/hm^2）	每千克化肥产谷物量/kg
英国	0.104	275.5	23.4
德国	0.144	197.2	29.0
法国	0.316	305.4	21.5
美国	0.713	170.3	32.7
中国	0.114	154.0	20.2

（2）农产品中硝酸盐累积过高。在蔬菜作物，特别是叶菜类蔬菜，硝酸盐含量远远超过食品卫生标准的允许量（785mg/kg），通过作者的调查，昆明市蔬菜的硝酸盐含量最高可达 7000mg/kg，大大超过了允许标准。

（3）硝酸盐在土壤中积累，并向下运移，对地下水造成污染。北京地区由于氮肥施用过量和施用不合理，在蔬菜、玉米等作物生育期内存在明显的氮素淋溶损失（陈新平，1997；陈子明，1995）。十年间，氮肥用量增加了一倍，地下水硝酸盐浓度增加了近两倍（朱济成，1986）。太湖流域双季稻氮素淋失量近 30kg/hm^2，施用氮肥是其主要原因（王家玉和王胜佳，1996）。据研究报道滇池富营养化其污染源 44%来源于城市生活用水，56%来源于农业。

（4）大气的污染：对我国大气中氨通量的计算结果表明，1952~1992 年的 40 年间，大气中氨通量增加了 2.68 倍，其中，施用氮肥起了很大的作用。据研究，

1992 年大气氨的通量中 38%来自氮肥的施用。大气氨通量的增加对大气化学、土壤酸化、植被更替、森林衰退等生态问题都会产生负面影响。氮肥施用后硝化-反硝化过程产生的 N_2O 等气体也会对温室效应和臭氧层产生影响。

上述问题表明，在肯定化肥增产作用的同时，还必须在科学研究的基础上进行合理施用。

建立一套适合我国国情的推荐施肥技术是几代农业科学工作者一直努力的研究重点，国内外许多学者对此进行过探索，如养分平衡法、肥料效应函数法、土壤肥力指标法、营养诊断法等。在利用速测技术和小型仪器测试推荐施肥方面，国内外都做了大量工作，如水稻叶色诊断推荐施肥技术，不同作物的测土施肥技术，欧美等国的植株叶绿素仪技术、反射仪技术和土壤硝酸盐速测技术等。这些技术在一定程度上解决了以往凭经验盲目施肥带来的问题。然而，它们又各有其不足之处。主要表现在以下几个方面。

（1）在施肥时期方面，这些技术或者只能确定施肥总量，或者只能指导追肥量，没有将二者有机地结合起来。

（2）在技术应用成本和可操作性方面，以往推荐施肥方法的样品前处理过程比较烦琐，通常只能在实验室内进行，难以田间作业，成本也比较高。

（3）过去的测土施肥技术主要测定 0~20cm 土壤的碱解氮，在盆栽试验中，碱解氮与作物吸氮量间具有高度的相关性，而在田间试验中，碱解氮与作物吸氮量之间的相关性很差。其原因在于：在旱地条件下，播前土壤所供给的氮素主要有两部分，一是一定土层深度的 N_{min}，二是有机氮在作物生长期间矿化的氮，碱解氮却没有包括这一部分可利用的氮，也没有包括 0~20cm 以下的土壤 N_{min} 等。

（4）以往磷素，钾素和中、微量元素的施肥推荐主要采用测土施肥技术或肥料效应函数法。但常规的实验室土壤测试周期长、费用高、信息反馈慢，难以适应我国农业生产农时紧张的特点；而肥料效应函数法在考虑因素较多的情况下，不可避免地出现工作量大、精度低的问题。由于上述问题的存在，磷素，钾素及中、微量元素的推荐施肥受到了很大的限制。

云南是个农业省，农业在全省国民经济中占有举足轻重的作用。近年来，随着科学技术的发展，农业生产中应用化肥的现象十分普遍，云南从 1956 年开始施用化肥到 1999 年的 40 多年间，化肥用量不断增加，粮食总产也有相应提高（表 6.10）。

表 6.10　云南省化肥用量与粮食产量

Tab. 6.10　The fertilizer dosage and food production in Yunnan province

项目	1960 年	1970 年	1980 年	1990 年	1999 年
化肥总用量（纯量）/万 t	1.31	9.27	27.43	49.81	108.44
粮食总产量/万 t	489.35	698.45	865.55	1061.21	1399.25
单位养分产粮量/（kg/kg）	373.3	75.3	31.55	21.3	12.9

从 1960~1999 年近 40 年的时间，化肥用量增加了 82.8 倍，粮食总产却只增加了 2.86 倍。特别是 20 世纪 90 年代，云南省化肥施用量递增速度很快，1990~1999 年十年间，全省化肥施用量从 49.81 万 t 增加到 108.44 万 t，化肥施用量增加了 118%；而粮食总产只增加了 31.85%，施肥的效益下降，单位养分的增产率下降，养分的利用率下降。此外，云南省的氮磷钾养分的比例也极为失衡，1999 年化肥 $N：P_2O_5：K_2O$ 为 $1：0.30：0.19$，据此推算，氮肥的用量占化肥用量的 2/3。由于氮肥的增产作用，为获得高产，盲目施用氮肥的现象普遍存在。由此可见，云南农业生产中的施肥问题尤其是氮肥的施用问题是很突出的，氮肥施用问题解决好了，化肥的施用问题也解决了大部分。通过合理的技术措施，达到既增加作物产量，又提高施肥的经济效益和保护生态环境的目的，是实现云南农业可持续发展和建设绿色经济强省的需要。

将云南省主要旱地作物小麦、玉米的快速营养诊断和推荐施肥作为研究重点，以氮肥的推荐为核心，以土壤无机氮快速测试进行氮肥基肥用量推荐，植株硝酸盐快速测试进行氮肥追肥用量推荐，养分平衡和土壤肥力监测确定，调整磷钾及中、微量元素肥料用量作为主要研究内容，通过试验示范验证，建立一套适合云南农业生产现状、简便易行、易于推广的主要旱地作物（小麦、玉米）推荐施肥技术体系，不仅为提高云南省的科学施肥水平提供了新的技术和可能，而且在技术的理论基础和实用性方面走在了国内外前列，其理论意义和应用价值不言而喻。

二、施肥模型的选择和最佳施氮量的确定

（一）前言

任何氮肥推荐方法的研究都离不开氮肥效应模型的选择与应用。无论在国内或国际上，二次模型都是最为常用的描述禾谷类作物对氮肥反应的模型。然而，近年来的一些研究表明，这一传统的观念需要重新加以认识。项目技术来源单位之一美国 Iowa 州立大学 Cerreto 和 Blackmer（1990）经过多年研究发现，线性加平台、二次型加平台、二次多项式和平方根等模型都能够很好地拟合玉米产量和施肥量的关系，其中以线性加平台和二次型加平台为最优。其他一些研究也证明，对马铃薯、蔬菜、小麦等作物而言，以二次型加平台或线性加平台模型拟合作物对氮肥的反应较好。在这些研究中，采用线性加平台模型或二次型加平台模型不仅拟合程度较好，而且可以在产量不减的前提下有效地减少氮肥用量，提高氮肥的经济效益。

张福锁等通过多点多水平（一般用 6 水平）氮肥试验，分别采用线性加平台、二次型、平方根和二次型加平台模型对作物产量与施氮量关系进行拟合，结果表明如下。

（1）由于近年来有计划地筛选耐倒伏、耐肥和高产的品种，目前普遍推广应用的小麦和玉米品种在达到较高产量水平的一定施氮量范围内，并不会因施氮过量而立即导致倒伏和减产，而是出现一个产量平台。

（2）在大多数试验中，二次型、平方根、线性加平台和二次型加平台模型都可以很好地表征氮肥用量与小麦产量间的关系。例如，1998 年在北京市进行的 10 个冬小麦氮肥试验中，50%的点氮肥效应模型以线性加平台最优，20%的点以二次型加平台最优，10%的点以二次型最优，另有两个点施氮没有增产效应。

（3）在施肥的环境效益方面，通过研究发现在对土壤残留无机氮（涉及地下水污染）、氮肥利用率及秸秆含氮量（涉及大气 NO_x 污染）的影响方面，均以线性加平台模型具有最佳的环境效益，二次型加平台模型次之，二次型最差，这与不同施肥模型计算得到的最佳施肥量差别较大有直接关系。

为获得适合云南不同地区和不同作物的合适的施肥模型，1999 年本项目进行了以建立施肥模型为主的田间小区试验。

（二）试验材料及方法

为了获得不同地区，不同作物（玉米、小麦）的施肥模型和最佳施氮量，项目组采用随机区组设计的方法，在祥云、沾益、宜良安排布置了 7 组不同施氮量水平（6 个处理）的三重复玉米及小麦试验。供试作物品种为当地大面积推广的'滇丰四号'（玉米）、'会单四号'（玉米）、'凤系 9021'（小麦）、'川麦 23'（小麦）和'绵阳 19'（小麦）。供试氮肥品种为尿素。对不同的氮水平配合施用等量的磷肥、钾肥。试验地基本情况见表 6.11。

表 6.11　供试土壤 0~30cm 基本农化性状
Tab. 6.11　The basic agrochemical characteristics of the 0~30 cm　tested soil

试验地点及作物	有机质/%	硝态氮/（mg/kg）	氨态氮/（mg/kg）	速效磷/（mg/kg）	速效钾/（mg/kg）	pH
1999 年沙龙玉米	3.47	7.38	6.18	41.2	178	6.96
1999 年龙泉玉米	2.93	11.19	4.54	18.3	200	7.98
1999 年白水玉米	1.96	1.73	9.37	8.57	200	6.43
1999 年城关小麦	3.58	12.01	8.02	34.46	218	7.15
1999 年南羊小麦	2.16	1.98	1.33	12.95	73.21	7.44
1999 年龙泉小麦	4.14	6.31	0.75	27.2	141	8.19
1999 年白水小麦	3.39	4.88	0.75	20.4	243	6.40
2000 年沙龙玉米	3.07	13.05	2.46	45.47	182.10	7.98
2000 年南羊玉米	2.22	10.51	3.26	33.52	135.31	5.35
2000 年大坡玉米	2.86	12.13	1.62	51.25	191.8	7.42
2000 年城关小麦	3.63	11.63	8.47	35.95	224.95	7.22
2000 年龙泉小麦	4.34	8.14	3.55	28.48	132.69	8.10
2000 年南羊小麦	2.10	4.55	3.20	11.120	67.63	7.48

（三）结果和讨论

1. 氮肥效应模型的建立

氮肥肥效模型可用直线加平台、二次型加平台、二次多项式和平方根建立，具体表达式如下。

（1）直线加平台模型：

$$Y=A+BX（X<C）\tag{6.3}$$
$$Y=P$$

式中，Y 为产量（kg/亩），X 为氮肥用量（kg/亩），A 为截距，B 为直线回归系数，C 为直线与平台的交点，P 为平台产量（kg/亩）。

（2）二次型模型：

$$Y=A+BX+CX^2\tag{6.4}$$

式中，Y 为产量（kg/亩），X 为氮肥用量（kg/亩），A 为截距，B 为直线回归系数，C 为二次回归系数。

（3）二次型加平台模型：

$$Y=A+BX+CX^2\tag{6.5}$$
$$Y=P$$

式中，Y 为产量（kg/亩），X 为氮肥用量（kg/亩），A 为截距，B 为直线回归系数，C 为二次回归系数，P 为平台产量（kg/亩）。

（4）平方根模型：

$$Y=A+BX^{0.5}+CX\tag{6.6}$$

式中，Y 为产量（kg/亩），X 为氮肥用量（kg/亩），A 为截距，B 为平方根回归系数，C 为二次回归系数。

采用这 4 种模型，根据试验结果对玉米和小麦的氮肥效应进行拟合，作者得到了不同地区和不同作物的施肥模型，见表 6.12。

利用上述施肥模型，建立的不同地区和不同作物的施肥量与产量的二次拟合曲线和线性拟合曲线见图 6.9。

2. 最佳施肥模型和最佳施氮量

根据 SAS 统计分析结果，在综合考虑相关系数大小，推荐施肥效果、经济效益大小、回归方程拟合性和生产实际的基础上，本项目经过研究，确定了不同地区的最佳施肥模型和最佳施氮量，见表 6.13。

表 6.12　不同地区和不同作物的施肥模型
Tab.　6.12　The fertilization model of different crops and different areas

地点及作物	模型类型	数学表达式	R^2
祥云小麦	二次型	$Y=219.38+22.523X-0.5624X^2$	0.8879
	二次型+平台	$Y=209.52+28.175X-0.8954X^2$（二次型） $Y=431.17$（平台）	0.9094
	平方根	$Y=202.80+78.491X^{0.5}-6.076X$	0.9211
	线性+平台	$Y=203.39+28.559X$（线性） $Y=420.68$（平台）	0.8844
宜良小麦	二次型	$Y=342.24+14.443X-0.2239X^2$	0.8404
	二次型+平台	$Y=342.24+14.443X-0.2239X^2$（二次型） $Y=575.23$（平台）	0.8404
	平方根	$Y=331.64+41.594X^{0.5}+0.7676X$	0.8466
	线性+平台	$Y=334.33+16.165X$（线性） $Y=547.31$（平台）	0.8231
祥云玉米	二次型	$Y=323.60+19.699X-0.2369X^2$	0.6933
	二次型+平台	$Y=282.40+32.560X-0.6542X^2$（二次型） $Y=687.51$（平台）	0.7668
	平方根	$Y=281.06+124.803X^{0.5}-9.4413X$	0.7521
	线性+平台	$Y=283.36+24.316X$（线性） $Y=688.07$（平台）	0.7670
沾益玉米	二次型	$Y=423.86+18.817X-0.3921X^2$	0.6119
	二次型+平台	$Y=429.77+18.140X-0.4486X^2$（二次型） $Y=613.17$（平台）	0.4801
	平方根	$Y=419.66+85.946X^{0.5}-9.4582X$	0.4950
	线性+平台	$Y=430.47+14.175X$（线性） $Y=611.58$（平台）	0.4803
宜良玉米	二次型	$Y=519.64+14.710X-0.3660X^2$	0.4043
	二次型+平台	$Y=485.17+44.460X-3.1117X^2$（二次型） $Y=643.99$（平台）	0.5451
	平方根	$Y=489.32+79.665X^{0.5}-9.7074X$	0.5274
	线性+平台	$Y=485.17+28.902X$（线性） $Y=643.99$（平台）	0.5451

注：沾益县小麦由于受锈病的影响没能建立理想的施肥模型

表 6.13　不同地区的最佳施肥模型和最佳施氮量
Tab. 6.13　The best fertilization model and the best N application in different areas

地点及作物	最佳施肥模型	R^2	最佳施氮量/（kg/亩）	最佳产量/（kg/亩）	最佳肥料效益/（元/亩）
祥云小麦	二次型+平台	0.9094	12.49	560.9	448.68
宜良小麦	二次型	0.8404	15.43	565.0	451.99
祥云玉米	平方根	0.7521	22.37	778.2	622.59
沾益玉米	线性+平台	0.4803	12.77	688.1	550.45
宜良玉米	二次型	0.4043	14.97	657.8	526.27

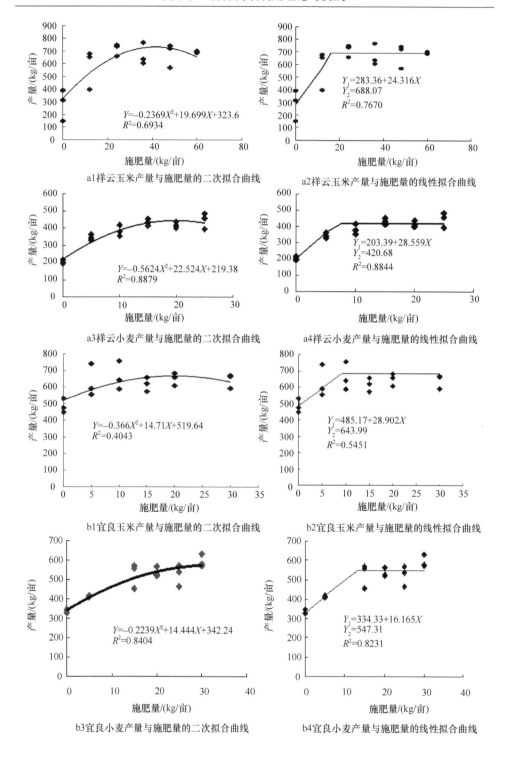

a1祥云玉米产量与施肥量的二次拟合曲线

a2祥云玉米产量与施肥量的线性拟合曲线

a3祥云小麦产量与施肥量的二次拟合曲线

a4祥云小麦产量与施肥量的线性拟合曲线

b1宜良玉米产量与施肥量的二次拟合曲线

b2宜良玉米产量与施肥量的线性拟合曲线

b3宜良小麦产量与施肥量的二次拟合曲线

b4宜良小麦产量与施肥量的线性拟合曲线

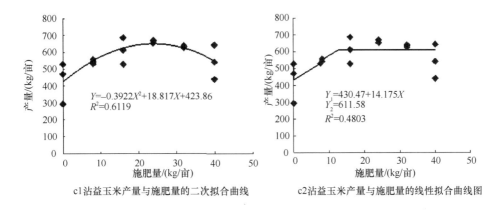

c1沾益玉米产量与施肥量的二次拟合曲线　　c2沾益玉米产量与施肥量的线性拟合曲线图

图 6.9　不同地区、作物施肥量与产量的二次、线性拟合曲线

Fig. 6.9　The quadratic and linear fitting curve of fertilizer rate and yield with different areas and crops

3. 讨论

不同地区和不同作物的施肥模型的选择和最佳施氮量的确定应根据试验结果确定，这样才能更好地与生产实际结合。在实际应用中其他地区同一作物的施肥模型可作为参考，但不能完全照搬，以免脱离生产实际。

三、土壤无机氮快速测试与氮肥基肥用量推荐研究

应用土壤有机质和全氮含量作为土壤有效氮的指标已经被证明不适用（Matar et al.，1990）。我国在很长一段时间里一直沿用碱解氮（氨态氮）作为土壤供氮指标，但许多研究证明，碱解氮在盆栽试验中与作物产量和吸氮量虽有较好的相关性，但在田间条件下相关性却很差（朱兆良，1992），不宜作为氮肥推荐的指标。有关土壤剖面无机氮（Nmin）作为土壤供氮指标已进行了 20 多年的研究，国内对此也有很多研究，如邵则瑶等（1989）认为，0~60cm 土壤无机氮可用于冬小麦的氮肥推荐，但由于土壤深层取样困难、土壤测试烦琐等，使该项技术只停留在研究阶段。在欧美各国，土壤无机氮作为土壤有效氮的测试指标并进行氮肥推荐已有很长的历史，是一项较为成熟的方法。近年来，在一些国家通过大量研究，将传统的 0~120cm 深度的土壤取样改为 0~60cm，将土壤无机氮的测试改进为土壤硝态氮的测试，将传统的实验室分析改进为田间的快速测试，使这一技术更易为人们接受和推广应用。

为研究云南土壤的无机氮与玉米、小麦产量的相关性，提供适合云南生产实际的土壤无机氮快速测试与氮肥基肥用量推荐系统，本项目在祥云、沾益和宜良

进行了相关研究。

（一）试验材料及方法

1999 年和 2000 年项目组分别在大理的祥云县（代表玉米和小麦高产区）、曲靖市的沾益县（代表玉米中低产区和旱地小麦）、昆明市的宜良县（代表玉米中产区和滇中田麦区）采用随机区组设计的方法，研究土壤无机氮快速测试在氮肥基肥用量推荐中的应用。每组试验设 6 个氮水平，3 次重复。试验设计及处理见表 6.14。

表 6.14　不同地区和不同作物试验设计
Tab. 6.14　The experimental design in different areas and different crops

试验地点	作物名称	I	II	III	IV	V	VI	P₂O₅/（kg/亩）	K₂O/（kg/亩）	备注
		N/（kg/亩）								
祥云沙龙	移栽玉米	0	12	24	36	48	60	8.0	7.5	滇丰四号 1999 年
沾益龙泉	直播玉米	0	8	16	24	32	40	4.8	5.0	会单四号 1999 年
沾益白水	直播玉米	0	8	16	24	32	40	4.8	5.0	会单四号 1999 年
祥云周家	小麦（田）	0	5	10	15	20	25	8.0	5.0	凤系 9021 1999 年
宜良南羊	小麦（田）	0	5	15	20	25	30	8.0	10	川麦 23 1999 年
沾益龙泉	小麦（地）	0	5	15	20	25	30	8.0	10	绵阳 19 1999 年
沾益白水	小麦（地）	0	5	15	20	25	30	8.0	10	绵阳 19 1999 年
祥云沙龙	移栽玉米	0	5	15	25	35	50	8.0	7.5	滇丰四号 2000 年
宜良南羊	直播玉米	0	5	10	15	20	30	4.8	10	8053 2000 年
沾益大坡	直播玉米	0	5	10	15	20	30	4.8	10	会单四号 2000 年
祥云黄家	小麦（田）	0	5	10	15	20	25	8.0	15	凤麦 24 2000 年
沾益龙泉	小麦（地）	0	6	12	18	24	30	8.0	15	绵阳 19 2000 年
宜良南羊	小麦（田）	0	6	12	18	24	30	8.0	20	川麦 23 2000 年

供试作物为玉米和小麦。供试土壤有山原红壤（沾益、宜良）、草甸土（祥云，当地又称鸡粪土）、冲积型水稻土（宜良）。玉米和小麦品种分别为'滇丰四号'（玉米）、'会单四号'（玉米）、'凤系 9021'（小麦）、'川麦 23'（小麦）和'绵阳 19'（小麦）。试验地土壤无机氮基本情况见表 6.15 和表 6.16。

试验在移栽玉米的大喇叭口期、直播玉米的拔节期和大喇叭口期、小麦的分蘖期和拔节期，用硝酸盐反射仪和土壤速测箱在田间测定 0~30cm、30~60cm、60~90cm 土壤的硝态氮和铵态氮，以及植株硝酸盐含量。

表 6.15 玉米试验土壤无机氮基本情况
Tab. 6.15 The basic situation of soil inorganic nitrogen on corn test

试验地点	0~30cm		30~60cm		60~90cm	
	NH_4^+-N / (mg/kg)	NO_3^--N / (mg/kg)	NH_4^+-N / (mg/kg)	NO_3^--N / (mg/kg)	NH_4^+-N / (mg/kg)	NO_3^--N / (mg/kg)
1999 年沙龙玉米	6.18	7.38	4.60	2.99	6.86	2.27
1999 年龙泉玉米	4.54	11.19	5.32	2.05	6.31	1.71
1999 年白水玉米	9.37	1.73	6.56	9.50	3.19	3.09
2000 年沙龙玉米	2.46	13.05	1.95	5.08	4.29	7.42
2000 年南羊玉米	3.26	10.51	2.28	19.35	1.98	28.98
2000 年大坡玉米	1.62	12.13	2.09	10.06	3.01	9.92

表 6.16 小麦试验土壤无机氮基本情况
Tab. 6.16 The basic situation of soil inorganic nitrogen on wheat test

试验地点	0~30cm		30~60cm		60~90cm	
	NH_4^+-N / (mg/kg)	NO_3^--N / (mg/kg)	NH_4^+-N / (mg/kg)	NO_3^--N / (mg/kg)	NH_4^+-N / (mg/kg)	NO_3^--N / (mg/kg)
1999 年城关小麦	8.02	12.01	3.40	4.08	7.19	7.91
1999 年南羊小麦	1.33	1.98	1.33	1.33	1.67	1.34
1999 年龙泉小麦	0.75	6.31	1.58	1.58	1.85	1.39
1999 年白水小麦	0.75	4.88	0.38	5.33	1.17	0.77
2000 年城关小麦	8.47	11.63	4.81	9.98	0.01	7.95
2000 年龙泉小麦	3.55	8.14	0.30	8.90	0.16	9.37
2000 年南羊小麦	3.20	4.55	1.07	6.22	0.86	5.05

（二）结果和讨论

1. 土壤无机氮构成情况

在项目实施过程中，通过取样分析研究，不同地区和不同作物生长季节的土壤无机氮含量情况见表 6.17~表 6.23。

由表 6.15 和表 6.16 可以看出，在不同地区不同作物生长季节的土壤无机氮含量情况是：土壤无机氮主要以硝态氮为主，铵态氮所占比较小，图 6.10 是不同地区、不同作物、不同时期对应不同处理的土壤无机氮分布情况图。

从不同地区、不同作物、不同时期的土壤无机氮含量情况和柱状分布图可以看出，土壤铵态氮的含量普遍在 10mg/kg 以下，绝大多数在 5mg/kg 左右，不同季节除刚刚施用铵态或酰胺态氮肥的短时间以外，土壤铵态氮基本保持恒定。由此说明土壤供氮的主要来源并不是铵态氮，硝态氮才是土壤无机氮的主要组成（特别是在高产、高投入地区）。因此用硝态氮来表征土壤的供氮能力，并将其作为氮肥基肥用量推荐的基础，在生产中更具有指导性。

表 6.17　2000 年宜良、祥云玉米不同生长阶段土壤无机氮情况

Tab. 6.17　The soil inorganic nitrogen of corn with different growth stage in Yiliang and Xiangyun in 2000

| 拔节期 | | 0~30cm | | 30~60cm | | 60~90cm | |
地点	处理	铵态氮	硝态氮	铵态氮	硝态氮	铵态氮	硝态氮
宜良县	1	5.39	23.10	6.16	13.09	2.31	30.80
	2	4.62	12.32	3.08	12.32	6.16	37.73
	3	1.54	12.32	6.93	12.32	3.08	18.48
	4	2.31	13.09	7.70	18.48	6.16	31.42
	5	3.08	16.17	3.85	13.10	3.85	19.25
	6	3.08	16.17	1.54	10.78	1.54	29.26
祥云县	1	4.7	6.5	3.0	6.9	1.4	3.94
	2	3.2	12.3	4.6	9.1	3.0	6.31
	3	2.1	8.8	2.7	8.2	2.4	5.52
	4	2.7	10.7	1.9	5.0	4.4	4.89
	5	2.1	17.8	3.8	11.8	1.3	7.73
	6	2.7	15.9	2.1	14.5	1.4	7.57

表 6.18　2000 年沾益玉米不同生长阶段土壤无机氮情况

Tab. 6.18　The soil inorganic nitrogen of corn with different growth stage in Zhanyi in 2000

| 拔节期 处理 | 0~30cm | | 30~60cm | | 60~90cm | |
	铵态氮	硝态氮	铵态氮	硝态氮	铵态氮	硝态氮
1	6.93	18.48	11.55	34.65	10.78	15.40
2	9.24	17.71	6.93	10.78	2.31	10.78
3	10.01	21.56	5.39	9.24	4.62	12.32
4	8.47	39.27	9.24	23.87	7.70	29.26
5	3.08	26.95	4.62	14.63	1.54	16.17
6	9.24	16.94	15.40	12.32	7.70	16.17

| 大喇叭口 | 0~30cm | | 30~60cm | | 60~90cm | |
	铵态氮	硝态氮	铵态氮	硝态氮	铵态氮	硝态氮
1	5.55	6.16	4.16	12.32	8.93	7.08
2	9.09	6.93	10.32	15.71	8.47	22.33
3	2.16	6.93	7.24	16.33	3.39	20.73
4	3.08	5.39	12.01	25.10	12.94	18.33
5	1.39	21.10	3.39	20.79	9.70	12.78
6	2.93	15.40	4.62	28.65	5.54	39.42

表 6.19 2000 年祥云小麦不同生长阶段土壤无机氮情况
Tab. 6.19 The soil inorganic nitrogen of wheat with different growth stage in Xiangyun in 2000

分蘖期处理	0~30cm		30~60cm		60~90cm	
	硝态氮	铵态氮	硝态氮	铵态氮	硝态氮	铵态氮
1	10.30	9.39	3.88	11.06	1.91	10.57
2	12.04	10.46	3.52	9.59	1.89	7.79
3	12.78	10.70	4.22	8.36	1.79	8.79
4	16.45	9.25	5.35	8.03	2.89	7.45
5	25.20	6.62	5.39	7.74	4.24	6.39
6	27.74	4.90	7.94	7.40	5.29	7.49
拔节期处理	0~30cm		30~60cm		60~90cm	
	硝态氮	铵态氮	硝态氮	铵态氮	硝态氮	铵态氮
1	41.4	0.9	6.7	0.0	7.0	2.1
2	48.7	0.4	14.0	0.8	3.0	1.2
3	57.0	2.7	6.8	5.8	3.1	2.4
4	66.2	3.5	9.6	2.4	9.1	3.5
5	95.8	3.5	19.2	2.3	49.9	8.4
6	106.2	1.3	10.4	1.9	22.0	3.5

表 6.20 2000 年宜良小麦不同生长阶段土壤无机氮情况
Tab. 6.20 The soil inorganic nitrogen of wheat with different growth stage in Yiliang in 2000

分蘖期处理	0~30cm		30~60cm		60~90cm	
	硝态氮	铵态氮	硝态氮	铵态氮	硝态氮	铵态氮
1	6.6	5.9	5.4	4.9	2.5	6.4
2	13.3	4.0	12.1	5.3	4.1	6.8
3	24.5	8.1	5.9	5.4	2.0	7.4
4	39.3	4.7	19.1	3.5	3.0	3.4
5	46.0	7.0	9.2	5.5	2.7	4.7
6	45.3	6.4	16.1	4.5	6.0	6.0
拔节期处理	0~30cm		30~60cm		60~90cm	
	硝态氮	铵态氮	硝态氮	铵态氮	硝态氮	铵态氮
1	2.79	6.17	2.09	5.02	0.98	4.83
2	6.10	5.55	1.88	5.81	1.64	4.74
3	9.50	8.30	1.37	3.20	0.92	4.66
4	6.52	7.51	2.78	6.13	1.71	5.96
5	10.24	7.17	2.57	3.87	3.23	5.50
6	7.51	6.16	2.80	5.84	1.87	4.00

表 6.21　1999 年沾益玉米不同生长阶段土壤无机氮情况

Tab. 6.21　The soil inorganic nitrogen of corn with different growth stage in Zhanyi in 1999

拔节期 处理	0~30cm		30~60cm	
	铵态氮	硝态氮	铵态氮	硝态氮
1	1.76	17.73	2.71	4.27
2	4.30	16.13	1.18	3.92
3	1.76	20.21	1.95	8.99
4	2.39	29.71	5.08	8.60
5	0.53	13.41	3.80	8.36
6	1.85	48.30	2.71	4.64
大喇叭口 处理	0~30cm		30~60cm	
	铵态氮	硝态氮	铵态氮	硝态氮
1	2.13	5.66	7.05	1.01
2	3.05	10.95	4.80	3.42
3	3.45	9.57	5.55	2.02
4	2.93	22.89	7.26	20.44
5	1.92	14.36	3.03	6.60
6	9.11	25.35	1.88	10.78

表 6.22　1999 年不同地区小麦不同生长阶段 0~30cm 土壤无机氮情况

Tab. 6.22　The 0~30 cm soil inorganic nitrogen of wheat with different growth stage in different areas in 1999

地点	1999 年沾益县		1999 年祥云县			
时期	分蘖期		分蘖期		拔节期	
处理	铵态氮	硝态氮	铵态氮	硝态氮	铵态氮	硝态氮
1	1.64	6.33	2.96	9.72	2.05	6.17
2	3.76	9.27	3.00	18.87	3.58	6.60
3	1.52	12.51	5.31	19.55	1.54	13.77
4	1.78	24.04	1.70	18.18	1.42	11.61
5	0.89	26.00	2.53	12.38	2.55	19.38
6	1.40	34.44	8.94	31.22	5.02	27.80

2. 土壤硝态氮与玉米、小麦相对产量的相关性分析

田间试验结果表明，土壤不同层次的硝态氮能较好地表征土壤供氮能力，在综合考虑土壤供氮能力与玉米、小麦产量之间的相关性和减少工作强度，以及简便易行的前提下，选用 0~60cm 土壤硝态氮含量作为玉米基肥推荐指标和 0~30cm 土壤硝态氮含量作为小麦基肥推荐指标，在实际生产中既能减少肥料投入，又能实现节本增效的目的。

图 6.11 是土壤硝态氮与玉米、小麦相对产量的相关分析图。

表6.23 1999年沾益、祥云玉米不同生长阶段土壤无机氮情况
Tab. 6.23 The soil inorganic nitrogen of corn with different growth stage in Zhanyi and Xiangyun in 1999

沾益玉米拔节期处理	0~30cm		30~60cm	
	铵态氮	硝态氮	铵态氮	硝态氮
1	0.6	5.0	0.4	4.9
2	0.9	15.0	0.5	12.7
3	0.0	22.1	0.3	12.0
4	0.3	22.1	0.0	10.8
5	0.4	27.3	1.5	16.8
6	0.1	50.7	0.1	16.8

沾益玉米大喇叭口	0~30cm		30~60cm	
	铵态氮	硝态氮	铵态氮	硝态氮
1	1.6	0.7	3.7	1.2
2	1.6	1.5	2.4	0.5
3	2.2	7.0	2.8	1.9
4	4.5	14.1	2.4	10.8
5	19.4	21.5	11.0	32.2
6	21.5	22.7	8.5	10.2

祥云玉米大喇叭口处理	0~30cm		30~60cm	
	铵态氮	硝态氮	铵态氮	硝态氮
1	2.11	7.07	2.94	5.79
2	2.46	6.25	1.85	4.77
3	2.77	18.04	3.36	6.85
4	2.45	16.91	2.87	11.42
5	2.88	22.87	2.26	7.48
6	2.82	46.37	1.94	13.18

由图6.11可以看出，不同层次土壤硝态氮加肥料氮所求得的供氮量与玉米、小麦相对产量的相关性非常接近，这说明用不同层次土壤硝态氮表征土壤供氮能力是可行的。

3. 氮肥基肥用量推荐

根据试验结果，推荐不同地区基于0~60cm土壤硝态氮测试的玉米基肥用量指标和基于0~30cm土壤硝态氮测试的小麦基肥用量指标的方法是：在玉米和小麦播种或移栽前，测定0~30cm或0~60cm土壤的无机氮含量，设测定值为N_x，以最佳

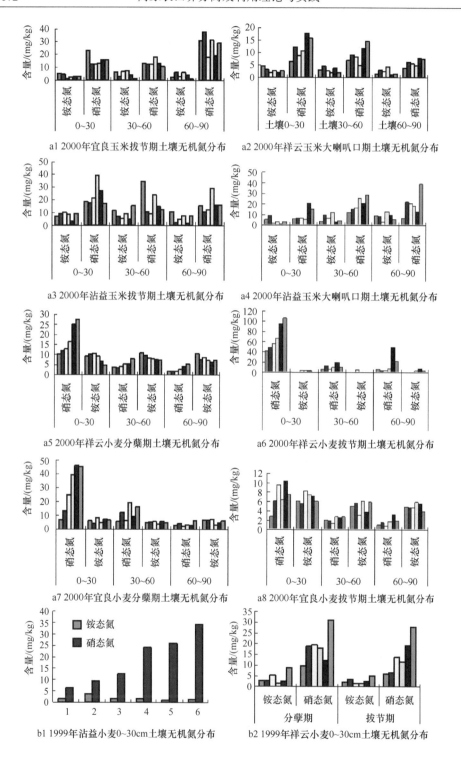

a1 2000年宜良玉米拔节期土壤无机氮分布

a2 2000年祥云玉米大喇叭口期土壤无机氮分布

a3 2000年沾益玉米拔节期土壤无机氮分布

a4 2000年沾益玉米大喇叭口期土壤无机氮分布

a5 2000年祥云小麦分蘖期土壤无机氮分布

a6 2000年祥云小麦拔节期土壤无机氮分布

a7 2000年宜良小麦分蘖期土壤无机氮分布

a8 2000年宜良小麦拔节期土壤无机氮分布

b1 1999年沾益小麦0~30cm土壤无机氮分布

b2 1999年祥云小麦0~30cm土壤无机氮分布

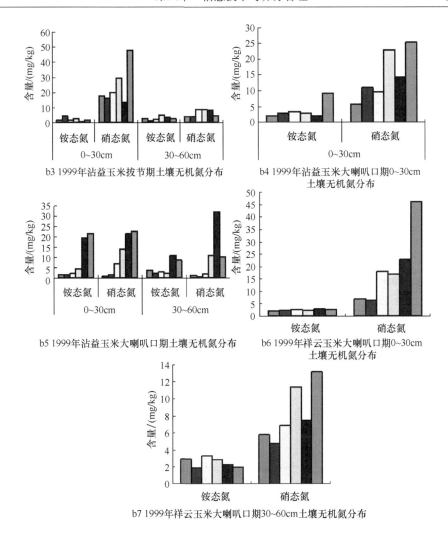

b3 1999年沾益玉米拔节期土壤无机氮分布

b4 1999年沾益玉米大喇叭口期0~30cm
土壤无机氮分布

b5 1999年沾益玉米大喇叭口期土壤无机氮分布

b6 1999年祥云玉米大喇叭口期0~30cm
土壤无机氮分布

b7 1999年祥云玉米大喇叭口期30~60cm土壤无机氮分布

图 6.10　不同地区、不同作物、不同时期对应不同处理的土壤无机氮分布

Fig. 6.10　The distribution of soil inorganic nitrogen with different times for different treatment
in different areas and crops

供氮量 Nopt 和 N_x 的差，计算其基肥的用量。用数学式表示如下：

$$Nb=（Nopt-N_x）×基肥比例$$

式中，Nb 为基肥用量，基肥比例视不同的地区和作物作灵活调整。

依此方法在田间试验的基础上，确定不同地区基于 0~60cm 土壤硝态氮测试的玉米基肥用量指标和基于 0~30cm 土壤硝态氮测试的小麦基肥用量指标。表 6.24 和表 6.25 是确定的玉米和小麦基肥用量指标。

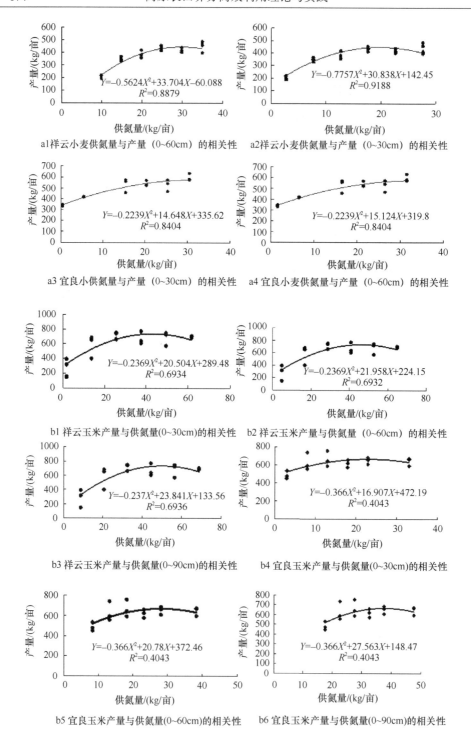

a1祥云小麦供氮量与产量（0~60cm）的相关性　　a2祥云小麦供氮量与产量（0~30cm）的相关性

a3 宜良小供氮量与产量（0~30cm）的相关性　　a4 宜良小麦供氮量与产量（0~60cm）的相关性

b1 祥云玉米产量与供氮量(0~30cm)的相关性　　b2 祥云玉米产量与供氮量（0~60cm）的相关性

b3 祥云玉米产量与供氮量(0~90cm)的相关性　　b4 宜良玉米产量与供氮量(0~30cm)的相关性

b5 宜良玉米产量与供氮量(0~60cm)的相关性　　b6 宜良玉米产量与供氮量(0~90cm)的相关性

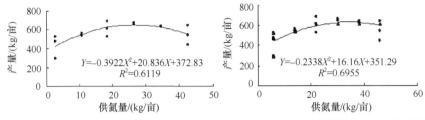

b7 沾益玉米产量与供氮量(0~30cm)的相关性　　　b8 沾益玉米产量与供氮量(0~60cm)的相关性

图 6.11　土壤硝态氮与玉米、小麦产量的相关分析

Fig. 6.11　The correlation analysis of soil inorganic nitrogen with corn，wheat production

表 6.24　不同地区玉米基肥推荐量

Tab. 6.24　The recommended corn basal in different areas

地点	0~60cm 土壤硝态氮		最佳供氮量 /(kg/亩)	基肥推荐量 /(kg/亩)
	浓度/(mg/kg)	浓度/(kg/亩)		
祥云 （移栽）	0~15	0~7	22	9~10
	15~30	7~14	22	8~9
	30~45	14~21	22	4~6
	45~60	21~26	22	2~4
宜良 （直播）	0~10	0~5	15	3~4
	10~20	5~10	15	2~3
	20~30	10~15	15	1~2
	30~40	15~20	15	0~1
沾益 （直播）	0~10	0~5	12	3~4
	10~20	5~10	12	2~3
	20~30	10~15	12	1~2
	30~40	15~20	12	0~1

表 6.25　不同地区小麦基肥推荐量

Tab. 6.25　The recommended wheat basal in different areas

地点	0~30cm 土壤硝态氮		最佳供氮量 /(kg/亩)	基肥推荐量 /(kg/亩)
	浓度施 N 量/(mg/kg)	浓度施 N 量/(kg/亩)		
祥云（田麦）	0~15	0~4	12	4~6
	15~30	4~8	12	3~4
	30~45	8~12	12	0~1
沾益（地麦）	0~15	0~4	12	4~6
	15~30	4~8	12	2~4
	30~45	8~12	12	0~2
宜良（田麦）	0~15	0~4	15	8~10
	15~30	4~8	15	6~8
	30~45	8~12	15	4~6
	45~60	12~16	15	2~4
	60~75	16~20	15	1~2
	75~90	20~24	15	0

四、植株硝酸盐快速测试与氮肥追肥用量推荐

（一）前言

应用植株测试技术评价小麦、玉米氮营养状况是国际上小麦、玉米氮肥管理中普遍应用的技术。植株快速测试技术的优点在于样品采集方便，而且因采用作物自身组织进行测定，可以综合地反映土壤养分供应状况。但是研究中也发现，植株硝酸盐临界水平在不同地点有变化，并且在不同生长发育阶段有较大的变异。因此，建立适合各地生产情况的不同生态区作物硝酸盐诊断指标是非常必要的。

（二）小麦、玉米植株硝酸盐测试方法的研究

生产中，小麦拔节期、玉米大喇叭口期是进行氮肥追肥的主要时期。采用反射仪法进行植株硝酸盐测试指导施肥，国际上已有相当多的工作，在这些研究中，一般认为，小麦的测试部位以茎基部为好，采用叶片或整株硝酸盐浓度来作为小麦氮营养状况的指标不如茎基部灵敏。作者的研究结果也说明，小麦拔节期地面以上茎基部的硝酸盐浓度最高，随着与地面距离的增加，茎秆中硝酸盐浓度逐渐降低，图 6.12 是小麦拔节期距地面不同高度茎秆中硝酸盐浓度的变化情况。

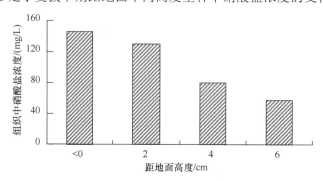

图 6.12　小麦拔节期距地面不同高度茎秆中硝酸盐浓度
Fig. 6.12　The nitrate concentration in different height stem from ground at the wheat jointing stage

另外，国际上玉米植株硝酸盐的测试是采用茎秆（一次测试 30 个植株），这样对云南的农民是较难接受的，因此本项目在实施初期首先进行了玉米植株硝酸盐测试部位的研究。研究结果表明，玉米地上部不同部位硝酸盐的分布情况，以茎基部最高，顶端最低，随着与地面距离的增加，玉米茎秆中硝酸盐浓度降低。各部位叶片中硝酸盐浓度又以最新展开叶中脉的硝酸盐浓度最高，下部完全展开叶和即将展开叶中脉的硝酸盐浓度低于最新完全展开叶中脉的硝酸盐浓度，且两个部位之间的差异不大。图 6.13 所示为玉米不同部位的硝酸盐浓度。

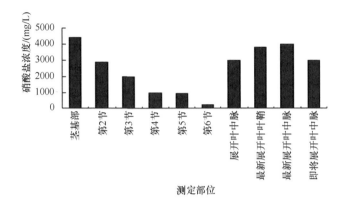

图 6.13　玉米不同部位汁液中硝酸盐浓度

Fig. 6.13　The nitrate concentration in different parts of corn juice

　　在对最新展开叶中脉各部分的硝酸盐测定结果表明，叶片中脉硝酸盐浓度以叶基部浓度最高，由基部向叶尖硝酸盐浓度逐渐降低，各部位中以叶片中部硝酸盐浓度相对稳定，在距基部 40%~60%，硝酸盐浓度接近（图 6.14）。

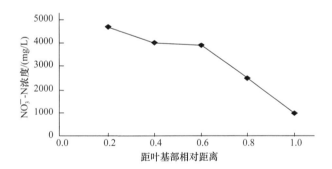

图 6.14　玉米最新完全展开叶距叶基部不同距离中脉硝酸盐浓度

Fig. 6.14　The nitrate concentration of the latest fully expanded leaf corn from leaf midrib base of different distances

（三）不同地区玉米、小麦植株硝酸盐测试指标的建立

　　取样和测定方法：玉米在拔节期和大喇叭口期（9~10 叶）采用随机采样法。在试验的各个处理区随机选取 3 个 1m 长样段，所选样段应能够代表整块地作物长势，避免样段中出现缺苗断垄现象。将样段中每株玉米最上部完全展开叶从叶鞘处取下，共采 10~20 个叶片组成混合样品。小麦在分蘖期和拔节期，采用随机采样法。在试验的各个处理区随机选取五点，所选样点应能够代表整块地作物长

势。将样点中小麦连根拔出，共取 30~50 株组成混合样品。将采集的玉米叶片样品用湿润的吸水纸擦去叶片表面的尘土，然后将叶片中脉取下，并将叶脉中段部分剪成约 1cm 长的样段或将采集的小麦植株样品剪去根部，取茎基部 1cm 长的样段。用压汁钳压榨出汁。汁液稀释后用反射仪测定硝酸盐浓度。采样时间为上午 8：30~11：00。

根据试验结果，用下列模型来确定诊断指标及不同诊断值对应的追肥量。

$$Y=b_0+b_1（K×T+N_d）+b_2（K×T+N_d）^2 \tag{6.7}$$
$$0≤b_0≤C$$

式 6.7 中，Y 为作物产量；K 为系数；N_d 为追肥量；b_0、b_1、b_2 为方程系数；T 为植株硝酸盐测定值；C 为试验基础产量。

方程参数应用 SAS–NLIN 过程对模型进行拟合后得出。对式 6.7 求 Y 对 N_d 的一级偏导，并且令

$$\frac{\partial Y}{\partial N_d}=0$$

得

$$N_d=-\frac{b_1}{2b_2}-K×T \tag{6.8}$$

式 6.8 即为追肥量和诊断值的对应关系，将式 6.7 中各参数代入后即可得到硝酸盐诊断追肥模型，以此计算不同诊断值对应的追肥量。

（四）结果和讨论

通过两年在不同地区、不同作物、不同茬口和不同肥力条件下的玉米、小麦试验，获得的植株硝酸盐测试结果见表 6.26~表 6.27。

应用 SAS–NLIN 程序对上述结果进行模型拟合，确立的可供云南玉米、小麦植株快速测试的推荐施肥指标见表 6.28~表 6.33。

讨论：经过两年的试验研究，基本上建立了在云南以养分平衡为基础的土壤植株快速测试推荐施肥系统。但由于云南土壤和气候环境条件差异较大，在不同地区建立适合各地应用的植株快速营养诊断指标很有必要，以上施肥指标可作参考。

五、土壤磷素，钾素及中、微量元素临界指标研究

试验实施的磷、钾和中微量元素的推荐是在充分应用多年研究结果的基础上，根据目标产量，在综合考虑养分平衡状况，兼顾肥料的增产效益和施肥的经济效益的前提下，通过计算来获得磷、钾及中量元素肥料的用量。

表 6.26　玉米植株硝酸盐测定结果

Tab. 6.26　The determination results of nitrate with corn plant

地点	2000 年沾益县		2000 年宜良县	2000 年祥云县	1999 年沾益白水		1999 年沾益龙泉		1999 年祥云县
处理	拔节期	大喇叭口期	拔节期	大喇叭口期	拔节期	大喇叭口期	拔节期	大喇叭口期	大喇叭口期
1	10 527	31	4 284	561	6 960	451	52	16	560
2	12 474	51	6 417	483	9 840	1 586	390	14	720
3	10 230	3 333	8 463	2 772	10 200	3 807	5 340	1 134	3 720
4	10 912	5 436	8 680	4 290	9 840	9 797	5 520	1 860	6 717
5	10 857	5 068	9 300	2 485	9 600	6 897	5 640	3 366	2 760
6	11 319	8 440	11 025	5 566	9 840	5 203	6 960	5 917	6 480
1	7 878	22	3 621	53	8 600	189	60	17	260
2	10 787	4 433	4 650	77	7 800	4 148	220	17	4 200
3	10 912	5 202	6 882	1 932	9 840	3 434	4 260	735	5 340
4	10 230	4 681	9 455	3 904	8 760	5 454	5 940	1 550	7 400
5	12 474	7 421	9 610	3 763	11 520	5 808	5 880	5 673	7 440
6	8 547	6 752	11 025	6 678	5 400	9 801	6 720	4 392	8 520
1	9 922	403	2 625	9	4 900	2 091	0	14	580
2	10 230	244	6 696	1 848	8 160	2 867	40	28	1 980
3	10 571	6 804	8 525	987	9 120	2 916	3 420	400	2 460
4	9 702	4 077	8 525	3 519	5 040	6 363	4 920	1 147	8 100
5	11 319	6 335	10 075	5 214	9 960	7 373	7 440	1 830	6 960
6	9 471	8 018	12 240	4 477	10 440	8 833	6 720	3 538	10 920

表 6.27　小麦植株硝酸盐测定结果

Tab. 6.27　The determination results of nitrate with wheat plant

地点	2000 年祥云县		2000 年宜良县		1999 年祥云县		1999 年宜良	1999 年沾益
处理	分蘗期	拔节期	分蘗期	拔节期	分蘗期	拔节期	分蘗期	分蘗期
1	2525	17	1785	5	1450	6	10	180
2	2679	52	2673	14	850	7	8	750
3	3243	924	3838	252	1800	253	210	4500
4	2961	451	4356	735	2250	231	176	4900
5	2961	2419	4371	2397	3100	836	495	5600
6	4089	2703	4794	1708	3300	2772	957	2800
1	3807	5	2397	5	950	6	7	300
2	2679	8	3159	110	1750	10	6	1500
3	2820	32	3939	525	1750	154	456	4200
4	3384	273	4114	483	1900	396	143	4900
5	3807	2829	3666	1122	3200	1067	605	5600
6	4089	2142	4089	1647	3200	1407	396	4800
1	2538	2	1734	18	1950	6	7	550
2	2538	15	3240	143	1550	8	5	1750
3	2538	17	3030	273	2000	77	12	4800
4	2679	189	3267	651	2450	220	154	3920
5	3384	459	3948	1275	3300	836	264	4400
6	3384	1275	4230	427	3400	816	275	5400

表 6.28　高产玉米区植株硝酸盐测试推荐施肥指标（大喇叭口期）

Tab. 6.28　The recommended fertilization index（big trumpet period）of nitrate test in the area of high-yielding corn plant

代表地点：祥云县

On behalf of the location：Xiangyun

Tr	0	1000	2000	3000	4000	4500	5146
N_d	29.33	23.63	17.93	12.23	6.53	3.68	0

注：N_d＝29.33–0.0057Tr；Tr（mg/L）为植株硝酸盐测试值、N_d 为推荐施肥量（N kg/亩）表 6.29～表 6.33 同

表 6.29　滇中玉米区植株硝酸盐测试推荐施肥指标

Tab. 6.29　The recommended fertilization index of nitrate test in thearea of central yunnan with corn plant

代表地点：宜良县

On behalf of the location：Yiliang

拔节期	Tr	0.00	3 000	6 000	7 500	9 000	10 663
	N_d	34.12	24.52	14.92	10.12	5.32	0
大喇叭口	Tr	0.00	1 000	2 000	3 000	4 000	4 664
	N_d	21.92	17.22	12.52	7.82	3.12	0

注：N_d（拔节期）＝34.12–0.0032Tr；N_d（大喇叭口）＝21.92–0.0047Tr

表 6.30　中低产玉米区植株硝酸盐测试推荐施肥指标

Tab. 6.30　The recommended fertilization index of nitrate test in thearea of middle-low yield with corn plant

代表地点：沾益县

On behalf of the location：Zhanyi

拔节期	Tr	0.00	1000	2000	3000	4000	4560
	N_d	19.15	14.95	10.75	6.55	2.35	0.00
大喇叭口	Tr	0.00	1000	2000	3000	3560	
	N_d	16.02	11.97	7.92	3.87	0.00	

注：N_d（拔节期）＝19.11–0.0042Tr；N_d（大喇叭口）＝16.02–0.00405Tr

表 6.31　滇中田麦区拔节期植株硝酸盐测试推荐施肥指标

Tab. 6.31　The recommended fertilization index of nitrate test in thearea of central yunnan with wheat jointing plant

代表地点：宜良县

On behalf of the location：Yiliang

Tr	0.00	300	500	600	900	1022
N_d	22.59	15.96	11.54	9.33	2.7	0

注：N_d＝22.59–0.0221Tr

表 6.32　高产小麦区植株硝酸盐测试推荐施肥指标

Tab. 6.32　The recommended fertilization index of nitrate test in the area of high-yielding wheat plant

代表地点：祥云县
On behalf of the location：Xiangyun

分蘖期	Tr	0	800	1600	2000	2400	3200
	N_d	24.64	18.48	12.32	9.24	6.16	0
拔节期	Tr	0	500	1000	1500	2000	2325
	N_d	14.65	11.50	8.35	5.20	2.05	0

注：N_d（分蘖期）=24.64−0.0077Tr、N_d（拔节期）=14.65−0.0063Tr

表 6.33　小麦拔节期植株硝酸盐测试推荐施肥指标

Tab. 6.33　The recommended fertilization index of nitrate test in the wheat jointing stage

代表地点：沾益县
On behalf of the location：Zhanyi

Tr	0	1000	2000	3000	4000	4243
N_d	16.55	12.65	8.75	4.85	0.95	0

注：N_d=16.55−0.0039Tr

（一）磷、钾肥推荐

表 6.34~表 6.35 是经过试验，在不同地区建立的玉米和小麦磷、钾肥推荐指标。

表 6.34　磷肥推荐指标

Tab. 6.34　The recommendation index of phosphate fertilizer

养分分级	土壤速效磷（P₂O₅）/（mg/kg）	产量/（kg/亩）		磷肥推荐用量（P₂O₅）/（kg/亩）	
		小麦	玉米	小麦	玉米
高	≥30	500~600	600~800	10~12	7~10
		300~500	400~600	7~10	5~7
		300 以下	400 以下	7	5
中	15~30	300~400	400~600	9~13	5~7
		200~300	300~500	7~9	3~5
		200 以下	300 以下	7	5
低	≤15	300~400	400~600	7~12	5~8
		200~300	300~500	5~7	3~6
		200 以下	300 以下	5	3

（二）微量元素推荐

本项目中、微量元素肥料的推荐，不完全要求微量元素养分的收支平衡，在考虑土壤中微量元素含量的基础上，强调通过生物学措施和其他措施有效地提高微量元素养分资源的利用率。在实际生产中根据植株生长状况，对微量养分因缺补缺，实施矫正施肥。例如，在玉米生产中适当补充锌肥，以防止玉米缺锌。

表 6.35 钾肥推荐指标

Tab. 6.35 The recommendation index of potash fertilizer

养分分级	土壤速效钾 (K₂O)/(mg/kg)	产量/(kg/亩)		钾肥推荐用量（K₂O）/(kg/亩)
		小麦	玉米	
高	≥100	500~600	600~800	
		300~500	400~600	
		300 以下	400 以下	
中	70~100	300~400	400~600	3~5（小麦和玉米秸秆全部还田）
		200~300	300~500	
		200 以下	300 以下	
低	≤70	300~400	400~600	
		200~300	300~500	
		200 以下	300 以下	

图 6.15 是以养分平衡为基础的土壤植株快速测试推荐施肥系统示意框图。

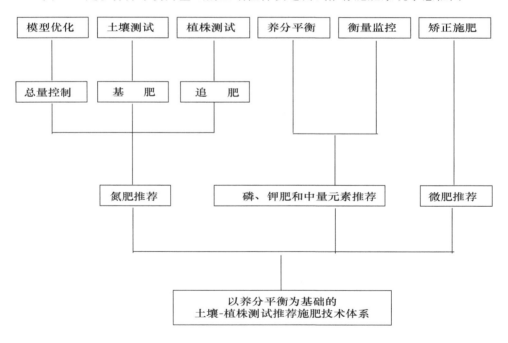

图 6.15 土壤植株快速测试推荐施肥系统

Fig. 6.15 The recommended fertilization system of soil plant with quick test

六、植株叶绿素测定与玉米氮肥追肥用量推荐研究初探

（一）前言

近年来一种新兴的手持便携式叶绿素仪（SPAD–502，Minolta 公司生产）被广泛用来估计作物氮营养状态和进行氮肥用量推荐。研究表明，作物生长过程中，叶片叶绿素含量和植株全氮、植株硝酸盐含量，以及作物产量之间存在很好的相关性。本项目通过田间试验研究了小麦、玉米叶片叶绿素仪读数与作物产量的相关性和叶绿素仪读数对施氮的反应，初步建立和确定了可供云南使用的植株叶绿素测定与玉米、小麦氮肥追肥用量推荐系统。

（二）试验材料及方法

在玉米拔节期和大喇叭口期或小麦的拔节期，用手持便携式叶绿素仪，在试验小区内随机取样 30 株，测定叶片叶绿素仪读数（SPAD 值）。再利用测定叶绿素仪测定的读数与施氮量或产量进行拟合，以此获得氮肥追肥用量的叶绿素测定值。

（三）结果和讨论

叶绿素测定结果与施肥量的相关分析

张福锁等对北京、河北的试验结果表明，玉米最上部完全展开叶叶绿素仪测定值和施氮量之间的关系可以用线性加平台模型表示，在对云南的玉米和小麦试验进行研究后发现，在云南玉米大喇叭口期和小麦拔节期叶片的叶绿素含量（SPAD 值）与施肥量间也存在较好的相关性，玉米叶片叶绿素和小麦叶片叶绿素与施肥量的相关性分析见图 6.16。

由上述分析结果可以看出，玉米大喇叭口期和小麦拔节期叶片的叶绿素含量（SPAD 值）与施肥量间存在较好的相关性，由此推断玉米或小麦的叶片叶绿素含量可作为追肥推荐的基础。

（四）叶绿素测定结果与氮肥追肥临界指标确定

通过玉米产量与玉米叶片叶绿素的相关性分析表明，选择适宜的生长时期进行叶片叶绿素的测定，可作为氮肥推荐的基础。表 6.36 是玉米叶片叶绿素测定结果用于追肥的临界指标。

叶绿素测定结果追肥指标与硝酸盐测定结果比较：将叶绿素测定结果的推荐施肥量与硝酸盐测定结果的推荐施肥量进行比较，发现两者具有较好的吻合性，表 6.37 是两种测定结果的推荐施肥量比较。

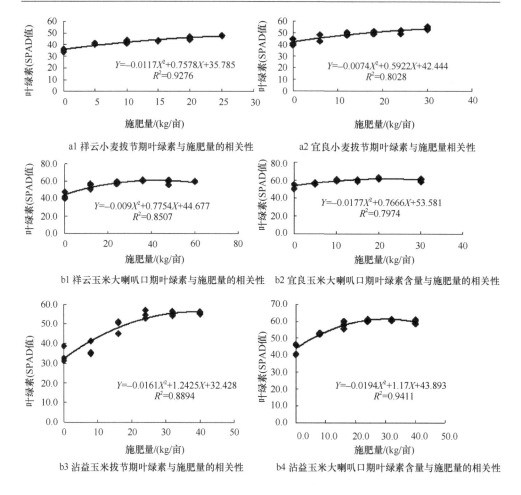

图 6.16 玉米、小麦叶片叶绿素与施肥量的相关性分析

Fig. 6.16 The correlation analysis on leaf chlorophyll with the fertilizer rate of corn and wheat

表 6.36 玉米叶绿素测定追肥临界指标（SPAD）

Tab. 6.36 The critical indicators of fertilizer according to the corn chlorophyll measurement（SPAD）

地点		拔节期	大喇叭口	备注
祥云县	测定值		59.4	
	追肥量/（N kg/亩）		6.8	两年结果
沾益县	测定值	55.6	60.5	
	追肥量/（N kg/亩）	4.9	8.9	

表 6.37 叶绿素、硝酸盐测定结果追肥指标比较

Tab. 6.37 The comparison of fertilizer index according to the determination results of chlorophylland nitrate

	叶绿素测定 推荐施肥量	硝酸盐	
		测定含量	推荐施肥量
沾益拔节期	4.9	3000~4000	2.35~6.55
沾益大喇叭口期	9.2	1000~2000	7.92~11.97
祥云大喇叭口期	6.8	3500~4000	6.53~9.38

七、田间校验及示范推广

利用反射仪等确定的土壤、植株快速测试诊断指标，用于田间校验和示范推广的结果表明，所获得的诊断指标与玉米和小麦的实际生产比较吻合，表 6.38~表 6.41 是田间校验和示范推广的结果及肥料利用率情况统计。

表 6.38 不同地区不同作物田间校验结果

Tab. 6.38 The field calibration results of different crops and areas

地点及作物	推荐		校验结果	
	最佳施氮量 /（kg/亩）	最佳产量 /（kg/亩）	最佳施氮量 /（kg/亩）	最佳产量 /（kg/亩）
祥云小麦	12.49	560.9	15.56	305.0
宜良小麦	15.43	565.0	13.32	407.4
祥云玉米	22.37	778.2	24.69	732.0
沾益玉米	12.77	688.1	17.48	554.2
宜良玉米	14.97	657.8	19.5	621.4

表 6.39 玉米快速营养诊断推荐施肥实收对照

Tab. 6.39 The contrast of actual harvest of recommended fertilization according to corn rapid nutrition diagnosis

地点		测产 面积	施肥量/（kg/亩）			单产 /（kg/亩）	比习惯施肥 增产/%	氮肥生 产率/%	产投 比	示范 推广/亩	辐射/亩
			N	P_2O_5	K_2O						
祥云县	推荐	48.9	24.69	8	7.5	732±34	12.10~15.27	17.50	4.00	21 100	105 000
	习惯	50	42±4.34	7.5	7.5	635±18		15.12	3.45		
沾益县	推荐	52.3	17.48	4.8	5	554±26	33.17~39.55	31.69	7.24	20 100	100 000
	习惯	40.6	30±4.00	10.4	2.4	397±19		13.23	3.02		
宜良县	推荐	31.4	19.5	8	5	621±16	3.33~7.06	31.85	4.52	9 550	60 000
	习惯	28	23±5.15	8	5	580±21		25.22	5.76		

表 6.40　小麦快速营养诊断推荐施肥实收对照

Tab. 6.40　The contrast of actual harvest of recommended fertilization according to wheat rapid nutrition diagnosis

地点		测产面积	施肥量/（kg/亩）			单产/（kg/亩）	比习惯施肥增产/%	氮肥生产率/（kg/kg）	产投比	示范推广/亩	辐射/亩
			N	P₂O₅	K₂O						
祥云县	推荐	7	12	8	7.5	289±23	11.15~17.96	24.08	5.50	4 050	41 000
	习惯	11.03	18.4±2.3	8	0	245±15		13.32	3.04		
沾益县	推荐	6	12	8	7.5	152±8	47.27~74.71	12.67	2.89	4 050	8 000
	习惯	4	3.4±1.7	4.8	0	87±13		25.59	5.85		
宜良县	推荐	11	15	8	5	429±17	29.22~35.33	28.60	6.54	2 100	6 000
	习惯	8	9.2±2.5	8	0	317±15		34.46	7.87		

表 6.41　施肥量与肥料利用率相关分析

Tab. 6.41　The correlation analysis of fertilizer rate with fertilizer use efficiency

地点	参数方程	推荐施肥表观利用率/%	习惯施肥表观利用率/%	表观利用率
祥云玉米	$Y=-0.0077X+0.6291$	43.89	30.57	13.32
祥云小麦	$Y=-0.0071X+0.5407$	45.55	41.01	4.54
宜良玉米	$Y=-0.0117X+0.4639$	23.57	19.48	4.09
宜良小麦	$Y=-0.0071X+0.2677$	16.12	20.23	−4.11
沾益玉米	$Y=-0.0071X+0.3243$	20.01	16.10	3.91

　　由试验示范统计结果可以看出，玉米高产区（祥云县）推荐施肥较农户习惯施肥的增产幅度为 12.10%~15.27%，相应的肥料表观利用率提高了 13.32 个百分点；玉米中低产区（沾益县）推荐施肥量较农户习惯施肥的增产幅度为 33.17%~39.55%，肥料表观利用率提高 3.91 个百分点；滇中玉米区（宜良县）推荐施肥较农户习惯施肥的增产幅度为 3.33%~7.06%，肥料的表观利用率提高 4.09 个百分点。同理，在高产小麦（祥云县）推荐施肥较农户习惯施肥的增产幅度为 11.15%~17.96%，肥料的表观利用率提高 4.54 个百分点；滇中小麦区（宜良县）推荐施肥较农户习惯施肥的增产幅度为 29.22%~35.33%，肥料的表观利用率提高−4.11 个百分点。在滇中旱地小麦区（沾益县）肥料（氮肥）投入增加 30 元，推荐施肥较习惯施肥增产 50%（注：农户旱地小麦受气候限制一般不施氮肥）。按同等条件下，推荐施肥产量的 95% 计算，该技术的推荐施肥产量也比习惯施肥增产 10% 以上；肥料利用率提高为 4~13 个百分点。

　　经济效益分析：按每亩增产玉米（或小麦）40kg，减少肥料（纯氮）3.5kg（玉米和小麦单价 0.8 元/kg，尿素 1100 元/t），每亩增产增加的经济收入是 32 元，减少氮肥投入的收入是 8 元，扣除测定分析费用 5 元/亩，增加钾肥投入 10 元/亩，实际每亩可增加的收入为 25 元。按示范推广的 6 万亩计算经济效益，增加的经济总收入为 150 万元。另带动辐射的 31.2 万亩，按亩增产粮食 5% 平均增产 20kg 计，共增产粮食 624 万 kg，增加的经济收入为 490 余万元。本项目实施共增加的经济收入为 640 万元。

（1）完成了不同地区玉米、小麦的氮肥基肥用量推荐研究。

（2）完成了不同地区、不同作物的植株硝酸盐测试与氮肥追肥用量推荐研究。

（3）初步研究和探讨了叶绿素仪在玉米和小麦营养诊断方面的应用。

主要创新点

（1）以氮素诊断为核心，建立了云南省主要生态区主要农作物小麦、玉米的土壤、植株快速营养诊断指标。用土壤无机氮快速测试技术，进行氮肥基肥用量推荐；用植株硝酸盐快速测试，进行氮肥追肥用量推荐；同时用植物营养养分平衡原理，对磷素，钾素及中、微量元素施肥量进行推荐。

（2）田间氮素速测技术把反射仪、土壤速测箱、叶绿素仪三者结合，分别对施肥总量、追肥量进行推荐，解决了以往测土施肥技术周期长、费用高、信息反馈慢及工作量大、精度低的问题。解决了过去确定施肥量需要较多仪器设备（实验室）的技术难题。

（3）植株硝态氮诊断技术可对作物营养状况实时监测，根据植株营养状况调控追肥量，达到追肥定量化。解决了施肥总量与追肥量的调控问题，且结果与农业生产的相关性好，切合生产实际。

（4）农作物诊断指标从铵态氮改为硝态氮，与植株营养状况和土壤供氮能力相关性更强。

（5）通过大量的测试，确定了不同作物的植株诊断部位，使反射仪和叶绿素仪的诊断数据吻合性好。

研究展望

（1）从多点试验的结果来看，尽管不同点上得到的作物产量相差不大，但是其最佳施氮量差异很大，如果以单一的施肥量指导施肥将造成肥料投入的不合理和施肥经济效益的降低，同时部分田块过量施氮及其造成的环境问题将无法避免。

（2）对某一地区而言，达到一定产量的施氮总量应控制在通过肥料效应函数选优确定的优化施肥总量范围的上限之内。在此基础上，只有了解具体田块的土壤供氮能力，揭示植株氮营养状况，才能有针对性地进行氮肥推荐，达到作物高产、资源高效、环境保护的目的。

（3）通过 4 年的试验和示范证明，土壤、植株测试推荐施肥技术不仅在主要旱地农作物玉米和小麦上适用，而且对旱作中的烤烟、蔬菜、花卉和油菜等也适用，同时应用这一技术进行地下水、地表水硝酸盐含量监测也简便易行，因此推广应用该技术具有广阔的前景。

第三节　蔬菜作物的养分管理

一、蔬菜硝酸盐污染研究

对昆明市蔬菜销售市场上 35 种蔬菜中硝酸盐含量调查,在调查的 36 种蔬菜中有 20 种蔬菜的硝酸盐含量超过了沈明珠等根据世界卫生组织和联合国粮食及农业组织(WTO/FAO)规定的 ADI 值,提出了蔬菜可食部分硝酸盐含量的分级评价标准超标率为 52.7%。这表明昆明市蔬菜销售市场上的蔬菜卫生水平较差,应当引起广大消费者、菜农及有关部门的高度重视,并采取积极有效的调控措施以维护消费者的健康。

硝酸盐对人体健康的危害已受到人们的普遍关注,早在 50 年以前就有人提出 NO_3^--N 污染问题。硝酸盐是强致癌物亚硝胺的前体,可诱发消化系统癌变。在人体中硝酸盐被还原成亚硝酸盐并进入血液后,还会与血红蛋白质有力地结合,使其失去携氧能力。蔬菜是一种易富集硝酸盐的植物性食物,美国学者 White 曾指出,人体摄取的硝酸盐 81.2% 来自蔬菜。近年来,随着人们生活水平的提高,蔬菜中硝酸盐含量也被广大消费者关注。而昆明市蔬菜市场的蔬菜硝酸盐的报道还是一片空白,所以有必要对昆明市蔬菜市场的蔬菜硝酸盐含量现状及卫生品质作出客观评价。

(一)样品的采集

采样点基本上覆盖了昆明市的大部分蔬菜市场,董家弯蔬菜市场、茨坝蔬菜市场、大树营农贸市场、关上农贸市场、下马村农贸市场、棕树营农贸市场。蔬菜主要来源于大板桥、小板桥、呈贡、关上及富民。蔬菜品种有白菜、生菜、西芹、青花、茴香、豌豆尖、西洋菜、菜心、藕等 35 种蔬菜,基本上囊括了昆明市场上所有的销售蔬菜种类。

(二)测试方法

用硝酸盐速测仪测定蔬菜食用部位硝酸盐的含量,具体操作是将蔬菜的使用部位四分后,选取一部分榨汁,如果硝酸盐含量较高,用蒸馏水在电子天平上稀释后测定。每个样品测 3 次重复。

(三)标准的选择

我国对蔬菜硝酸盐的研究始于 20 世纪 80 年代,到目前为止尚未制订卫生评价标准。沈明珠等根据世界卫生组织和联合国粮食及农业组织(WTO/FAO)规定的 ADI 值，提出了蔬菜可食部分硝酸盐含量的分级评价标准，见表 6.42。

表 6.42 蔬菜中硝酸盐含量分级评价标准
Tab. 6.42 Evaluation of the nitrate content grading standard in vegetable

级别	NO_3^-含量/（mg/kg）	污染程度	参考卫生性
一级	≤432	轻度	允许
二级	≤785	中度	生食不宜，盐渍允许、熟食允许
三级	≤1400	高度	生食不宜，盐渍不宜、熟食允许
四级	≥3100	严重	不允许

（四）结果与讨论

3 个重复的均值见表 6.43。

表 6.43 昆明市市场蔬菜 NO_3^--N 调查结果
Tab. 6.43 The findings vegetable NO_3^--N in kunming market

作物名称	NO_3^--N/（mg/kg）	作物名称	NO_3^--N/（mg/kg）	作物名称	NO_3^--N/（mg/kg）
茴香菜	7171	韭菜	2135	苦瓜	87
菜心	6958	菠菜	1701	胡萝卜	83
菊花菜	5829.5	白萝卜	1683	豌豆	57
小白菜	5490	芥兰	1632	豌豆尖	56
香菜	5325	莴生	1584	邹皮辣椒	42
大苦菜	5022	洋花菜	1530	黄瓜	20
荠菜	4941	意大利生菜	1525	大蒜	17
瓢菜	4453	鱼腥草	1037	甜椒	15
本地西芹	3519	香瓜	994	西红柿	7
茼蒿	3468	大白菜	663	大葱	5
小苦菜	2745	茄子	336	藕	5
西洋菜	2511	青花	95		

从表 6.43 中可见，目前昆明市场上蔬菜硝酸盐含量普遍偏高，尤其是市民食用量大，供应周期较长的蔬菜硝酸盐污染比较严重。其中严重污染的蔬菜 10 种，占 28.6%，高度污染的蔬菜 9 种，占 25.7%，中度污染的蔬菜 3 种，占 8.6%，轻度污染的蔬菜 13 种，占 37.1%。根据世界卫生组织和联合国粮食及农业组织（WTO/FAO）规定的 ADI 值，提出了蔬菜可食部分硝酸盐含量的分级评价标准。超标率达 52.78%、27.78% 的蔬菜达到高度或严重污染程度。因此，应当引起广大消费者、菜农及有关部门的高度重视，树立居安思危的意识，大力加强发展和扶

持无公害蔬菜，并采取积极有效的调控措施，尽量减少蔬菜中硝酸盐的累积及摄入量，以维护消费者的健康。

（五）小结

目前昆明市销售蔬菜的硝酸盐含量普遍较高，食用卫生品质较差。尤其是广大消费者喜好及供应时间较长的蔬菜硝酸盐污染比较严重,所测试的 35 种蔬菜中，有 1/2 的蔬菜硝酸盐含量超过根据世界卫生组织和联合国粮食及农业组织（WTO/FAO）规定的 ADI 值，提出了蔬菜可食部分硝酸盐含量的分级评价标准。超标率达 52.78%、27.78% 的蔬菜达到高度或严重污染程度。对消费者的健康构成了潜在的威胁，应当引起广大消费者、菜农及有关部门的高度重视，并采取积极有效的调控措施以维护消费者的健康。

（六）问题讨论

（1）在调查过程中发现，蔬菜叶片较小的蔬菜硝酸盐含量较高。硝酸盐的累积是否和植物的蒸腾强度呈负相关。

（2）含糖较高的蔬菜中的硝酸盐含量较低，硝酸盐的累积是否和蔬菜的含糖量呈负相关。

二、滇池流域保护地蔬菜合理施肥研究——生菜

对滇池流域大渔乡的生菜保护地不同氮、磷、钾配比研究的结果表明：氮、磷化肥投入量比习惯施肥量减少 48.7%，增产 29.6%。适量和合理的氮、磷、钾配比能提高生菜的紧实度、叶球大小，降低生菜食用部分硝酸盐的含量，改善生菜品质。减少氮磷化肥用量可以大幅度降低氮磷在土壤中的累积和硝酸盐的含量，减少氮磷的流失风险。

滇池是我国著名的高原淡水湖泊，位于云南省中部，昆明市就坐落在滇池湖畔。滇池全湖面积 298.4km²，平均水深 41m，平均容量约 12 亿 m³，是一个具有城市生活供水、工农业供水、养殖、防洪、旅游、疗养、航运、调节径流和发电供水等多种功能的湖泊，被誉为"高原明珠"。20 世纪 70 年代时，滇池水质良好，具有丰富的生物多样性，而到了 90 年代，滇池出现了严重的富营养化。

近年来，随着社会经济的发展和人民生活水平的提高，滇池流域蔬菜保护地栽培面积迅速扩大，成为滇中蔬菜的主产区之一。合理施肥对提高作物产量、改善品质，以及净化与保护生态环境、实现农业可持续性发展的重要性与不可替代性，而施肥不当或滥用肥料不仅使土壤、植物养分平衡失调，对作物产量与品质构成威胁，而且更重要的是作物吸收后所残留的肥料随着灌水或降水而产生径流、

淋溶或侧渗，其累积效应对土壤和滇池水体、地下水造成污染，影响土壤环境与农业生态系统的稳定性、可持续发展。为此，本节重点研究了滇池流域保护地种植的一个主要蔬菜品种——生菜的合理施肥及对环境的影响。为生菜科学合理地施肥提供依据，找到有效利用土壤养分的途径。

（一）材料与方法

1. 供试土壤

本试验于 2000 年 12 月~2001 年 4 月在云南省呈贡县大渔乡进行，试验地位于滇池湖滨带，供试土壤为菜园土，土壤母质为湖积物，属于黏质土壤。地下水位较浅，深为 50cm，该试验地自 1994 年水稻田改为蔬菜地，棚龄为 5 年，土壤基本理化性状见表 6.44。

表 6.44　供试土壤基本性质
Tab. 6.44　Chemical properties of soil

硝态氮（NO₃)/mg/kg			铵态氮 NH₄⁺N/ (mg/kg)			全氮 TN /%	全磷 TP /%	全钾 TK /%	速效氮 AN/ (mg/kg)	速效磷 AP/ (mg/kg)	速效钾 AK/ (mg/kg)	有机 质/% OM	pH	有效钙 ACa/ (mg/kg)	有效硼 AB/ (mg/kg)
0~ 30cm	30~ 60cm	60~ 90cm	0~ 30cm	30~ 60cm	60~ 90cm										
602.12	372.65	90.78	6.85	痕迹	0.06	0.301	0.654	2.207	218.97	118.53	225.04	4.22	6.82	5975.5	7.75

2. 试验条件

试验地为塑钢结构塑料大棚，大棚规格为宽 4m 高 1.7m，供试作物为西生菜（品种为'萨林纳斯'）。采用直播，大田定植规格为 30cm×35cm，育苗时间为 2000 年 9 月 26 日~12 月 1 日，为 65d，播种时间为 2000 年 12 月 22 日，收获时间为 2001 年 3 月 27 日，大田生长时间为 95d。有机肥用量为牛粪 75t/ hm²，牛粪的养分含量为全氮 N 1.875%；全磷 P₂O₅ 0.620%；全钾 K₂O 1.391%。在移栽前耕翻入耕作层。前茬作物为西芹。

气象条件：降雨量 700~1100mm，平均降雨量 893.6mm，降雨量 70%~80%集中在 6~9 月，多年平均气温 14.7℃，平均日照时数 2200h。

3. 试验设计

试验设 6 个处理，其中 CK1 为调查的农户习惯肥料用量，农户习惯的施肥量来源于大渔乡示范区的调查结果的平均值，调查样本数为 42 个，CK2 为该试验地块农户自种区域的施肥量，氮肥全部作为追肥施用，磷、钾肥基追比分别为 3：1 和 1：1，共追肥 3 次，3 次追肥比例为：氮素按 1：2：2，P₂O₅ 按 0：0：1，K₂O

按 0：1：2。追肥时间/时期，第一次苗期 2001 年 2 月 2 日，第二次莲叶期 2001 年 2 月 23 日，第三次结球期 2001 年 3 月 17 日。追肥方法为兑水浇施。小区面积 15.4m²。

表 6.45　形试验处理
Tab. 6.45　Treatments in lettuce experiment

处理 treatments	N/（kg/hm²）	P/（kg/hm²）	K/（kg/hm²）
N2/3P2/3K2/3	199.5	43.9	165.6
N1P2/3K2/3	300	43.9	165.6
N1P1K1	300	65.5	249.0
N3/2P3/2K1	450	98.2	249.0
CK1	547.5	104.8	161.9
CK2	408	155.9	348.6

试验分别于种植前、莲叶期、收获后采集 0~30cm 土壤作氮、磷、钾全量、速效养分、pH、有机质的测定，30~60cm、60~90cm 土壤用紫外分光光度法测定 NO_3^- 的含量，植株采用反射速测仪测定叶柄汁液中的 NO_3^-，收获后测定小区产量、单株重、周长、植株硝酸盐及植株养分。

（二）结果与讨论

1. 不同施肥处理对生菜产量的影响

由表 6.46 看出：各处理间产量有显著差异，与习惯施肥处理相比，各处理均有不同程度的增产，增产幅度在 11%~29.6%。产量最高的处理（N300P44K166）为 92.119t/hm²，与习惯施肥处理（N547.5P105K162）的产量 71.056t/hm² 相差 21.063t/hm²，增产 29.6%，在 $\alpha=0.05$ 水平下处理 N300P44K166 除与处理 N300P65.5K249 差异不显著外，与其余处理差异均达显著水平，其氮磷化肥投入量比习惯施肥量减少 48.7%。产量最低的为农户自种的处理 N408P156K349，产量为 68.065t/hm²，两者差异达 24.054t/hm²。导致该处理产量低下有两方面的原因，一是氮磷肥料过量，氮磷钾配比不合理，二是施肥方式不当，农民有在生长中期施用粪水的习惯，在相对密闭的大棚环境中极易引起氨浓度过高而中毒。

从图 6.17 可以直观地看出不同氮磷化肥用量对生菜产量的影响。总的趋势是，在氮磷化肥用量较低的情况下，随着施氮磷量的增加，产量随之增加，当产量达到最高值后，随着氮磷化肥用量的增加，生菜产量急剧下降。最高产量出现在曲面的中部，即 N1P2/3 水平下。由此可以看出使生菜达到较高产量的氮磷化肥用量范围较窄，生菜是对氮磷都较敏感的作物，这一特性与一些耐肥性的蔬菜有所不同，这也使得在生菜生产中，合理的氮磷用量是生菜获得高产的关键因素，一旦氮磷投入量不足或过量都容易导致生菜减产。

表 6.46 不同施肥处理的生菜产量
Tab. 6.46 Effect of different treatments on yield in lettuce

处理 treatments	N：P_2O_5：K_2O	氮磷比习惯减少/% decrease fertilizer rate	产量/（t/hm^2） yield	比习惯增产/% increase production rate
N547.5P105K162	1.0：0.4：0.4	—	71.056bc	—
N300P65.5K249	1.0：0.5：1.0	42.3	90.984a	28.0
N300P44K166	1.0：0.3：0.7	48.7	92.119a	29.6
N200P44K166	1.0：0.5：1.0	61.5	78.857abc	11.0
N450P98K249	1.0：0.5：0.7	13.5	86.550ab	21.8
N408P156K349	1.0：0.9：1.0	1.9	68.065c	-4.2

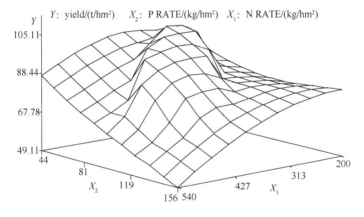

图 6.17 氮、磷对生菜产量的影响
Fig. 6.17 Effect of yield in N and P

2. 不同施肥处理对生菜生理性状及品质的影响

叶球的大小、紧实度是生菜重要的外在商品性状指标，叶球大而紧实表明其外在品质好。从表6.47看出，叶球体积最大的是处理N300P65.5K249，达到1.52dm³，叶球密度最大的是处理 N300P44K166，达到 0.52kg/dm³，最小的是农户自种的处理 N408P156K349，叶球体积、叶球密度分别为 0.70dm³、0.46kg/dm³，其次是习惯施肥的处理 N547.5P105K162，总的趋势是随着氮磷用量的增加，叶球密度、叶球大小随着下降，与产量的结果有类似的趋势。另外，由于叶球的密度下降，松散的叶片不耐储运，导致生菜的净菜率下降，商品率低。

从叶球食用部分硝酸盐含量看，在低施氮量的情况下，施氮量的减少能降低

表 6.47　不同处理生菜生理性状及硝酸盐含量
Tab. 6.47　**Effects of physiological properties and nitrate on lettuce in different treatments**

处理 treatments	叶球体积/dm³ bulks of lettuce	叶球毛重/kg grass weight	叶球净重/kg net weight	净菜率/% net weight rate	叶球密度/ (kg/dm³) density	NO₃⁻ /（mg/L）
N547.5P105K162	1.15	0.73	0.55	75.3	0.48	840.4
N300P65.5K249	1.52	0.99	0.74	74.7	0.48	1344.5
N300P44K166	1.48	0.97	0.77	79.4	0.52	1397.0
N200P44K166	1.40	0.85	0.66	77.6	0.47	1185.0
N450P98K249	1.45	0.92	0.71	77.2	0.50	1025.5
N408P156K349	1.14	0.70	0.53	75.3	—	990.0

硝酸盐含量，N200 水平下硝酸盐（NO_3^-）含量为 1185mg/L，在 N300 水平下，硝酸盐（NO_3^-）含量为 1397mg/L，N200 比 N300 减低 NO_3^- 212mg/L。随着氮磷用量的进一步增加，生菜硝酸盐的含量反而下降，N547.5P105 的硝酸盐（NO_3^-）含量为 840.4mg/L，N300P65.5 的硝酸盐（NO_3^-）含量为 1344.5mg/L，二者相差 504.1mg/L。这一结果与任祖淦（1998）等在蔬菜上的研究有差异，究其原因，可能是氮磷过量抑制了生菜对氮的吸收和硝酸还原酶活性增强。从硝酸盐作为生菜内在品质来说，适量减少施用氮肥，能有效降低生菜食用部分硝酸盐含量，提高生菜品质。

3. 叶球不同部位硝酸盐、磷、钾反射仪速测

从图 6.18 看出，生菜叶球不同部位硝酸盐的含量里叶<中叶<外叶，高氮肥用量下，里叶和中叶的硝酸盐含量高于低氮的处理，外叶正好相反。因此，中叶的硝酸盐含量能很好地反映生菜的氮营养状况，可以选取中叶作为氮营养诊断的采样部位，里叶的叶片未成熟，硝酸盐含量不稳定，作为诊断部位不太适合。

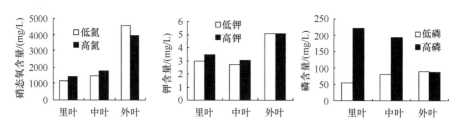

图 6.18　生菜不同部位汁液中的 NO_3^-、K^+、PO_4^-
Fig. 6.18　NO_3^-, K^+ and PO_4^- in lettuce succus

从叶片汁液钾含量来看，外部叶片的钾含量明显高于里叶和中叶，里叶和中叶的差异不明显，其含量随施钾量增加而增加，不同施钾量下，其绝对含量外叶差异不明显。

从叶片汁液磷含量来看，在低磷处理的情况下，里叶<中叶<外叶，在高磷处理的情况下其含量正好相反，里叶>中叶>外叶，从其绝对含量看，高磷条件下里叶和中叶的磷含量远远高于低磷条件下的含量，而外叶的含量差异不明显。

4. 不同施氮量对土壤硝态氮累积的影响

0~30cm 土壤和 30~90cm 土壤中的硝酸盐含量均随氮肥施用量的增加而增加（图 6.19）。表层土壤的硝酸盐含量明显高于下层土壤。从不同时期 0~30cm 的土壤硝酸盐含量看，播种前土壤硝酸盐（NO_3^-）含量为 602.12mg/kg，中期最低为 1705mg/kg，最高为 3633.78mg/kg；收获后最低为 1196.4mg/kg，最高为 5188.64mg/kg。在相同施氮水平下，土壤的硝酸盐是一个不断累积的过程，在播种前含量较低，收获后达到最高值。

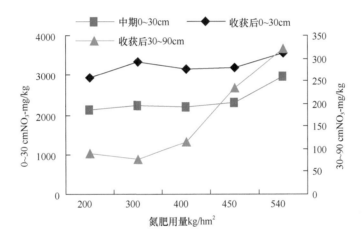

图 6.19　不同处理的土壤硝态氮

Fig. 6.19　　NO_3^- in soil in different treatments

由此可见，氮肥用量的增加是土壤硝酸盐累积的重要原因，减少氮肥施用量明显减少土壤硝酸盐的含量，另外，有机肥的大量施用（牛粪 $75t/hm^2$）加速了硝酸盐的累积，有机肥对硝酸盐积累也是一个不可忽视的因素。由于硝酸盐的不断富积，收获后土壤硝酸盐的流失风险最大，为了降低氮的流失风险，减少氮肥用量，后期控制氮肥的施用，有机肥的施用也应该适量。

5. 养分吸收

生菜吸收氮磷钾的比例为 N：P：K=1：0.15：1.9，生菜对钾的需求量最大，约是氮的 2 倍，磷的 12.7 倍，氮次之，磷最少。从植株全氮、全磷和全钾养分含量来看，最高的为处理 N300P65.5K249，在此施肥水平下，减少氮磷钾施用量也降低氮磷钾养分含量，增施氮磷钾养分也降低氮磷钾养分的含量，氮磷含量以习惯施肥处理 N547.5P105K162 为最低，钾含量以施钾量最高的处理 N408P156K349 为最低（表 6.48）。

表 6.48　作物对养分的吸收

Tab. 6.48　Uptake of N，P and K by lettuce

处理 treatments	植株养分含量 nutrient content of lettuce			作物吸收养分/（kg/hm^2） nutrient absorb			吸收养分/投入养分/% nutrient absorb rate		
	TN/%	TP/%	TK/%	N	P	K	N	P	K
N547.5P105K162	2.865	0.407	5.687	113.2	16.1	224.6	20	20	140
N450P98K249	2.943	0.429	5.584	134.9	19.6	255.9	30	20	100
N408P156K349	3.195	0.418	5.099	128.3	16.8	204.8	30	10	60
N300P65.5K249	3.218	0.492	6.512	141.8	21.7	287.0	50	30	120
N300P44K166	2.880	0.468	6.003	117.9	19.1	245.7	40	40	150
N200P44K166	3.029	0.438	5.740	90.3	13.1	171.2	50	30	100
平均 average	3.022	0.442	5.771	121.1	17.7	231.5	40	30	110

从每公顷作物带走的养分看，其变化规律与植株养分含量类似，但这种差异更为明显，一方面是因为在养分供应过量或不足时，抑制了作物对氮磷钾养分的吸收，另一方面是因为作物的产量下降，降低了养分带走量。

从作物带走的养分占投入养分的百分比来看，氮在 20%~50%，随着施氮量的增加，所占的比例越小；磷在 10%~40%，其所占比例总体来说比氮的小，有更多的磷残留在土体中，各处理间变化与氮有类似的趋势，施磷量越多，带走养分比例越小；钾在 60%~150%。生菜是需钾较多的作物，钾供应水平较低的情况下，支出远远大于收入，最高达 50%的赤字，因此，在生菜生产中为了保证钾素的收支平衡，不至于出现较大的赤字，要保证钾肥的足量供应。

（三）讨论

生菜浅根，直根系，根系不甚发达，性喜冷凉，属半耐寒性蔬菜。生菜的生物学特性决定了其吸肥能力弱，对肥料的不同供应水平很敏感，本研究表明：产量随着不同氮磷钾供应水平有显著的差异。在实际生产中，菜农依然存在着"肥大水勤不用问人"的传统观念，偏施氮肥的现象依然突出，致使生菜产量下降，作物生长发育过程中的问题越来越多，病虫害增加，农药用量增加，品质下降。实施科学合理的施肥，是提高生菜产量和品质的保证。

生菜是属于高附加值的农产品，农民可以承受相对较高的肥料的投入成本，氮磷肥料用量逐年上升，土壤富积了大量的氮磷营养元素，土壤成了向滇池水体输出氮磷的库，对滇池水体富营养化构成威胁。本研究表明：不仅土壤本底的氮磷含量高（速效氮 218.97mg/kg、速效磷 118.53mg/kg、硝态氮 602.1mg/kg），而且随着施氮磷量的增加，土壤中的氮磷含量进一步提高，加大了环境污染风险。

　　为了给生菜生长创造良好的土壤条件，达到土壤养分平衡、协调的供应，根据试验结果，在目前的习惯施肥用量下（N 547.5kg/hm², P 105kg/hm²、K 162kg/hm²），尽量减少氮磷化肥的投入，适当增加钾肥的投入，提高养分利用效率，减少因养分供应失调而带来的负面影响。

三、生菜养分管理

（一）概述

　　生菜是叶用莴苣的俗称，属菊科莴苣属。为一年生或二年生草本作物，也是欧、美国家的大宗蔬菜，深受人们喜爱。生菜原产于欧洲地中海沿岸，由野生种驯化而来。古希腊人、罗马人最早食用。生菜传入我国的历史较悠久，东南沿海，特别是大城市近郊、两广地区栽培较多，特别是台湾种植尤为普遍。近年来，栽培面积迅速扩大，生菜也由宾馆、饭店进入寻常百姓的餐桌。

　　生菜按叶片的色泽区分有绿生菜、紫生菜两种。如按叶的生长状态区分，则有散叶生菜、结球生菜两种。前者叶片散生，后者叶片抱合成球状。如再细分则结球生菜还有三个类型，一是叶片呈倒卵形，叶面平滑，质地柔软、叶缘稍呈波纹的奶油生菜；二是叶片呈倒卵圆形，叶面皱缩，质地脆嫩，叶缘呈锯齿状的脆叶生菜，栽培较普遍；三是叶片厚实、长椭圆形，叶全缘，半结球形的苦叶生菜，这种生菜很少栽培。

　　生菜性喜冷凉的气候，生长适温为 15~20℃，最适宜昼夜温差大、夜间温度较低的环境。结球适温为 10~16℃，温度超过 25℃，叶球内部因高温会引起心叶坏死腐烂，且生长不良。种子发芽温度为 15~20℃，高于 25℃，因种皮吸水受阻，发芽不良。生菜在夏季播种时需低温处理，浸种后放冰箱的冷藏室中催芽，待芽露白后再行播种。散叶生菜比较耐热，但高温季节，同样生长不良。生菜性喜微酸的土壤（pH 6~6.3 最好），以保水力强、排水良好的砂壤土或黏壤土栽培为优。生菜需要较多的氮肥，故栽植前基肥应多施有机肥，生长过程中，不再施有机肥。生长期间不能缺水，特别是结球生菜的结球期，需水分充足，如干旱缺水，不仅叶球小，且叶味苦、质量差。但水分也不能过多，否则叶球会散裂，影响外观品质，还易导致软腐病及菌核病的发生。只有适当的水肥管理，才能获得高产优质的生菜。

（二）生菜生长发育规律

1. 干物质的周累积量

表 6.49　干物质的周期积累

Tab. 6.49　Cycle accumulation of dry matter

类别	周数	1	2	3	4	5	6	7	8	9	10	11	12
保护地结球生菜	相对生长时间/%	8	17	25	33	42	50	58	67	75	83	92	100
	干物质累积/（kg/hm²）	3	7	15	31	65	135	280	581	1 206	2504	5 201	10 802

2. 生菜干物质累积曲线

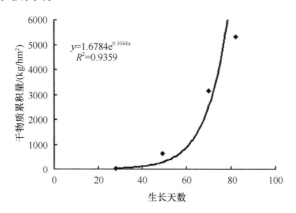

图 6.20　干物质积累曲线

Fig. 6.20　Accumulation curve of dry matter

3. 生菜周年栽培表

生菜生长发育对环境条件的要求是：喜冷凉，忌高温；喜充足的阳光，忌荫蔽；喜水分，忌涝；对土壤的适应性广，以肥沃且排水良好的砂壤土最适宜，pH 6.5 左右的微酸性土壤最适宜生长。在长江流域地区，已摸索出一套通过排开播种，全年栽培，基本上达到周年供应的方法。根据不同品种对环境条件的要求，主要栽培品种及季节见表 6.50。

4. 生菜关键生育时期描述

（三）生菜养分吸收规律

生菜生长迅速，喜氮肥，特别是生长前期更甚。生长初期生长量少，吸肥量

表 6.50　生菜周年栽培

Tab. 6.50　Anniversary cultivation of lettuce

栽培形式	主栽品种	播种期	采收期
秋季露地栽培	绿湖、大湖、美国 PS	8 月中旬至 9 月中旬	11 月上旬至 12 月
冬季露地栽培	绿湖、大糊、美国 PS	9 月下旬至 11 月	1 月至 4 月
春季大棚栽培	绿湖、大湖、美国 PS	12 月至次年 2 月	5 月至 6 月
夏季遮荫降温栽培	不结球软尾生菜	5 月至次年 7 月	7 月至 9 月
	绿湖、夏绿	6 月至 8 月上旬	8 月至 10 月
夏季高山栽培	绿湖、大湖	4 月下旬至 5 月	8 月上旬至 9 月下旬

较小。在播后 70~80d 进入结球期，养分吸收量急剧增加，在结球期的一个月左右里，氮的吸收量可以占到全生育期的 80%以上。磷、钾的吸收与氮相似，尤其是钾的吸收，不仅吸收量大，而且一直持续到收获。结球期缺钾，严重影响叶重。幼苗期缺磷对生长影响最大。

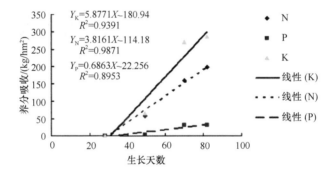

图 6.21　生菜养分吸收曲线

Fig. 6.21　Curve of nutrient uptake with lettuce

根据测定结果，0<X<30，N、P、K 吸收量做近似处理，趋于零。

表 6.51 生菜周年栽培特征
Tab. 6.51 Anniversary cultivation characteristics of lettuce

生育期	特征描述	生长天数	对应图片
幼苗期	此时生长缓慢，需肥量少，注意保温，保证充足水分，出苗后 30~40d，植株长出 4~5 片真叶，此时可以开始定植	播种后 30d	
莲座叶形成期	生长速度加快，叶面积扩大，叶片向内微卷呈莲座状，此时要保证充足的水分和营养供应。在午时将叶片向外拔开，使每个叶片接受较较多的阳光，这样结出的叶球更大更周正	播种后 50d	
结球期	叶片收拢，变紧，形成球状，产品逐步形成，这一时期是对氮磷钾需求量最大的时期，是施肥的重点时期	播种后 75d	
采收期	叶球紧实，外叶变黄，此时采收产量最高、品质最好，过迟则开裂、抽薹，腐烂。要注意控水控肥	播种后 90d	

表 6.52 生菜养分吸收量
Tab. 6.52 Nutrient uptake of lettuce

类别	周数	1	2	3	4	5	6	7	8	9	10	11	12
保护地结球生菜	相对生长时间/%	8	17	25	33	42	50	58	67	75	83	92	100
	N 吸收量/（kg/ hm²）	0	0	7.5	1.5	19.5	46.5	73.5	100.5	126	153	180	205.5
	P 吸收量/（kg/ hm²）	0	0	0	0	1.5	6	12	16.5	21	25.5	30	36
	K 吸收量/（kg/ hm²）	0	0	7.5	1.5	25.5	66	108	148.5	189	231	271.5	312

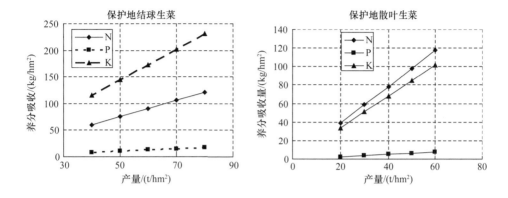

图 6.22　生菜产量与养分吸收量

Fig. 6.22　Nutrient uptake and production of lettuce

（四）生菜产量形成规律

1. 生菜产量形成参数

表 6.53　生菜产量参数

Tab. 6.53　Parameter of lettuce yield

栽培方式	经济产量/（t/hm²）		生物量/（kg/hm²）		数据来源
	平均	范围	平均	范围	
保护地结球	70	50~90	84	60~108	Karam et al.，2002
保护地散叶	35	30~40	42	36~48	Karam et al.，2002
露地结球	60	43~73	72	50~90	Karam et al.，2002
露地散叶	19	15~22.5	22	18~27	Karam et al.，2002

2. 生菜产量的氮效应曲线

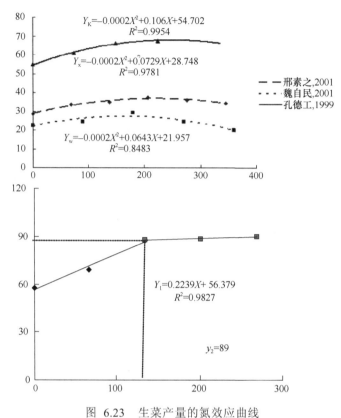

图 6.23 生菜产量的氮效应曲线

Fig. 6.23 Nitrogen effect curve of lettuce yield

（五）生菜品质形成规律

1. 生菜不同部位的硝酸盐含量

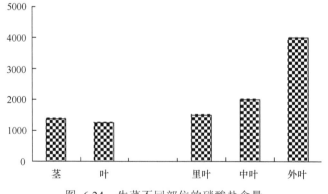

图 6.24 生菜不同部位的硝酸盐含量

Fig. 6.24 The nitrate content of different slettuce part

2. 不同肥料种类对生菜硝酸盐的影响

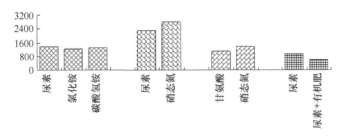

图 6.25　不同肥料种类对生菜硝酸盐的影响

Fig. 6.25　The influence of different fertilizers on nitrate content of lettuce

3. 微量元素对生菜硝酸盐累积的影响

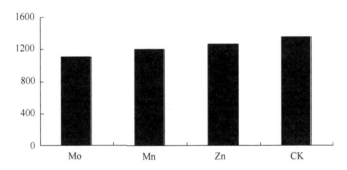

图 6.26　微量元素对生菜硝酸盐累积的影响

Fig. 6.26　The influence of trace element on nitrate accumulation of lettuce

4. 生菜累积硝酸盐的基因性差异

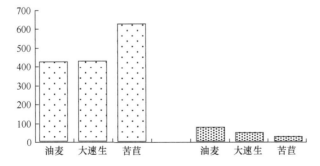

图 6.27　生菜累积硝酸盐的基因性差异

Fig. 6.27　Genetic differences of lettuce with accumulated nitrate

5. 外源氨基酸对生菜硝酸盐累积的影响

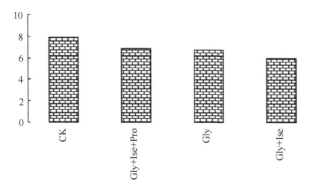

图 6.28 外源氨基酸对生菜硝酸盐累积的影响

Fig. 6.28 Influence of exogenous amino acids on nitrate accumulation of lettuce

6. 不同收获期对生菜硝酸盐累积的影响

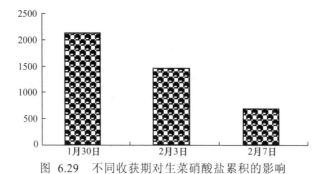

图 6.29 不同收获期对生菜硝酸盐累积的影响

Fig. 6.29 Influence of different harvest on nitrate accumulation of lettuce

7. 不同施氮量对生菜硝酸盐累积的影响

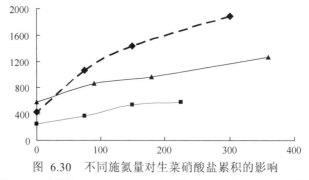

图 6.30 不同施氮量对生菜硝酸盐累积的影响

Fig. 6.30 Influence of different on nitrogen fertilizer rate nitrate accumulation of lettuce

8. 平衡施肥对生菜硝酸盐累积的影响

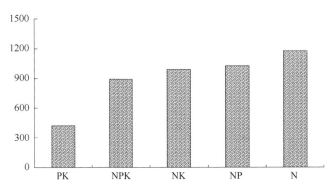

图 6.31 平衡施肥对生菜硝酸盐累积的影响

Fig. 6.31 Influence of balanced fertilizer on nitrogen fertilizer rate nitrate accumulation of lettuce

9. 生菜硝酸盐与其他元素及品质因子的相关性

表 6.54 硝酸盐与其他元素及品质因子的相关性

Tab. 6.54 Correlation of other elements and the quality factor with nitrate

相关因子	回归系数
K	0.5903
Na	0.7872
Ca	0.5193
Fe	0.4600
P	−0.5232
VC	−0.5203
氨基酸	−0.5095
糖	−0.4791

（六）生菜生产系统的养分循环特征

1. 生菜生产的养分输入输出图示

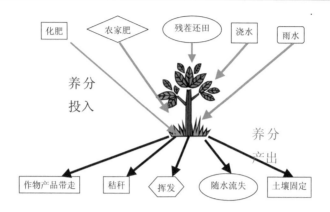

图 6.32　生菜生产的养分输入输出

Fig. 6.32　Nutrient input and output of lettuce production

2. 生菜的化肥施用现状

表 6.55　化肥投入调查结果

Tab. 6.55　Results of the survey with fertilizer input

作物名称 crops	样本数 samples	化肥平均用量/（kg/hm²）fertilizer input			N∶P₂O₅∶K₂O	化肥用量范围/（kg/hm²）the range of fertilization		
		N	P₂O₅	K₂O		N	P₂O₅	K₂O
生菜 lettuce	71	547	240	195	1∶0.5∶0.3	237~1170	0~1050	0~750

3. 生菜生产的养分输入输出参数

表 6.56　养分输入输出参数

Tab. 6.56　Parameters of input and output with nutrient

输入项	输入量	平均	数据来源
氮肥	237~1170	547	雷宝坤，2004
有机肥	178~346	262	雷宝坤，2004
降雨	13		文献
灌水	5mg/L		实测
种子	可忽略		实测
生物固氮	15		文献
总输入量			
输出项			
作物产品带走	90~142		雷宝坤，2004
作物秸秆	18~28		雷宝坤，2004

输入项	输入量	平均	数据来源
挥发			
随水流失			
土壤固定			

4. 生菜生产的氮磷钾表观平衡

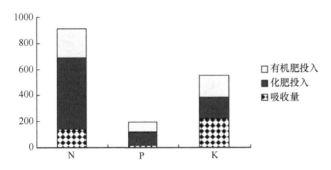

图 6.33　生菜生产的氮磷钾表观平衡

Fig. 6.33　Apparent balance of N、P、K with lettuce production

（七）生菜养分管理与施肥推荐

1. 指标法推荐

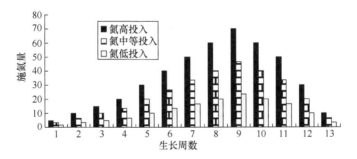

图 6.34　生菜施氮量与生长周期

Fig. 6.34　Growth cycle and nitrogen fertilizer application rates of lettuce

2. 土壤测试推荐

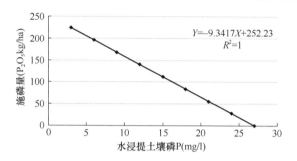

图 6.35　生菜施磷量推荐

Fig. 6.35　Recommended application rate of phosphoric fertilizer in lettuce

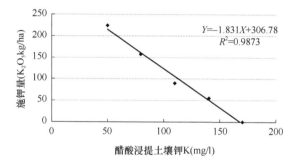

图 6.36　生菜施钾量推荐

Fig. 6.36　Recommended application rate of fertiliz otasher in lettuce

3. 目标产量推荐

表 6.57　生菜目标产量推荐

Tab. 6.57　**Recommended target output of lettuce**

目标产量/（t/hm²）hm²	40	50	60	70	80	90
空白区产量/（t/hm²）	推荐施肥量（P₂O₅）/（kg/hm²）					
30	60	80	100	❖	❖	❖
40	40	60	80	100	❖	❖
50	0	40	60	80	100	❖
60	0	0	40	60	80	100
70	0	0	0	40	60	80
80	0	0	0	0	40	70
90	0	0	0	0	0	50

（八）生菜生产的水、土转化效率

1. 生菜生产的水利用效率

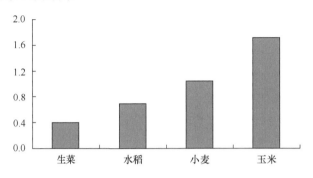

图 6.37 生菜生产的水利用率

Fig. 6.37 Water utilization of lettuce production

2. 生菜生产的土地转化效率

表 6.58 生菜生产的土地转化率

Tab. 6.58 Land conversion of lettuce production

作物 \ 指标	干物产量 / （kg/hm²）	经济产量 / （kg/hm²）	单价 / （元/hm²）	产值 / （元/hm²）	产值比
生菜	4 500	60 000	1 000	60 000	1.0
水稻	7 000	7 000	2 300	16 100	3.7
小麦	4 500	4 500	1 600	7 200	8.3
玉米	5 000	5 000	1 300	6 500	9.2

附1：目前栽培的主要生菜优良品种

1. 凯撒

由日本引进的极早熟生菜优良品种，生育期 80d 左右，耐热性强，在高温下结球良好，抗病，晚抽薹，耐肥。植株生长整齐，株型紧凑，适宜密植。叶球高圆形，浅黄绿色，叶球内中心柱极短，品质脆嫩，单球重约 500g。适于春、秋季保护地及夏季露地栽培。种植行距 40cm 左右，株距 30cm，苗栽 5500~6000 株，苗产量 2000~3000kg，从定植至采收需 45~50d。亩用种量 25~30g。

2. 花叶生菜

南方品种，叶簇直立，株高约 28cm，开展度 26~30cm，叶片呈椭圆形，浅绿色，叶缘缺刻深，上下曲折成鸡冠形，心叶乳黄白色，中肋浅绿色，基部白色。单株重 500g 左右。略有苦味，品质较好，生熟食均可。耐热，病虫害少，适应性强。适于春、秋及深冬保护地栽培。

3. 广州软尾生菜

又称东山生菜，广州市地方品种，株高约 25cm，开展度约 27cm，叶片近圆形，淡绿色，有光泽，叶缘波状，叶面皱缩，疏松旋叠，不结球或心叶略抱合，耐寒不耐热，适于深冬保护地栽培，单株重 300g 左右，亩产可达 2500kg 左右。

4. 皱叶结球生菜

株高约 15cm，开展度约 31cm。叶片扇形似匙，淡绿色，叶面稍皱，叶缘锯齿形，叶球圆形，味甜质细，品质好，适于保护地栽培。

5. 皇帝

是由美国引进的中早熟品种，该品种耐热抗病，适应性强。植株的外叶较小，青绿色。叶片有皱褶，叶缘齿状缺刻，叶球中等大，很紧实，球的顶部较平，为叶重型类型。单球重拟左右，质脆嫩爽口，品质优良。适于春、夏、秋季露地栽培，也适于冬季和早春保护地栽培。生育期 85d，种植的株行距为 30cm。亩栽 7000 株左右，苗产量可达 3500~4000kg。

6. 红帆紫叶生菜

引自美国，植株较大，散叶。叶片皱曲，色泽美丽，将近收获期时红色渐加深。喜光，不易抽薹，耐热，成熟期早，从播种到收获约45d，适于越夏栽培，亩产1500~2000kg。

7. 凉山香生菜

系四川凉山地方品种，叶片长倒卵形，羽状深裂，绿色，叶面较平滑。早熟，耐热性较强，品质好。适于春、夏、秋露地栽培，取食具8~10片叶的幼苗，单株苗重50~80g。

8. 萨林纳斯

引自美国的中早熟品种，较耐热，晚抽薹，抗霜霉病和顶端灼焦病。植株生长旺盛且整齐。外叶较少，内合，深绿色，叶缘有小缺刻。叶球为圆球形、浅绿色、紧实。单球重约500g，外观好，品质优良。成熟期一致，较耐运输。能适应夏季栽培，生长期85d，从定植至收获约50d。种植的株行距为30cm，苗栽7000株左右。

9. 皇后

引自美国的中早熟品种，耐热性较'皇帝'略差，晚抽薹，较抗生菜花叶病毒病和顶端灼焦病。植株生长整齐一致，叶片中等大小，深绿色，叶缘有缺刻，叶球扁圆形，结球紧实，浅绿色。单球重550g左右。质地细嫩而爽脆，风味好。生长期85d，从定植至收获约50d，亩栽7000株左右。

10. 青白口结球生菜

又称北京团叶生菜，为青口、白口的天然杂交种。叶簇半直立，株高约15cm，开展度约30cm。叶片近圆形，深绿色，叶缘波状，叶面皱缩，较厚，心叶抱合成近圆形，结球较紧。单株重500g左右。品质好，生熟食均可。耐寒，耐冬储，适于保护地栽培。

11. 鸡冠生菜

吉林农家品种，株高约20cm，开展度约17cm。叶片卵圆形，浅绿色，叶缘有缺刻，上下曲折成鸡冠。不结球，单株重约300g。抗病、耐寒、耐热。生育期50~60d。叶质柔嫩、脆爽，适宜生食。

12. 玛来克

引自荷兰，株高约18cm，开展度约20cm。叶片绿色，叶面微皱，叶缘波状缺刻。叶球扁圆形，包球紧，品质优良。耐热、抗病，成熟早，从栽种到收获需45d左右。适于保护地栽培，苗产2700kg左右。

13. 前卫 75 号

早年由美国引进的中早熟品种，适应性较强，夏季可以栽培，但是产量较低，且要及时采收，在高温和高湿条件下较易发生顶端灼焦和腐烂。在凉爽天气栽培时，植株较大，生长旺盛，外叶较少，深绿色。叶球圆形，浅绿色，叶球的外面叶片宽大，叶鞘肥厚，属叶重型品种。品质脆嫩，味甜，外观好。单球重约 600g。该品种适宜于冬季及早春保护地栽培，耐寒，抗花叶病，结球紧实，变形球少。从定植至初收需 45~50d。

14. 卡拉思克

由美国引进的早熟品种，耐热性强，抗花叶病毒病，以及顶端灼焦病，抽薹晚，非常适合于晚夏和初秋栽培。该品种的植株外叶较小而紧凑、绿色。叶缘具尖齿状缺刻。叶球扁圆形，比'皇帝'的叶球大且紧实，呈绿色，变形球少，外观好。为叶重型品种，单球重 550g 左右，成熟期较整齐一致，从定植到收获约需 45d。

15. 飞马

由美国引进的早熟品种，具有抗花叶病毒病和极耐顶端灼焦的优点。夏季栽培表现耐热性良好，并抗先期抽薹。植株外叶较多，叶片绿色，叶缘的缺刻较深。叶球中等大，青绿色，比'皇帝'。品种的色泽深，球紧实。单球重约 400g，品质脆嫩。从定植至收获需 45~55d。种植株行距为 30cm，苗栽 7000 株，亩产量约 4000kg。

16. 泰安结球莴苣

属绵叶结球莴苣，叶面稍皱，淡绿色，叶缘锯齿状。株高 5cm，开展度 31cm，叶球圆形，高、宽各 16cm，单球重 500g 左右，味甜质细。

17. 京引 89~2（2）

是从美国引进的品种中选出的极早熟品种，耐热性很强，极晚抽薹。对各种病害的忍耐力高，栽培容易。在高温高湿由环境条件下结球良好，而且变形球和异常球发生少，优质球莛高，为夏季栽培的适宜品种。该品种植株较开张，外叶较少青绿色。叶球扁圆形、绿色，质脆，风味好，单球重 600g 左右。从定植至始收约 30d，延续采收 20~30d。

18. 奥林匹亚

从日本引进的极早熟脆叶结球型品种，耐热性强，抽薹极晚。植株外叶叶片浅绿色，较小且少，叶缘缺刻多。叶球浅绿色略带黄色，较紧实。单球重 400~500g，品质脆嫩，口感好。生育期 65~70d，适宜于晚春早夏、夏季和早秋栽培。播种期可从 4~7 月，定植期为 5~8 月，收获期为 6 月中旬至 10 月。种植株行距为 25cm，苗植约 1 万株，亩产 3000~4000kg。从定植至收获 40~45d。

19. 米卡多

由日本引进的早熟品种，耐热性强，抽薹较晚，在夏、秋季栽培表现良好。耐高温，不焦边。植株外叶较少，油绿色，叶缘有齿状缺刻。叶球扁圆，浅绿色且具光泽，品质好。单球重 3000~4000g，从定植至收获 45d，夏季可以直播栽培。

20. 岗山沙拉生菜

由日本引进的散叶莴苣良种，又称沙拉生菜，或奶油生菜。全缘叶，色浓绿，叶片肥大，长 12~15 片叶时心叶开始抱合成松散的圆筒形叶球，叶质脆嫩，深受国内外市场欢迎，可作沙拉原料。该品种极早熟，耐热性好，抽薹晚，可周年栽培。

21. 绿波

由沈阳市农科所选育而成。叶卵圆形，浓绿色，叶面皱缩，叶缘波状，因而曾称为绿皱叶生菜。叶簇半直立，株高 25~27cm，开展度 27~30cm，心叶不抱合。生长期 80~90d。该品种耐寒力强，而耐热力弱。叶肥大，肉厚，质地柔嫩。喜肥水，可随时采收供应市场，商品成熟期单株重 0.5~1kg，亩产可达 1500~2000kg。适于北方地区春季小拱棚或露地地膜覆盖栽培。

22. 大湖 659 结球生菜

由美国引进的早、中熟优良品种。叶色嫩绿，品质脆嫩，外叶少而球大，结球紧实，叶片稍有皱褶，单球重 1000~1200g，栽种容易，产量较高，品质好，耐储运。耐寒性、耐热性都较好，抽薹晚，生育期约 90d，适合于春、秋季地膜覆盖栽培及保护地栽培。该品种对叶枯病抵抗力强。

23. 爽脆

叶片肥厚，叶球大而紧实，产量高，不易抽薹。质地脆嫩，甘甜爽口。属晚熟品种，定植后 50d 左右开始收获。

24. 大湖 366

属脆叶结球类型。株高约 24cm，开展度 43cm 左右。叶片翠绿色，叶缘波状锯齿，叶面微皱。叶球近圆形，浅绿色，包球较紧，脆嫩爽口，品质优良，平均单球重 700g 左右，净菜率 70% 左右，亩产净菜约 2900kg。该品种耐热、耐湿、抗病、中熟，从定植至收获 50d 左右，适于保护地栽培。

25. 帕里伊莎兰

引自美国，株高 20~25cm，叶片大而薄，直立生长，外叶绿色，主叶脉（中肋）白色，叶面稍皱，叶缘波状内部叶片越向里颜色越浅，由外到内依次是浅绿色→白绿色→奶袖色。质地脆嫩，品质优良，耐莴苣病毒病及顶烧病。抽薹慢，播种至收获约需 70d。

26. 牛利生菜

广州农家品种，叶片较直立，株高约 40cm，开展度约 45cm。叶片呈倒卵形，青绿色，叶缘波状，叶面稍皱，心叶不抱合。单株重 500g 左右，抗性较强，品质中等。

27. 特快

引自美国，叶簇大，半直立，株型紧凑。叶片大，皱褶多，叶缘波状，叶色亮绿，质地脆嫩，味甜，品质很好。生长迅速，属于早熟品种，定植至收获约需 45d。耐寒性强且抗顶烧病。

28. 红塞尔斯

引自美国，叶丛大，株型紧凑。叶片呈酱紫色，皱褶多，叶缘波状。质地脆嫩，品质佳，抽薹晚。在气候温暖季节可很好地保持其鲜艳色泽，还可作为一种观赏植物栽培。

29. 来特因库沙拉生菜

日本品种，叶色鲜红，叶面皱缩，叶柄翠绿色，叶片厚且大，味道特佳，作沙拉配菜，色泽鲜艳。属早熟品种，定植至收获约需 45d。耐热性强，可用作越夏栽培。

30. 肯苦沙拉生菜

日本品种，叶片肥大，绿色，叶缘缺刻少，味道极佳。抽薹晚，不仅耐热而且耐寒，适宜周年栽培。

31. 汤姆瑟布

引自美国，属软叶结球莴苣类型。植株小而紧凑。叶色黄绿，叶面微有皱褶，全缘。外叶小，紧贴叶球。叶球不仅小而紧实，质地柔嫩，品质极佳，是目前软叶结球莴苣类型中最早熟、叶球最小的品种，可以密植。播种至收获仅需 55~60d。

32. 深绿博斯顿

引自美国，是美国广为栽培的软叶结球类型中的重要品种之一。外部叶片深绿，内部叶片淡绿。叶球抱合紧实。叶片质地柔嫩，叶面皱褶稍多，全缘。从播种至收获约需78d。

33. 柯宾

荷兰品种，属脆叶结球类型。株高25cm左右，开展度43cm。叶片绿色有光泽，叶面稍有皱褶。叶球扁圆形，浅绿色，外叶少，包球紧。单球平均重约940g，净菜率高，苗产净菜约3500kg。定植至收获50d，中熟，品质优良，脆嫩爽口，抗病。宜作中熟、优质、高产品种推广种植。

34. 北京生菜

由北京市农林科学院蔬菜研究中心育成的早熟品种。适宜条件下生育期65d左右。该品种为结球型脆叶生菜。结球紧实，整齐一致。口感好，品质佳。株型小，适宜密植，单球重500g左右。抗病性强，耐热不易抽薹，适宜全国各地春、夏、秋季栽培，每677m^2用种量20~25g。

35. 团叶生菜

北京市地方品种。叶簇生，叶缘波状，叶球圆形，叶球高11cm，横径10cm，单球重500g左右，品质较好。该品种耐寒，耐储藏，不耐热，适于保护地栽培。

36. 三元生菜

由我国台湾农友种苗公司引进。该品种结球，早外叶少，株型小而球大，结球坚实，球色青绿，脆嫩多汁，品质优良。单球重1kg左右，最大可达1300g。适宜台湾、华南地区栽培。

37. 大将生菜

由我国台湾农友种苗公司育成。该品种结球早，球形端正，结球整齐、紧实。外叶少而球大，单球重1kg左右，球色为淡绿色，脆嫩多汁，品质优良，抗枯萎病，耐热性好。适宜全国各地种植。每667m^2用种量25~30g。

38. 翠华生菜

由我国台湾农友种苗公司育成。该品种栽培容易，生长势强。叶色为黄绿色，叶片皱曲，柔嫩，品质好。

39. 红火花

由日本引进的早熟品种。该品种生长势强，耐寒性、耐热性较强，丰产性好，栽培容易。植株直立，叶片较宽，从叶缘到内部为赤褐色到浅绿色逐渐变化，叶色亮丽美观，叶面皱缩。宜生食或作配菜。

40. 全年生菜

由广州蔬菜科学研究所育成。该品种植株紧凑，株高 18~24cm，开展度23~28cm。叶片呈近圆形，长 17~23cm，宽 16~33cm，黄绿色，有光泽，在冷凉地区可半包心。叶柄扁宽，有叶裙，长约 1cm，黄白色。脆嫩滑爽纤维少，风味好。生长期 60~70d，单株重 200~350g。适应性强。每 667m^2 产量为 2000~3000kg。适宜全国各地种植。

附2：生菜主要病害及其防治

1.（小核盘菌）软腐病

由子囊菌亚门的小核盘菌侵染引起的真菌病害，主要有根腐和茎基腐两种类型。根腐型，根部被小核盘菌侵染后，初期先在茎基部产生繁茂的白色菌丝，逐渐形成很多白色小颗粒，其上溢有水滴，后期小颗粒变为黑色菌核，有时很多菌核连接成块状，最后导致根部腐烂；茎基腐型，主要侵染茎基部，染病初期茎基部先发生病变，幼嫩生菜染病，植株下部菌丝向上扩展，速度快，病株迅速软腐倒伏。

病菌以菌核残留在病株残体上越冬，条件适宜时，菌核萌发长出菌丝，由生菜的根或茎基部侵入，病部向地上部扩展蔓延。病株倒伏后又通过健株的相互接触进行传播蔓延，在病害的扩展过程中，繁茂的菌丝产生大量的菌核，由于耕翻土壤菌核落入土壤中，成为翌年初侵染源。

防治方法：实行水旱轮作，或与非菊科作物轮作；选用抗病品种，叶带红色的品种，以及较抗菌核病的品种；采用配方施肥技术，提倡施用酵素菌沤制的堆肥，增施磷钾肥，也可进行根外追肥，可叶面喷洒 0.2%~0.5%的复合肥增强植株的抗病力；带土定植，提高盖膜质量，使膜紧贴地面，避免杂草滋生；及时摘除病叶或拔除病株并带出棚外烧毁；在高温期要注意防止地膜吸热灼苗，必要时可在地膜上撒一层细土，或浇水降温，或推迟定植期以避免高温危害。发病初期开始喷洒下列药剂：70%甲基托布津可湿性粉剂 700 倍液，或 70%扑海因可湿性粉剂 1000~1200 倍液，或 50%速克灵或农利灵可湿性粉剂 1500 倍液，或 40%菌核净可湿性粉剂 500 倍液，或 20%甲基立枯磷乳油 1000 倍液等，每 7~10d 喷洒一次，连续防治 3~4 次。保护地栽培时可采用烟雾法或粉尘法，烟雾法可采用 15%腐霉利（速克灵）烟剂或 45%百菌清烟剂，每次每苗用量 250~300g，分放 4~5 处后用暗火点燃，熏一夜，每 8~10d 熏一次，连续或与其他方法交替防治 3~4 次。粉尘法可喷撒 5%百菌清粉尘剂，每亩用量 1kg。采收前 5~7d 停止用药。

2. 茎腐病

由担子菌亚门的瓜亡革菌侵染引起的真菌病害，无性态为半知菌亚门的立枯丝核菌。一般多在靠近地面的叶柄处先发病，病部初为褐色坏死斑，后扩展蔓延到整个叶柄，湿度大时，病部溢出深褐色汁液；天气干燥时，病部仅局限一处，呈褐色的凹陷斑。条件适宜时危害叶球，导致整个叶球呈湿腐糜烂状。病部常产生网状菌丝体或褐色的菌核。

病原菌在土壤中习居，菌丝与寄主接触后通过气孔侵入进行初侵染和再侵染。棚内日均温在 20℃ 以上，且湿度大时，该病易发生流行。

防治方法：加强栽培管理，合理密植，保持田间通风透光，避免环境湿度过大；结合防治其他病害，可在发病初期喷洒硫酸链霉素 4000~5000 倍液，或 72% 农用硫酸链霉素可溶性粉剂 3000~4000 倍液等，每 5~7d 喷洒一次，连续防治 2~3 次。采收前 3d 停止用药。

3. 菌核病

由核盘菌侵染所致的真菌病害。主要危害植株的茎基部，开始时形成褐色水渍状病斑，并逐渐向茎部和根部扩展，病部组织腐烂，在潮湿条件下，表面长有繁茂的白絮状菌丝，逐渐形成很多白色小颗粒，其上溢有水滴，后小颗粒逐渐变为黑色鼠粪状菌核，有时很多菌核连接成块状，病株上部很快萎蔫枯死。幼嫩生菜染病时，植株下部菌丝向上扩，速度快，病株迅速软腐倒伏。当气温 20℃ 左右、相对湿度高于 80% 时，有利于病害的发生和蔓延。

防治方法：加强栽培管理，实行轮作；合理施用氮肥，增施磷、钾肥，增强植株的抗病力。发病初期，喷洒下列药剂：40% 菌核净可湿性粉剂 1000~1500 倍液，70% 甲基托布津可湿性粉剂 800 倍液，50% 多菌灵可湿性粉剂 500 倍液，40% 纹枯利可湿性粉剂 800 倍液，50% 氯硝胺可湿性粉剂 300 倍液等，每隔 7~10d 喷洒一次，连续喷洒 2~3 次，收获前 10d 左右停止用药。

4. 褐斑病

由半知菌亚门的莴苣褐斑尾孢霉菌和香蕉褐斑尾孢霉菌侵染引起的真菌病害。主要危害叶片，叶片上的病斑表现两种症状，一种是发病初期呈水渍状，后逐渐扩大为圆形至不规则形、褐色至暗灰色病斑，直径 2~10mm；另一种是深褐色病斑，边缘不规则，外围具水渍状晕圈。环境湿度大时，病斑上生暗灰色霉状物，严重时病斑相互融合，致叶片变褐干枯。第一种褐斑症状是由莴苣褐斑尾孢霉菌引致，而香蕉褐斑尾孢霉菌则引致第二种褐斑症状。

病菌以菌丝体和分生孢子丛在病残体上越冬，以分生孢子进行初侵染和再侵染，借气流和雨水溅射传播蔓延。在连续阴雨雪天气、植株生长不良或偏施氮肥致长势过旺时，会导致病情的发生加重。

防治方法：清洁田园，及时把病残体携出园外烧毁；采用配方施肥技术，增施有机肥及磷、钾肥，避免偏施氮肥，使植株健壮生长，增强抗病力。发病初期可喷洒下列药剂进行防治：40% 多硫悬浮剂 500 倍液，或 75% 百菌清可湿性粉剂 1000 倍液加 70% 甲基托布津可湿性粉剂 1000 倍液，或 50% 扑海因可湿性粉剂

1200~1500 倍液，或 60%琥乙膦铝可湿性粉剂 500 倍液等，每 10d 左右喷洒一次，连续防治 2~3 次。采收前 5~7d 停止用药。

5. 白粉病

由棕丝单囊壳真菌引起的病害，主要危害叶片，初在叶两面生白色粉状霉斑，扩展后形成浅灰白色粉状霉层平铺在叶面上，环境条件适宜时，彼此连成一片，使整个叶面布满白色粉状物，像铺上一层薄薄的白粉。此病多从植株下部叶片开始发生，后向上部叶片蔓延，最后整个叶片呈现白粉状，致叶片黄化或枯萎，后期病部长出小黑点，即病原菌闭囊壳。在温度为 16~24℃、相对湿度高时易发病，栽植过密、通风不良或氮肥施用偏多时，发病重。

防治方法：发病初期开始喷洒下列药剂：10%施宝灵胶悬剂 1000 倍液，或 1：1：1 的倍式波尔多液，或 15%粉锈宁可湿性粉剂 800~1000 倍液、50%苯菌灵可湿性粉剂 1000~1500 倍液、60%防霉宝超微可湿性粉剂或水溶性粉剂 600 倍液、40%福星乳油 900 倍液等，每 10d 左右喷一次，连续防治 1~2 次，采收前 7d 停止用药。

6. 灰霉病

由灰葡萄孢菌引起的真菌病害。病害多从距地面较近的叶开始，最初产生水渍状病斑，可迅速扩展成褐色大病斑，病叶基部常呈红褐色。茎基部受害，初亦为水渍状病斑，天气潮湿时迅速扩大，后茎基部腐烂，疮面上生出灰褐色霉层，即病原菌的分生孢子梗及分生孢子。霉层先白后灰，天气潮湿时，整株从基部向上溃烂，叶柄受侵染呈深褐色。病原菌生长发育的温度范围是 4~32℃，适温 15~25℃。在寄主衰弱或受低温侵袭、相对湿度高于 94%时、温度适宜即可发病。

防治方法：清除病株残体，减少初侵染源；加强栽培管理，提高植株的抗病性。发育初期可喷洒下列药剂：50%多菌灵可湿性粉剂 800~1000 倍液，50%甲基托布津可湿性粉剂 600~800 倍液，50%速克灵可湿性粉剂 2000 倍液，50%扑海因可湿性粉剂 1000~1500 倍液等，每 7~10d 喷洒一次，连续防治 2~3 次。保护地栽培时，可在发病初期采用烟雾法或粉尘法，烟雾法用 10%速克灵烟剂，每亩每次用量 200~250g 或 45%百菌清烟剂，每亩每次用量 250g；粉尘法于傍晚喷撒 10%灭克粉尘剂，或 5%百菌清粉尘剂，每亩每次用量 1kg，隔 9~11d 一次，连续或与其他防治法交替使用 2~3 次。

7. 炭疽病

又称穿孔病、环斑病，是由半知菌亚门的莴苣盘二胞菌引起的真菌病害。主要危害老叶片，先在外层叶片的基部产生褐色较密集小点，多达百余个，扩展后形成圆形至椭圆形或不大规则形病斑，大小 4~5mm，有的融合成大斑，病斑中央浅灰褐色，四周深褐色，稍凸起，叶背病斑边缘较宽，向四周呈弥散性侵蚀，后期叶斑易发生环裂或脱落穿孔，有的危害叶脉和叶柄，病斑褐色梭形，略凹陷，后期病斑纵裂；发病早的外叶先枯死，后向内层叶片扩展，严重者整株叶片染病，致全株干枯而死亡，病斑边缘产生粉红色的病原菌子实体。夏季高温多雨易发病，早春受冻及阴雨多、气温低的年份发病重。

防治方法：收获后及时清除病株残体，集中烧毁或深埋，以减少初侵染源；实行轮作，加强栽培管理。发病初期开始喷洒下列药剂：50%福美双悬浮剂 500 倍液，40%多硫悬浮剂 500 倍液，50%苯菌灵可湿性粉剂 15 000 倍液，70%甲基硫菌灵可湿性粉剂 500 倍液，50%扑海因可湿性粉剂 1500 倍液等，每 7~10d 喷洒 1 次，连续防治 2~3 次，采收前 7d 停止用药。

8. 软腐病

又称"水烂"，胡萝卜欧氏杆菌引起的细菌病害，主要危害结球生菜的肉质茎或根茎部。肉质茎染病，初生水渍状斑，深绿色不规则，后变褐色，迅速软化腐败。根茎部染病，根茎基部变为浅褐色，渐软化腐败，病情严重时可深入根髓部或叶球内。在温度为 27~30℃、多雨条件下易发病，连作田、低洼积水、闷热、湿度大时发病重。

防治方法：重病区或重病田应与禾本科作物实行 2~3 年轮作，低洼田块应采用垄作或高畦栽培，严禁大水漫灌，病害流行期要控制浇水；施用日本酵素菌沤制的堆肥，精细管理，田间农事活动时应尽量避免产生伤口，发现病株要集中深埋或烧毁。发病初期可喷洒下列药剂：30%氧氯化铜悬浮剂 800 倍液，77%可杀得可湿性微粒粉剂 500 倍液、30%绿得保悬浮剂 400 倍液，或 23%络氨铜水剂 500 倍液等，每 7d 左右喷 1 次，连续防治 2~3 次，采收前 3d 停止用药。在储运期要特别注意通风降温。

9. 锈病

由担子菌亚门的莴苣锈病菌侵染引起的真菌病害。主要危害叶片，发病初期叶面上产生许多鲜黄色至橘红色的帽状锈孢子器，在叶背面的对应部位产生隆起的小疱，很多帽状锈孢子器聚集在一起形成 1.5cm 左右大小的病斑。表皮破裂后散出黑褐色粉末，即病原菌的冬孢子，致病叶黄化枯死。

病菌在北方地区以冬孢子在病残体上越冬，条件适宜时产生担子和担孢子，担孢子侵入寄主形成锈子腔阶段，产生的锈孢子侵染寄主并产生夏孢子堆，散出夏孢子进行再侵染，夏孢子萌发后由表皮或气孔侵入，气温在 16~26℃，多雨高湿时易发病，气温低、肥料不足及生长不良时发病重。

防治方法：与非菊科作物实行 2~3 年轮作；施足有机肥，增施磷、钾肥，提高寄主的抗病力；加强栽培管理，栽植密度要适当，不能过密，尽量降低棚内的湿度，防止湿气滞留。发病初期开始喷洒下列药剂：65%代森锌可湿性粉剂 600倍液，或 70%代森锰锌可湿性粉剂 500 倍液，或 80%新万生可湿性粉剂 600~800倍液，或 80%大生 M-45 可湿性粉剂 600~800 倍液，或 12.5%速保利可湿性粉剂2000~2500 倍液，或 40%杜邦新星乳油 9000 倍液，或 6%乐必耕可湿性粉剂1000~1500 倍液，或 10%抑多威乳油筑朋倍液等，每 10d 左右防治一次，连续防治2~3 次。采收前 5d 停止用药。

10. 黑斑病

由半知菌亚门的微疣匍柄霉菌侵染引起的真菌病害，又称为轮纹病、叶枯病。主要危害叶片，发病初期，叶片上形成圆形至近圆形褐色斑点，在不同的条件下病斑大小差异较大，一般为 3~15mm，褐色至灰褐色，具有同心轮纹，在田间一般病斑表面看不到霉状物。

病菌可在土壤中的病株残体或种子上越冬，条件适宜时，产生分生孢子进行初侵染，后病部产生分生孢子，通过风、雨传播，进行再侵染。高温高湿、连续阴雨雪天气或棚内结露持续时间长，病害易发生流行。在土壤肥力不足，植株生长势衰弱时，发病重。

防治方法：加强栽培管理，采用配方施肥技术，增施有机肥及磷、钾肥，提高植株抗病力；与非菊科作物实行轮作；及时摘除老叶、病叶并把病残体集中深埋或烧毁。发病初期可喷洒下列药剂：75%百菌清可湿性粉剂 1000 倍液，或 50%扑海因可湿性粉剂 800~1500 倍液，或 50%克菌丹可湿性粉剂 500 倍液，或 70%乙膦锰锌可湿性粉剂 500 倍液，或 50%甲基托布津可湿性粉剂 500 倍液等，每 7~10d喷洒一次，连续防治 2~3 次。采收前 5~7d 停止用药。

11. 黑腐病

又称腐败病、细菌性叶斑病，是由油菜黄单胞菌葡萄蔓致病变种引起的细菌病害。主要危害肉质茎，也危害叶片。肉质茎染病，受害处先变浅绿色，后转为蓝绿色至褐色，病部逐渐崩溃，从近地面处脱落，全株矮化或茎部中空；叶片染病，生不规则形水渍状褐色角斑，后变淡褐色干枯呈薄纸状，条件适宜时可扩展到大半个叶子，周围组织变褐枯死，但不软腐。高温高湿条件下易发病，地势低注、重茬及害虫危害重的地块发病重。

防治方法：与葱蒜类、禾本科作物实行 2~3 年以上轮作；施用日本酵素菌沤制的堆肥；选用无病种子，雨后及时排水，注意防治地下害虫。发病初期可喷洒下列药剂：72%农用硫酸链霉素 3500~4000 倍液，30%氧氯化铜悬浮剂 800 倍液，30%绿得保悬浮剂 300~400 倍液，30%琥胶肥酸铜（DT）可湿性粉剂 500 倍液，

70%琥乙膦铝（DTM）可湿性粉剂 500 倍液等，每 7~10d 喷 1 次，连续防治 2~3 次，采收前 3d 停止用药。

12. 病毒病

由莴苣花叶病毒（LMW）、蒲公英黄花叶病毒（DYMV）和黄瓜花叶病毒（CMY）侵染引起的，整个生育期内均可染病。苗期发病，出苗后半个月就显示症状。第一片真叶现出淡绿或黄白色不规则斑驳，叶缘不整齐，出现缺刻。二、三片真叶时染病，初现明脉，后逐渐现出黄绿相间的斑驳或不大明显的褐色坏死斑点及花叶。成株染病症状有的与苗期相似，有的细脉变褐，出现褐色坏死斑点，或叶片皱缩，叶缘下卷成筒状，植株矮化。采种株染病，病株抽薹后，新生叶呈花叶状或出现浓淡相间的绿色斑驳，叶片皱缩变小，叶脉变褐或产出褐色坏死斑，导致病株生长衰弱，花序减少，结实率下降。

该病主要靠蚜虫和种子进行传毒。莴苣花叶病毒可由汁液接触或蚜虫传毒，病株或种子带毒；蒲公英黄花叶病毒，主要靠蚜虫和种子传毒，汁液接触侵染率不高；黄瓜花叶病毒由蚜虫传毒，种子不带毒。可根据不同的传毒方式实施有效的防治措施。毒源来自田间越冬的植株，苗期发病，在田间通过蚜虫或汁液接触传染，桃蚜传毒率最高，萝小时蚜、棉蚜、大戟长管蚜也可传毒。该病发生和流行与气温有关，旬均温 18℃以上，病害扩展迅速。

防治方法：选用抗病品种，种植无病种子，紫叶型品种种子的带毒率比绿叶型低；适期播种、定植，及时铲除田间杂草；及早防蚜避蚜，减少传毒介体。发病初期开始喷洒下列药剂：20%病毒 A 可湿性粉剂 500 倍液，抗毒剂 1 号水剂 300 倍液，83-1 增抗剂 100 倍液，10%病毒必克可湿性粉剂 800~1000 倍液，38%抗病毒 1 号可湿性粉剂 600~700 倍液等，每 7d 左右喷洒一次，连续防治 3~4 次。

13. 顶烧病

又称"干烧心"，该病发生较普遍，大多数栽培地均有不同程度的发生，一般以结球生菜发病重。发病初期，多在内层球叶的叶尖或叶缘出现水渍状斑，并迅速扩展，导致病部焦枯变褐，叶缘表现出类似"灼伤"现象，故俗称"干烧心"。发病后，在高温高湿条件下病部易被细菌（主要是软腐细菌）侵染，使病部迅速腐烂，严重时甚至把整个叶球"烂光"。

该病是因叶片得不到足够的钙所致，可能是由于土壤中缺钙，满足不了植株的正常需要所致。但多数情况下，土壤中并不一定缺钙，而是因为土温、气温偏高，光照过强，土壤湿度过高或过低，氮肥施用量过多等原因，影响植株对钙的正常吸收而引起缺钙。特别是植株生长过快时，由于钙在植株体内移动缓慢，跟不上组织生长速度，便可引起顶烧。

防治方法：选用抗顶烧病强的品种，如'皇帝'、'皇后'、'大湖659'、'萨林娜'、'卡尔玛'等；选择肥沃的土壤种植，整好地，施足腐熟的有机肥；施用速效肥时，要注意氮、磷、钾肥合理搭配，避免偏施氮肥，尤其是结球后期更要控制氮肥的施用量，同时，还要注意微量元素镁不能过多使用，否则也可抑制对钙的吸收；注意及时浇水，防止土壤过干、过湿，或忽干、忽湿。顶烧病发生初期，应及时喷施 0.1%硝酸钙或 0.1%氯化钙溶液。为预防顶烧病的发生，在生菜结球后，可定期喷洒含钙微肥，效果很好。

14. 日烧病

在高温季节常有发生，影响产量和品质。该病主要危害结球生菜，多发生在结球期后，只是叶球发病而一般外围功能叶不发病。发病初期病部叶片褪绿，继而变白，最后导致叶片焦枯。日烧仅是叶球表面 1~2 层叶片，严重时外层焦枯、叶片崩裂，也可导致深层叶片受害。发生日烧病的叶球会由于软腐细菌的侵染，造成整个叶球腐烂，损失严重。

结球生菜发生日烧病，是由于嫩的叶球直接暴露在阳光下，使叶球的向阳面温度过高而灼伤。高温、干旱，会促使叶烧病的发生。

防治方法：注意保持一定密度，阳光过强时可用植株外围叶片遮住叶球，也可用遮阳网等进行遮荫，避免阳光直射叶球；生菜结球后要注意适时浇水，特别是在气温高时，生菜散失水分较多，需及时浇水补充土壤水分，加强植株体内水分循环，降低植株本身的温度，避免或减轻日烧病的发生；适时喷洒 0.1%硫酸锌或硫酸铜溶液，可增强植株的抗病力；叶球发生轻微日烧后应及时采收，摘去外层被害叶后仍可上市销售，以减少经济损失。

15. 炭疽病

又称穿孔病、环斑病，是由半知菌亚门的莴苣盘二胞菌引起的真菌病害。主要危害老叶片，先在外层叶片的基部产生褐色较密集小点，多达百余个，扩展后形成圆形至椭圆形或不大规则形病斑，大小 4~5mm，有的融合成大斑，病斑中央浅灰褐色，四周深褐色，稍凸起，叶背病斑边缘较宽，向四周呈弥散性侵蚀，后期叶斑易发生环裂或脱落穿孔，有的危害叶脉和叶柄，病斑褐色梭形，略凹陷，后期病斑纵裂；发病早的外叶先枯死，后向内层叶片扩展，严重者整株叶片染病，致全株干枯而死亡，病斑边缘产生粉红色的病原菌子实体。夏季高温多雨易发病，早春受冻及阴雨多、气温低的年份发病重。

防治方法：收获后及时清除病株残体，集中烧毁或深埋，以减少初侵染源；实行轮作，加强栽培管理。发病初期开始喷洒下列药剂：50%福美双悬浮剂 500倍液，40%多硫悬浮剂 500 倍液，50%苯菌灵可湿性粉剂 15 000 倍液，70%甲基硫菌灵可湿性粉剂 500 倍液，50%扑海因可湿性粉剂 1500 倍液等，每 7~10d 喷洒 1次，连续防治 2~3 次，采收前 7d 停止用药。

16. 心腐、裂茎病

在栽培过程中，该病常有发生，严重影响产量和品质。发病时，植株矮小，生长缓慢。叶片发黄，叶缘外卷，植株顶部心叶和生长点褐变、坏死。有时茎部产生龟裂。严重时，植株根系特别是侧根生长差，植株生长停滞，直至死亡。

该病是由于硼素不足所致。生菜属于对硼素较敏感的蔬菜，植株分生组织需硼量大而且对硼敏感。缺硼症状首先表现在生长点和心叶上。多年种植蔬菜的土壤，若不注意施用含硼肥料，则容易出现缺硼现象。缓冲能力小的砂壤土上常发生缺硼问题，石灰施用过多或灌溉水质量差也会引起硼素的缺乏。

防治方法：进行土壤改良，土壤 pH 6.7 左右稍偏酸性时，土壤中的硼有效性最高；增施腐熟的有机肥，特别是施用厩肥效果更好。厩肥中含硼素较多，不仅可以补充土壤中的硼素，还可使土壤肥沃，增强土壤保水力，减少旱害影响，增进根系扩展，并可促进对硼素的吸收力；注意不能过量施用钙素，钙过量时可引起缺硼，另外，要均匀浇水，保持适宜的土壤湿度，若土壤过干或过湿，均会使根的养分吸收力降低，吸收硼的能力也明显降低；多年种植蔬菜的地块、沙质土或有机质含量较少的土壤，最好在施用有机肥作基肥的同时，也配合施用硼肥，一般每亩地块每年可施用硼砂 0.5kg 左右即可；田间出现因缺硼引起的心腐、裂茎症状时，应及时补硼，可喷施 0.2%~0.3%硼砂溶液。

17. 锈病

由担子菌亚门的莴苣锈病菌侵染引起的真菌病害。主要危害叶片，发病初期叶面上产生许多鲜黄色至橘红色的帽状锈孢子器，在叶背面的对应部位产生隆起的小疱，很多帽状锈孢子器聚集在一起形成 1.5cm 左右大小的病斑。表皮破裂后散出黑褐色粉末，即病原菌的冬孢子，致病叶黄化枯死。

病菌在北方地区以冬孢子在病残体上越冬，条件适宜时产生担子和担孢子，担孢子侵入寄主形成锈子腔阶段，产生的锈孢子侵染寄主并产生夏孢子堆，散出夏孢子进行再侵染，夏孢子萌发后由表皮或气孔侵入，气温在 16~26℃，多雨高湿时易发病，气温低、肥料不足及生长不良时发病重。

防治方法：与非菊科作物实行 2~3 年轮作；施足有机肥，增施磷、钾肥，提高寄主的抗病力；加强栽培管理，栽植密度要适当，不能过密，尽量降低棚内的湿度，防止湿气滞留。发病初期开始喷洒下列药剂：65%代森锌可湿性粉剂 600倍液，或 70%代森锰锌可湿性粉剂 500 倍液，或 80%新万生可湿性粉剂 600~800倍液，或 80%大生 M-45 可湿性粉剂 600~800 倍液，或 12.5%速保利可湿性粉剂

2000~2500 倍液，或 40%杜邦新星乳油 9000 倍液，或 6%乐必耕可湿性粉剂 1000~1500 倍液，或 10%抑多威乳油筑朋倍液等，每 10d 左右防治一次，连续防治 2~3 次。采收前 5d 停止用药。

18. 叶焦病

由菊苣假单胞菌（菊苣叶斑病假单胞菌，属荧光假单胞菌）侵染引起的细菌病害。主要危害叶片，发病初期，外侧叶片或心叶边缘产生褐色区，有的坏死，有的波及叶脉。组织坏死后，易被腐生菌寄生。叶片因失水过多表现叶色淡、脉焦或叶脉间坏死，叶片水分严重不足时，则出现叶焦或叶缘烧焦或干枯症状。

生菜在叶片失水情况下，易被该菌侵染，从而引起健康组织的病变。尤其是遇有低湿高温时，会使叶片中水分耗尽，致叶片边缘细胞死亡，更易被该菌侵染。另外，根系生长弱、土壤干燥和低温、盐分浓度高等许多因素，都能使植株水分吸收受到阻碍，尤其是成株，由于叶片多且大，失水就多，更易出现上述症状。

防治方法：保持适宜的土壤湿度，避免温度过高或过低，可防止该病的发生和蔓延；不要损害根系，保护根系功能正常，增加棚内的通透性，避免长时间处于高湿状态，尽量保持湿度正常；通风要适当，不能使叶片中水分大量散失；采用配方施肥技术，提倡施用酵素菌沤制的堆肥或腐熟的有机肥；可进行叶面喷施惠满丰、保丰收等多元叶面肥。

19. 叶球畸形

结球生菜的正常叶球为圆形，稍平坦，叶球紧实。畸形叶球有多种，常见的有不正圆形、直立形、竹笋形、杯形、分球形等。叶球的紧实程度也不一样，有的硬实，有的疏松，有的甚至叶球内部中空。

结球生菜从团棵至第二叶序完成，心叶开始卷抱。莲座叶继续扩展，心叶加速卷抱形成肥大叶球。结球期叶球形成，喜肥、水充足，并要求白天温度 20~22℃，夜间 12~15℃。若环境条件不适宜就易形成畸形叶球。球形叶球膨松，俗称"气球球"，是高温期结球所致，32℃以上高温条件下叶球易出现"气球球"。竹笋球是纵向结长球、疏松，多是在低温或多肥、少肥、干燥等综合条件下形成的。

防治方法：选择有机质丰富、疏松、保水的土壤种植；选择适宜的播种期，使结球期处于白天温暖夜间凉爽的时期，若结球期遇上高温时，可适当采取遮荫措施；定植前结合整地作畦，施用腐熟堆肥，定植后，前期结合浇水分期追肥并进行中耕，使土壤干湿交替，促进根系扩展及莲座叶的生长，中、后期要不断地均匀地供应水分，以保持莲座叶不衰和叶球迅速抱合生长，形成形状正常紧实的叶球；合理施用植物激素，激素施用不当时易出现畸形叶球；当叶球紧实时就及时采收，采收过迟叶球内茎伸长，叶球变松，降低品质。

20. 叶缘坏死病

由边缘假单胞菌边缘致病变种（莴苣叶缘坏死病假单胞菌）侵染引起的细菌病害。又称为细菌性斑点病、根腐病。主要危害植株的叶片，一般从结球时开始发生，叶缘或叶缘附近先发病，发病初期为水渍状，后逐渐变干呈薄纸状，出现褐色至黑褐色不规则的油渍状病斑，叶片其他部分出现红褐色斑点，有的多个病斑相连成片，渐渐软化，有的全株迅速干枯或落叶，多数情况下，只是结球叶发病，后扩展缓慢。此病虽然影响发育，但不造成叶球腐烂，有的在茎的中心产生黑色至绿色硬腐组织，植株生长势弱时沿底部叶片的叶脉扩展到根部，引起根腐。病原细菌在土壤中越冬，靠土壤和空气进行传播。气温低、湿度大时易发生此病，特别是早春和晚秋发病重。

防治方法：实行轮作，避免重茬；加强栽培管理，采用配方施肥技术，实行畦作或高垄栽培，采用地膜覆盖，避免病株与健株接触，防止棚内出现高湿条件。播种后 1 个月于发病初期开始喷洒下列药剂：47%加瑞农可湿性粉剂 1000 倍液，或 30%绿得保悬浮剂 400~500 倍液，或 50% DT 可湿性粉剂 500 倍液或 77%可杀得可湿性微粒粉剂 500 倍液，或 23%络氨铜水剂 500 倍液等，每 7d 左右喷洒一次，连续防治 3~4 次。采收前 3~5d 停止用药。

附3：生菜主要虫害及其防治

1. 指管蚜

属同翅目蚜科。成、若蚜群集嫩梢、花序及叶背面吸食汁液，温度为 22~26℃，相对湿度为的 60%~80%时，会大量繁殖。

防治方法：掌握在初发阶段，喷洒 40%氰戊菊酯 3000 倍液，或 20%灭扫利乳油灭朋倍液，或 2.5%功夫乳油 2000 倍液，或 50%抗蚜威乳油 2000~3000 倍液等，喷药时要注意使喷嘴对准叶背，将药液尽可能喷射到虫体上，采收前 10d 左右停止用药。保护地栽培时，可选用灭蚜烟剂，每亩用量 500g 左右，分散放 4~5 堆，用暗火点燃，杀蚜效果在 90%以上。

2. 蓟马

属缨翅目蓟马科。在山东省，危害蔬菜的主要有节瓜蓟马（又称瓜亮蓟马）和葱蓟马（又称烟蓟马、棉蓟马），成、若虫以锉吸式口器危害心叶、嫩芽。被害叶形成许多细密的长形灰白色斑纹，被害株生长点萎缩、变黑，出现丛生现象，心叶不能展开，严重时叶片扭曲枯萎。

防治方法：清除残株落叶，以减少虫源；勤浇水，勤锄草，以减轻危害。危害初期可喷洒下列药剂：40%七星保乳油 600~800 倍液，21%灭杀毙乳油 1500 倍液，50%辛硫磷乳油 1000 倍液，20%氯马乳油 2000 倍液，20%复方浏阳霉素乳油 1000 倍液，80%巴丹可湿性粉剂 2000 倍液等，每 7~10d 喷洒一次，连续防治 2~3 次，采收前 10d 左右停止用药。此外，用烟草石灰水液（比例为 1：0.5：50）喷雾也有良好效果。

3. 地老虎

在我国危害蔬菜较严重的地老虎有小地老虎和黄地老虎，属鳞翅目夜蛾科，小地老虎属世界性大害虫，黄地老虎国内分布也很普遍。地老虎是多食性害虫，可危害多种蔬菜，地老虎主要危害蔬菜的幼苗，切断幼苗近地面的茎部，整株便死亡，造成缺苗断垄，严重的甚至毁种。

防治方法：大棚覆膜前或露地种植前进行土壤翻犁晾晒，土壤曝晒 2~3d，可杀死大量幼虫和蛹；利用糖蜜诱杀器或黑光灯诱杀成虫。药剂防治：地老虎 3 龄以前危害作物地上部分，应及时喷药，药剂用 2.5%敌百虫粉喷粉，每亩用量 1.5~2kg,或用 90%敌百虫 800~1000 倍液喷雾;用 2.5%敌百虫粉，每亩用量 1.5~2kg,

加细土 10kg 左右，拌成毒土，撒在心叶里，效果也很好。在虫龄较大时也可采用药剂灌根方法，灌根药剂可用下列几种：50%辛硫磷、50%二嗪哝等，亩用原药均为 0.2~0.25kg，每亩用水量为 400~500kg。发现地老虎危害根茎部，田间出现断苗时，可于清晨拨开断苗附近的表土，捕捉幼虫，也可收到较好的效果。

参 考 文 献

白由路，金继运，杨俐苹，等. 2001. 农田土壤养分变异与施肥推荐. 植物营养与肥料，7（2）：129~133.

曹志洪. 2001. 解译土壤质量演变规律，确保土壤资源持续利用. 世界科技研究与发展，03：28~32.

陈新平. 1997. 应用土壤无机氮测试进行冬小麦氮肥推荐的研究. 土壤肥料，5：19~21.

陈子明. 1995. 氮肥施用对土体中氮素移动利用及其对产量的影响. 土壤肥料，1：35~38.

冯绍元. 1996. 农田氮素的转化与损失及其对水污染环境的影响. 农业环境保护，15（6）：277~279.

高祥照. 2002. 土壤养分与作物产量的空间变异特征与精确施肥. 中国农业科学，35（6）：660~665.

黄少敏. 2001. 土壤中硝态氮含量的影响因素研究. 农业环境保护，20（5）：351~354.

江华. 1998. 冬小麦-夏玉米轮作条件下土壤植株综合诊断推荐施肥技术的研究. 北京：中国农业大学出版社.

金绍龄. 1991. 化学肥料的残效及其农学意义. 甘肃农业科学，（2）：21~23.

赖钊，张春兰. 2000. 平衡施肥与可持续优质蔬菜生产. 北京：中国农业大学出版社.

兰林旺，周殿玺. 1995. 小麦节水高产研究. 北京：北京农业大学出版社.

雷宝坤. 2004. 滇池流域施肥对作物产量、品质的影响及其环境风险. 北京：中国农业科学院硕士学位论文.

李隆，李晓林，张福锁. 2000. 小麦-大豆间作中小麦对大豆磷吸收的促进作用. 生态学报，04：629~633.

李生秀，付会芳. 1992. 几种测氮方法在反映旱地土壤供氮能力方面的效果. 干旱地区农业研究，10：72~80.

李文娆，李建设. 2004. 环境因素对蔬菜中硝酸盐含量的影响及减少其累积的技术措施. 宁夏农学院学报，01：77~80，92.

李志宏. 1995a. 冬小麦-夏玉米轮作条件下氮肥后效的定量研究. 北京农业大学学报（增刊），21：33~35.

李志宏. 1995b. 我国北方地区几种主要作物氮营养诊断及追肥推荐的研究. 植物营养与肥料学报，1997，03：268~274.

梁振兴，刘兴海. 1994. 小麦产量形成的栽培技术原理，北京：北京农业大学出版社.

林葆. 1994. 中国肥料. 上海：上海科学技术出版社.

林葆，林继雄. 1996. 长期施肥的作物产量和土壤肥力变化（全国化肥试验网论文汇编）. 北京：中国农业科技出版社.

刘利花，杨淑英，吕家珑. 2003. 长期不同施肥土壤中磷淋溶"阈值"研究. 西北农林科技大学学报（自然科学版），03：123~126.

刘翔. 1996. 氮对地下水的污染预测模型. 环境科学，12（6）.

刘杏认，刘建玲，任建强. 2003. 影响蔬菜体内硝酸盐累积的因素及调控研究. 土壤肥料，04：3~6，15.

刘勇. 1998. 冬小麦拔节期植株硝酸盐诊断推荐施肥技术的田间校验研究. 北京：中国农业大学.

鲁如坤. 1998. 土壤-植物营养学原理和施肥. 北京：化学工业出版社.

陆景陵. 2003. 植物营养学. 2版. 北京：中国农业大学出版社.

吕飞杰. 1997. 中国农业技术展望. 中国农业科学，30（1）：1.

吕忠贵，熊桂云. 1993. 夏播杂交玉米经济施肥量研究. 湖北农业科学，11：15~17.

吕忠贵，杨圆. 1997. 浅析氮磷化肥的使用、利用及对农业生态环境污染. 农业环境与发展，53（3）：30~34.

毛达如，梁振兴，王树安，等. 1996. 冬小麦-夏玉米高产高效生产系统. 北京：中国农业大学出版社.

毛达如，张承东. 1991. 推荐施肥技术中施肥模型与实验设计研究. 土壤通报，22（5）：216~218.

邵则瑶. 1989. 作物根层（0-100cm）土壤剖面残留无机氮研究报告之二：Nmin 含量与小麦产量的关系. 北

京农业大学学报，15（3）：285~290.

田远任，蒋希净. 1990. 土壤诊断与小麦玉米的氮肥分期定量补差施肥法. 土壤，（4）：209~210.

王朝晖. 1998. 环境标准在环境监理中的应用. 重庆环境科学，06：13~14.

王庆，王丽，赫崇岩，等. 2000. 过量氮肥对不同蔬菜中硝酸盐积累的影响及调控措施研究. 农业环境保护，
　　01：46~49.

王树安. 1991. 吨粮田技术——小麦夏玉米两茬平插亩产吨粮的理论与技术体系研究. 北京：农业出版社.

王树安. 1994. 中国吨粮田建设——全国吨粮田定位建档追踪研究. 北京：北京农业大学出版社.

杨守春，孙昭荣. 1988. 黄淮海平原不同土壤小麦氮磷最佳用量研究. 土壤肥料，（1）：1~5.

喻永嘉，宋正芳. 1990. 湖北省主要土壤粮棉油料作物氮磷钾适宜用量和配比研究. 湖北省农科院土肥所研究
　　资料专辑：108~117.

张庆红，张文英. 1997. 小麦夏玉米两熟制粮田氮的平衡运转动态及氮肥利用率. 土壤通报，28（4）：164~166.

郑铁军. 1998. 黑龙江省化肥现状与需肥预测. 农业系统科学与综合研究，02：89~92.

周金池. 1997. 冬小麦——夏玉米轮作条件下氮素营养综合诊断推荐施肥技术的研究. 北京：中国农业大学.

周鸣铮. 1998. 土壤肥力测定与测土施肥. 北京：中国农业出版社.

周卫，林葆. 1995. 土壤中钙的化学行为与生物有效性研究进展. 土壤肥料，（5）：20~22.

朱济成，田应录. 1986. 化学氮肥与地下水污染. 水文地质工程地质，05：38~41，11.

朱兆良. 1992. 中国土壤氮素. 江苏：江苏科学技术出版社.

Baker J M，Tuker B D. 1973. Critical N，P and K levels in wheat. Commun. Soil Sci Plant Anal，4：347~358.

Beathgen W E，Alley M M. 1989. Optimizing soil and fertilizer nitrogen use by intersively managed winter wheat：
　　Ⅱ. Critical level and optimums rates of nitrogen fertilizer. Agronj，81：120~125.

Cerrato M E，Blacklmer A M. 1990. Comparison of models for describing Corn yield response to nitrogen
　　fertileizer. Agron J，82：138~143.

Gartley K L. 1994. Phosphorus soil testing：environmental uses and implications. Communications in Soil Science
　　and Plant Analysis，25（9-10）：1565~1582.

Haygarth P M，Hepworth L，Jarvis S C. 1998. Forms of phosphorus transfer in hydrological pathways from soil
　　under grazed grassland. European Journal of Soil Science，49：65~72.

Karam F，Mounzer O，Sarkis F，et al. 2002. Yield and nitrogen recovery of lettuce underdifferent irrigation regimes.
　　J Appl Hort，4（2）：70~76.

Mercik S，Németh K. 1985. Effects of 60-year N，P，K and Ca fertilization on EUF-nutrient fractions in the soil and
　　on yields of rye and potato crops. Plant and Soil，（1）：23~27.

Sharpley A N，Chapra S C，Wedepohl R，et al. 1994. Managing agricultural phosphorus for protection of surface
　　waters：issues and options. Journal of Environmental Quality，23：437~451.

第七章　缓/控释肥料与高原农业养分管理

第一节　缓/控释肥料的概念及其内涵、优缺点和类型

一、缓/控释肥料的概念及其内涵

（一）区分控释肥料和缓释肥料的意义

在我国复合肥料研究初期阶段，把化合成的复合肥和混合成的复混肥统称为复混肥料，同样在控释肥料研究的初期阶段也可以把缓释肥料和控释肥料统称为缓/控释肥料，特别是在控释技术尚不完善的时期，将缓释肥料和控释肥料合二为一的优点在于：一方面有利于扩大控释肥料研究队伍，普遍提高控释肥料的研究水平；另一方面能够早日推动我国的缓释肥料、控释肥料产业化。但是当我国的控释肥料研究达到一定水平时，则有必要将缓释肥料和控释肥料两个内涵截然不同的肥料区分对待，这不仅是因为缓释和控释有两种截然不同的释放机理，而且如果仍然把缓释和控释混为一谈，不但难于深化缓释肥料和控释肥料的理论研究和技术开发，也难于将各自的制造技术有针对性地用于生产实践，并体现其各自的实用价值。例如，缓释尿素的造价低，只要在尿素的生产过程添加缓释剂等就能实现大批量缓释尿素的生产，其优点是能够在较低的成本下实现大田作物施用长效氮，但它不适于景观园林、花卉的施用；而控释尿素或控释复合肥则是在尿素或复合肥的表面均匀地包覆树脂，并形成一定厚度包膜层的尿素或复合肥，其造价比较高，不宜单独施用于大田作物，但却是景观园林、花卉生产的最佳选择。如果硬把两者混为一谈，那么在实际中单就肥效期（longevity）评价的标准而言，就很难做到"鱼与熊掌兼得"。

（二）缓/控释肥料的概念

严格而言，缓/控释肥料是采用一定工艺手段，使制成肥料的养分释放比常规肥料释放缓慢的一类肥料。缓/控释肥料主要是针对常规肥料高水溶性和速效性导致的养分供应与作物养分需求协调性差的缺陷而研制的。经过 30 多年的研究，缓/控释肥料已由原来的简单缓释发展到目前的控制释放，并强化控释肥料养分释放模式与作物吸收模式基本匹配的功能，因而，控释肥料的肥效也比以往有了极大地提高。缓/控释肥料的特点表现为：①肥料养分的缓释性；②肥料养分释放与作物养分需求

的协调性，即同步性。因此，赋予缓/控释肥料有一次施用能满足作物整个生长期一种或多种养分需要；损失（淋失、挥发、固定等）小；简化施肥作业；施用量大而不盐害作物；不污染环境等优点。因此，缓/控释肥料已成为肥料研究的热点和中心（Hauck，1972，1985；Oertli，1980；Shaviv et al.，1993；Shaviv，2000；张民和史衍玺，2001；樊小林和廖宗文，1998；熊又升和陈明亮，2000；杜昌文和周建民，2002；赵世民和唐辉，2003），并将是 21 世纪的主导肥料（许秀成等，2000）。缓/控释肥料的概念有广义与狭义之分。广义的缓/控释肥料包括能延长养分释放期的一切缓释性肥料，而确切意义的缓/控释肥料则是指那些养分释放速率能与作物需肥规律相一致或基本一致的肥料。欧洲标准化委员会缓释肥特别工作组（IFSRF）做了如下建议（Kloth，1996）："释放"是指养分由化学物质转变为植物可直接吸收利用的有效形态的过程（如溶解、水解、降解等）。"缓释"是指一种化学物质转变成为一种植物的有效养分形式的释放过程，其释放速率一定低于施用的一般速效肥料有效养分的释放速率。"控释"是指以各种调控机理使养分释放按照设定的释放模式（释放率和释放时间）与作物吸收养分的规律相一致。在术语使用上，缓释肥料（slow-release fertilizers）和控释肥料（controlled release fertilizers，CRF）并存使用，国内许多人在使用缓控释肥料。但是，从技术上讲，它们是不同的肥料物质。缓释肥料和控释肥料在肥料发展阶段，含义及肥料性能方面差异很大。缓释肥料是对水溶性速效肥料改进研究初期所采用的名称，缓释肥料是肥料施于土壤后肥料养分比常规水溶性肥料释放缓慢的一类肥料。控释肥料是缓释肥料的高级形式。控释肥料可以显著提高肥料的利用率、减少养分的挥发和淋洗损失、减轻施肥对环境的污染、改善作物的生长发育状况、提高作物的产量和产品品质（Worrall et al.，1987；Shoji and Kanno，1994；Shoji et al.，1991；蒋永忠等，1999；张春伦等，1998；Wang and Alva，1996；Paramasivam and Alva，1997）。控释肥料是采用控制释放技术（包膜），利用包膜工艺、调节包膜性质（膜量、通透性等）使肥料养分在作物生长按照一定设定的模式释放养分的肥料。目前我国化工行业标准（HG/T 3931—2007）《缓/控释肥料》规定缓/控释肥料的定义为：以各种调控机理使其养分最初释放延缓，延长植物对其有效养分吸收利用的有效期，使其养分按照设定的释放速率进行释放。由于在较高的温度下脲甲醛肥料有效性更高，因此，它们被广泛应用于较温暖的气候地区（欧洲的地中海地区，美国的南部和西南部地区）。异丁叉二脲（IBDU）–32%N：也称亚二丁基双脲，是异丁烯（液体）和尿素反应的缩合产物。与同脲甲醛与尿素的缩合反应生成许多不同链长的聚合物相比，异丁烯与尿素反应仅形成单一的低聚物。然而为了得到最适比例的异丁叉二脲，当得到最多的 IBDU 时，通过中和反应、中止反应是非常重要的。异丁叉二脲氮的释放速度是颗粒大小（主要影响因子：颗粒越细氮释放的速度越快）、温度、湿度和 pH 的函数。异丁叉二脲的特点有：溶解度低（仅为尿素的千分之一），盐指数更是所有化学肥料中最低的，不会灼伤植物。

在国外，异丁叉二脲被公认为最环保的化学缓释肥料，在草坪种植护理、苗圃花卉种植、园林绿化及植树造林方面已形成一套公认的施肥及管理办法。对于荒山及沙漠植树造林，可直接将产品制成块片，在植树时放入树苗根部，肥效可达 3 年之久。每年世界消耗含异丁叉二脲的复合肥 16 万~20 万 t，美国 LIBANONINC、德国 BASF 公司、加拿大金威格公司，在中国均有销售代理机构。美国是世界上最大的异丁叉二脲缓释肥料的生产国和消费国，并拥有技术专利。除用作肥料外，异丁叉二脲还是十分优良的安全饲料添加剂；它可促进反刍动物非蛋白氮的生成，其安全性优于尿素和缩二脲，有较好的市场前景。农业部 1999 年颁布的《饲料添加剂生产和使用条件》中，已经把异丁叉二脲列为非动植物蛋白。丁烯叉二脲（CDU）–32.5%N：是由尿素和乙酸乙醛经过酸催化反应形成的产物，当其溶解于水中会逐渐分解为尿素和巴豆醛，同 IBDU 相似，丁烯叉二脲颗粒大小对氮素释放的速度影响很大（颗粒越大，释放越慢）。丁烯叉二脲在土壤中的分解同时包括水解和微生物作用，温度、湿度和微生物活性影响释放速度，即使在酸性土壤中丁烯叉二脲的降解也像异丁叉二脲的降解一样较缓慢。其农学特性跟异丁叉二脲相似。上述三类产品（UF、IBDU 和 CDU）在美国（Scotts、Omnicology、Lebano、IMC 和 Vigoro 等公司）、西欧（BASF、Aglukon、Enichem 等公司）和日本（三井东压、三菱化学和窒素–旭化成等公司）都已进行工业化生产并销售至国际市场。2000 年，在美国，缓释肥料总产量为 43.5 万 t，其中 53%是脲醛类产品，主要是固态/液态 UF、IBDU 和少量的 CDU，其中 UF 占到 94%；在西欧，脲醛类产品占总缓释肥料消费量的 60%，其中 UF 约 53%，IBDU 约为 46%，CDU 约为 1%。日本缓释肥料消费量中，30%是脲醛类产品，主要是 UF、IBDU、CDU。我国在 1971 年研制出脲甲醛肥料（UF），主要生产分布在大连、上海、武汉，产能约为 100 万 t，主要面向市场为高尔夫草坪、蔬菜、大田。丁烯叉二脲，这类也是缓释肥料，其主要是有机含氮化合物。在土壤逐渐分解的物质，如烷基化尿素（alkylated urea，AU）、胍基尿素（guanayl urea，GU）也是缓释肥料，主要是尿素衍生物。美国 TVA 的 Hauck（1985）将缓控释肥料分为以下 4 类：①微溶于水的合成有机氮化合物，如尿素与甲醛反应生成的脲醛肥料（UF）、异丁烯二脲（IBDU）、丁烯叉二脲（CDU）等；②微溶或枸溶性合成无机肥，如磷酸氢钙、部分酸化磷矿、熔融含镁磷肥、二价金属磷酸铵钾盐等；③加工过的天然有机肥料，如氨化腐殖酸肥料、动（植）物加工过程中的副产品、干燥的活性污泥等农业废弃物加工的肥料；④包膜（包裹）型肥料，包括硫包膜尿素（SCU）、热固性聚合物包膜肥料（如美国的 Osmocote 产品）、热塑型聚合物包膜肥料（如日本的 Nutricote 产品）、"肥包肥"型的包裹肥料（如中国的 Luexcote 产品）。按照控制养分释放方式可分为（Fan，1990）：①扩散型；②侵蚀或化学反应型；③膨胀型；④渗透型。根据缓/控释肥料的生产过程（石元亮和孙毅，2002），将其分为缓释和控释肥料两个主要类型，其中，尿素和脲醛的缩合产品成为缓释肥料；另外一种为包膜或包裹肥料，成为控释肥料。

二、缓/控释肥料的优缺点

缓/控释肥料作为 21 世纪的"绿色环保高科技肥料"，呈现出许多重要的优点。①缓/控释肥料可以降低由高离子浓度产生的毒性，特别是对苗的毒性。该高离子浓度产生于可溶性肥料的快速溶解，因此对提高农学安全性做出了贡献（Kloth，1996）。②由于降低了基础的毒性和含盐量，跟传统的可溶性肥料相比，缓/控释肥料一次施用量可更高，同时减少了施肥次数，这样就极大节省了劳力、时间和能量，同样使得肥料的使用更加方便。③缓/控释肥料对先进肥料管理方案及一次性向同部位施肥的免耕农业等这样创新的农业系统的推广起到了推动作用。④缓/控释肥料能够一次施肥时覆膜种植的作物和复种作物对营养的需要。⑤缓控释肥料通过逐渐释放养分显著地减少了施肥和植物吸收之间可能出现的养分损失，特别是减少了硝态氮的损失。缓/控释肥料也减少了氨的挥发损失，显著降低了对环境的污染（Mikkelsen，1990）。换言之，缓控释肥是一种通过各种调控机理使肥料养分最初释放延缓，延长植物对其有效养分吸收利用的有效期，使养分按照设定的释放率和释放期缓慢或控制释放的肥料，具有提高化肥利用率、减少使用量与施肥次数、降低生产成本、减少环境污染、提高农作物产品品质等优点，使用量较大时，也不会出现烧苗、徒长、倒伏等现象。

但是，缓/控释肥料也可能存在某些缺点。①迄今为止还没有对养分释放方式可靠的、标准的测定方法。因此，实验室测试获得的资料与田间情况下养分释放方式的实际情况可能缺乏相互的关系。②脲甲醛等缓释肥料所含的氮可能极慢地或者一点都没有被释放给土壤溶液。③硫包衣尿素最初的养分释放可能太快，以至引起对作物的伤害。或者一些包硫颗粒如果涂层太厚，作物需肥期间这些颗粒中所含的养分不能释放出来。④硫包膜肥料的施用可能增加土壤酸度。由于硫和尿素都能增加土壤酸度，如果大量施用了硫包膜尿素就可能发生这种情况。⑤聚合物包膜的控释肥料可能在农田上留下不易降解的膜壳残留物。⑥同生产传统的无机肥料相比，制造包膜控释肥料的成本较高。⑦包膜肥料比传统肥料需要更多的市场操作（专门的咨询服务）和销售费用。

第二节　缓/控释肥对康乃馨养分管理影响的研究与实践

一、引言

肥料在作物增产中的决定性作用早已被公认。但肥料利用率却一直很低，大量的数据表明，我国氮肥的当季利用率为 30%~35%，磷肥的当季利用率为 10%~25%，钾肥的当季利用率为 35%~50%（冯元奇，2004）。化肥利用率低不仅造成资源浪费，降低了农业生产的经济效益，给土壤和水体带来严重的污染问题（吕殿青等，1998；朱兆良，1992），甚至造成 NO_3^--N 的过量积累而影响人体健康（马文奇等，2000），同时损失的一部分氮生成一氧化氮逸入大气，破坏臭氧层（戴平安和聂军，2003），影响到我国人口、经济和生态的平衡发展（瞿海军等，2002；Shaviv，2001；范光南和曹明华，1999）。多年来，人们致力于提高肥料利用率的研究，提出了许多有效的方法和途径，如氮肥深施、以水带肥、筛选养分高效基因型作物品种及研制缓释肥料等（梁新强等，2005；郑圣先等，2004；徐培智等，2003；聂军等，2001）。缓释肥料能在同样产量下，较传统肥料节省用量 20%~40%，有效减少施肥对环境的负面影响，能实现一次施肥即满足作物需求，对促进粮食增产、农民增收、农业可持续发展发挥重要作用，被称为是 21 世纪肥料产业的重要发展方向，已经成为国内外肥料界研究的热点与前沿（许秀成，2005；黄云等，2002；Sharon and Malka，1990）。

　　由于缓/控释肥对保障粮食安全、促进农民增收、节能减排、环境保护等都有着重要意义，因此近年来，国际上对缓/控释肥对作物的肥效、环保作用等的研究极度关注。缓/控释肥料施用于小麦上，可延缓养分释放速率，提高氮肥利用率（汪强等，2007；Acquaye and Inubushi，2004）；缓/控释肥料可作为一次性全量基肥施用，减少施肥用工、施肥次数和肥料用量（徐培智等，2003；黄云等，2002）；施用缓/控释肥在增加作物产量、提高作物品质、减轻施肥引起的环境污染等方面具有显著效果（Guertal，2000；Ristimaki，2000）。然而，这些研究大多集中在水稻（鲁艳红等，2008；徐培智等，2004）、小麦（孙克刚等，2009；汪强等，2007）、蔬菜（王为木等，2005；黄云等，2002）和花生（张玉树等，2007）等作物上，并且这些研究大多都是在当地条件进行的，其研究结果有很强的地区性。加之，作物都有其独特的需肥规律，一种缓释肥料不可能广泛应用于各种作物。因此，有针对性地加强专用型和经济型缓释肥料的研发是十分必要的。

　　康乃馨（*Dianthus caryophyllus*），又名香石竹，是云南出口量最大的四大鲜切花品类之一，高产优质栽培技术中强调多次施肥，劳动强度较大这一现状，试图通过采用不同水平梯度抑制剂掺混于普通单质肥料中，施用于康乃馨，探讨缓释肥对康乃馨肥效及环保效应的研究，旨在筛选出适宜云南康乃馨推广应用的专用型缓释肥料配方，以期为研制相应的、专用的"环境友好"型康乃馨缓释肥料提供理论依据。同时也为肥料厂家生产新型肥料提供正确的导向，最终实现产、研、用相结合。关于云南康乃馨这方面的研究，至今未见相关报道，因此加强该方面的研究是十分必要的。

二、材料与方法

（一）试验材料

试验于 2010 年 4~12 月在云南省晋宁县上蒜小白村进行。供试土壤为湖积冲积土，其基本理化性状为：pH 6.54，有机质（OM）45.5 g/kg，全氮 2.7g/kg，全磷 2.5g/kg，全钾 28g/kg，有效氮 229.62mg/kg，速效磷 63.24mg/kg，速效钾 118.52mg/kg。

供试肥料：普通尿素（N≥46%），90 元/包；普通过磷酸钙（P_2O_5≥16%），30 元/包；硫酸钾（K_2O≥50%），280 元/包；缓释肥材料为中国科学院沈阳生态研究所长效 NAM 抑制剂，N：P_2O_5：K_2O 为 30：21：27。

供试康乃馨品种为‘芭芭拉浅粉’，购自当地康乃馨种苗公司，单价为 0.36 元/苗。

（二）试验设计

采用完全随机区组试验设计，共 6 个处理，3 次重复，共计 18 个小区，小区面积 5m×0.8m=4m²。试验处理如下。

①CK（对照，不施肥）；②农户习惯施肥（Conv-F，纯 N 36kg/667m²，P_2O_5 24kg/667m²，K_2O 39kg/667m²）；③推荐施肥（Opt-F，纯 N 30kg/667m²，P_2O_5 21kg/667m²，K_2O 27kg/667m²）；④推荐施肥+7‰ NAM（Opt-F-7‰）；⑤推荐施肥+8‰ NAM（Opt-F-8‰）；⑥推荐施肥+9‰ NAM（Opt-F-9‰）；其中处理 3 和处理 4、处理 5、处理 6 的养分投入量和 NPK 投入比例相等。

（三）施肥与管理

农户习惯施肥和推荐施肥处理肥料分 5 次施入：分别为 4 月 22 日施底肥（移栽前 1 周），6 月 5 日追第一次肥，7 月 5 日追第二次肥，8 月 5 日追第三次肥，9 月 10 日追第四次肥；缓释肥 3 个处理的肥料一次性全量作底肥施用；2010 年 4 月 30 日移栽 40d 苗龄，2010 年 10 月 8 日开始采收，至 2010 年 12 月 19 日采收结束。其他田间管理按当地农户习惯进行。

NAM 抑制剂用量按肥料量 7‰、8‰、9‰加入（肥料量是指质量分数为 40%~45%的复合肥的质量，若施用单质肥或有机无机复合肥可将养分含量换算为复合肥），与肥料掺混混匀后一起施入大田中；市场价是 9000 元/t，核心成分是脲酶抑制剂和硝化抑制剂，还有腐殖酸和沸石粉等其他材料。

（四）采样与分析

在施肥前，采取 S 形 5 点混合采土法，采集 0~20cm 1kg 原始土壤，风干后测定土壤 pH、有机质、全氮、全磷、全钾、有效氮、速效磷，以及速效钾，采用常规方法测定（Mahler et al., 1989）。

按康乃馨生育期（苗期、开花前期、开花中期及开花盛期）分别采植株整株样和土样(0~20cm)，全生育期共采土样 5 次，5 点法混合取样，取样深度为 0~20cm，共采植株样 4 次，整株采样，每小区 5~10 枝。

植株 N 的测定采用 H_2SO_4-H_2O_2 消煮，凯氏定氮法；K 的测定采用 H_2SO_4-H_2O_2 消煮，火焰光度计法；P 的测定采用钒钼黄比色法。

测定康乃馨保鲜期时，不添加任何保鲜剂，采摘后立即插入同等条件下的花瓶内，直至落叶。

数据处理采用 DPS 软件，多重差异显著性分析采用新复极差法（LSD 法）多重比较检验差异显著性（$n=3$，$P<0.05$ 或 $P<0.01$）。肥料利用率采用差量法计算。

试验所用缓释肥材料为中国科学院沈阳生态研究所长效 NAM 增效剂，市场价是 9000 元/t，核心成分是脲酶抑制剂和硝化抑制剂。

三、结果与分析

（一）不同处理对康乃馨产量和农艺性状的影响

表 7.1 表明，施用缓释肥料可以改善康乃馨的主要农艺性状，提高康乃馨单株花蕾数。虽然缓释肥处理下康乃馨花枝长短和保鲜期与不施肥处理和普通肥料处理（Conv-F、Opt-F）相比没有明显差别，但可以增加康乃馨的单株花蕾数。单株花蕾数是康乃馨产量的重要因素。试验条件下，单株花蕾产量最高的是 Opt-F-7‰ 处理，平均值为 3.6 枝/株，Opt-F-8‰ 次之，CK 单株花蕾产量最低，为 3.1 枝/株，施用缓释肥料的康乃馨单株花蕾数比 CK 平均增加了 0.3~0.5 枝。

单株花蕾数是衡量康乃馨是否高产的重要指标。本试验条件下，施用缓释肥康乃馨产量都极显著增加（表 7.1）。施肥处理（2、3、4、5、6）较不施肥处理（CK），都有增产效应，增产幅度为 1.69%~22.88%，各处理间产量差异均达显著水平（表 7.1）。说明缓释肥一次施用能满足月季植株生长所需的养分，由于缓释肥的养分释放速度不同，对康乃馨各生育期供应量有影响，而造成各处理间产量有所差异；与 Conv-F 处理相比（Opt-F 处理和施用缓释肥的 3 个处理肥料养分投入量相等，都低于 Conv-F），Opt-F 处理和施用缓释肥增产幅度达 18.33%~20.83%，达显著或极显著差异水平。产量高低依次为 Opt-F-7‰ > Opt-F-8‰ > Opt-F-9‰ >Opt > Conv-F。可见，随着肥料投入量的增加，作物的产量却降低，这与报酬递减率相一致，说明，Conv-F 不符合经济施肥；与等 N、P、K 比例和等养分量处理相比，缓释肥（处理 4、处理 5、处理 6）仍增产 0.28%~2.11%，产量之间差异明显。

表 7.1　不同施肥处理对康乃馨产量和农艺性状的影响

Tab. 7.1　Effect of different treatments on yield and agronomic characters of carnation

处理 treatments	花枝长短/cm branch length	保鲜期/d keeping days	单株花蕾数/ (枝/株) yield per plant	产量枝/亩 yield	比 CK 增产 枝/亩	比 CK /%
CK	63.00	3.10	19.00	78 706.00 Aa		
Conv-F	64.00	3. 20	19.00	80 040.00 Bb	1 334.00	1.69
Opt-F	64.90	3.30	18.50	94 714.00 Cc	16 008.00	20.34
Opt-F-7‰	63.30	3.60	19.00	96 715.00 Dd	18 009.00	22.88
Opt-F-8‰	64.90	3.50	18.50	95 114.20 Ee	16 408.20	20.85
Opt-F-9‰	63.00	3.40	19.00	94 980.80Ff	16 274.80	20.68

注：同列中不同大小写字母分别表示差异达 5%和 1%显著水平

Notes：Different capital and small letters in each column mean significant at 5% and 1% level，respectively

由此可见，施用缓释肥能有效节省肥料投入的同时，可以显著提高作物的产量。本试验的研究结果与张玉树（Worrall et al.，1987）和张发宝（Mahler and Maples，1987）等的研究结论基本一致。

（二）不同处理下康乃馨经济效益分析

施用缓释肥料显著提高了康乃馨的经济效益（表 7.2）。不施肥处理（CK）与施肥处理相比，CK 的产量和毛收入都低于其他处理，可其产投比却最高，达到 17.04。这是由于 CK 不施肥，降低了康乃馨的投入（肥料和人工）成本所致。由

表 7.2　康乃馨经济效益分析

Tab. 7. 2　Analysis of economic benefit of carnation

处理 treatments	投入（元/667m^2）input					产量/（枝 /667m^2 yield	产出/（元/667m^2）output		产投比 the Ratio of output and input
	肥料 投入	农药 投入	个	折价 /元	种苗		毛收入 gross income	净收入 net income	
CK	0.00	500	10	500	13 446.72	78 706.00	31 482.40	17 035.68	17.04
Conv-F	725.39	500	15	750	13 446.72	80 040.00	32 016.00	16 593.89	8.40
Opt-F	547.58	500	15	750	13 446.72	94 714.00	37 885.60	22 641.30	12.60
Opt-F-7‰	563.36	500	11	550	13 446.72	96 715.00	38 686.00	23 625.92	14.64
Opt-F-8‰	565.61	500	11	550	13 446.72	95 114.20	38 045.68	22 983.35	14.23
Opt-F-9‰	567.86	500	11	550	13 446.72	94 980.80	37 992.32	22 927.74	14.17

注：康乃馨市场价 0.40 元/枝

Notes：The average local market price of carnation is 0.40 yuan per branch

此可见，化肥是农业生产中最大的物质性投入；由于该试验田块土壤养分背景较高，即使短期内不施肥，也不会影响作物正常生长。

　　与 Conv-F 处理相比，施用缓释肥料有效地提高了康乃馨的经济效益，显著提高了康乃馨的产投比。从肥料投入来看，Opt-F 处理的投入最少，为 547.58 元/亩，Conv-F 肥料投入最高 725.39 元/667m^2，产投比高低依次为 Opt-F-7‰>Opt-F-8‰ > Opt-F-9‰ >Opt-F>Conv-F，其中 Opt-F-7‰产投比最高，达到 14.64。可见，缓释肥料一次性全量作基肥施用，明显地节省了用工成本，有效地实现了低投入高产出。

　　另外，等 N、P、K 比例和等养分量处理（Opt-F）相比，缓释肥也不同程度地增加了康乃馨的净收入和产投比，其中净收入和产投比最高的为 Opt-F-7‰处理，分别为 23625.92 元/667m^2 和 14.64。这是由于施用缓释肥的 3 个处理的肥料都是一次性作基肥全量施入，明显减少了施肥次数，有效节约了用工成本。可见，等 N、P、K 比例和等养分量投入的条件下，缓释肥料仍然比普通肥料表现优越。

　　可见，施用缓释肥得到的收益可以抵偿其较高的施肥费用，从而有效提高作物经济效益，该研究结果与王为木等（2005）及刘志荣和饶华珍（2007）的研究结果基本一致。

（三）不同施肥处理对康乃馨当季养分利用率的影响及其环保效应

　　不同处理下康乃馨氮、磷和钾利用率因施肥水平不同而存在明显差异。本试验条件下，缓释肥料处理的养分利用率均比普通肥（Conv-F 和 Opt-F）处理高（表 7.3）。就养分投入量的高低相比，Conv-F 处理 N、P$_2$O$_5$、K$_2$O 每亩施用量分别为 36kg、24kg、39kg；缓释肥处理为 30kg、21kg、27kg。二者比较，缓释肥处理氮（N）素每亩施用量减少 6kg，相对降低 16.67%；磷（P$_2$O$_5$）素每亩施用量减少 3kg，降低 12.5%；而钾（K$_2$O）素每亩施用量减少 12kg，降低 30.77%。Conv-F 处理氮、磷、钾肥的当季利用率均明显低于其他处理，N、P 和 K 的利用率高低依次为 Opt-F-7‰>Opt-F-8‰>Opt-F-9‰>Opt-F>Conv-F，其中 Opt-F-7‰处理其养分利用率提高最为显著，氮、磷和钾的当季利用率比 Conv-F 分别提高了 13.88、8.56 和 30.14 个百分点。可见，随着肥料投入量的增加，作物的产量亦降低（表 7.3），其养分利用率也大大降低，这与报酬递减率一致，不符合经济施肥。

　　就等 N、P、K 比例和等养分投入量相比较，Opt-F 和 Opt-F-7‰、Opt-F-8‰和 Opt-F-9‰的养分投入量相等，然而施用缓释肥料的 3 个处理的养分利用率都明显高于 Opt-F 处理，缓释肥处理氮的当季利用率比 Opt-F 处理提高了 1.04~3.87 个百分点，磷提高了 1.8~3.77 个百分点，钾提高了 5.05~10.23 个百分点。其中 Opt-F-7‰处理氮、磷和钾养分利用率提高最为显著，比 Opt-F 处理分别提高了 3.87、3.77和 10.23 个百分点。杜彩艳等的研究表明，在等 N、P、K 比例和等养分量条件下，缓释肥处理氮、磷和钾养分利用率较 Opt-F 处理分别提高了 7.96、1.31 和 3.9 个百分点；郑圣先等利用差值法和示踪法研究表明，缓释肥的氮素利用率比施用尿素分别提高 37.5 和 32.2 个百分点。这些结果与本试验的研究结果，即施用缓释肥料能有效提高肥料利用率的结论基本一致。

表 7.3 不同处理对康乃馨氮、磷和钾利用率的影响

Tab. 7.3 Effects of different treatments on N，P and K use efficiency in carnation

处理 treatments	作物养分吸收量/(kg/hm²) amount of nutrient absorb			氮利用率/% N efficiency	磷利用率/% P efficiency	钾利用率/% K efficiency
	N	P	K			
CK	11.09	1.15	17.12			
Conv-F	12.50	1.29	17.99	3.91	1.35	2.69
Opt-F	15.27	1.71	22.19	13.92	6.14	22.60
Opt-F-7‰	16.43	2.06	24.48	17.79	9.91	32.83
Opt-F-8‰	16.35	1.84	24.41	17.55	7.55	32.52
Opt-F-9‰	15.58	1.88	23.32	14.96	7.94	27.65

综上说明缓释肥料可有效调节养分溶解速率，氮磷钾的释放和康乃馨的吸收规律基本吻合。作基肥一次性施入，其利用率高于普通施肥，减少相应氮、磷、钾的损失，提高肥料利用率。可见，施用缓释肥，由于养分释放受到控制，养分的挥发、淋溶等损失途径被抑制，氮、磷、钾养分释放供应量前期不过多，后期不缺乏，具有"削峰填谷"的效果（廖宗文等，2003），与作物的养分需求曲线较接近，较好地达到动态平衡，不仅对作物有利，而且可以大大减少污染。

大量研究证明，肥料利用率低而造成地球不可再生资源的浪费和人类生存环境的恶化，已成为影响农业和环境持续发展最突出的问题。化肥施肥量不断增大和不合理的施用，造成了水体污染和富营养化等面源污染，其中起关键作用的元素是氮和磷（中国肥料，1994）。本试验研究结果表明，与农户习惯分次施肥处理比较，在康乃馨产量显著增加的基础上，施用缓释肥可大幅度减少氮素和磷素用量，提高肥料利用率，对生态环境的保护和促进农业的可持续发展具有重要的现实意义。

四、结论与讨论

缓释肥可有效调节养分溶解速率，使养分的释放与作物的生长达到同步。缓

释肥一次性施肥不用追肥，不但真正让农民省工、省时、省肥、省心，符合当前农民减少田间用工的期望，而且可提高肥料利用率，减少肥料施用量，保护环境。

　　田间试验表明，施用缓释肥料，康乃馨增产增效明显。①施用缓释肥料可改善康乃馨主要的农艺性状；②与 Conv-F 相比，缓释肥处理增加康乃馨产量达 18.33%~20.83%，经济效益增加 7032.03 元/667m^2，产投比提高达 74.29%；③在等 N、P、K 比例和等养分量条件下，缓释肥处理增加康乃馨产量可达 2.11%，经济效益增加 984.62 元/667m^2，产投比提高达 16.2%；④施用缓释肥料有效提高了康乃馨当季养分利用率，与 Conv-F 处理相比较，缓释肥 3 个处理氮（N）素每亩施用量相对降低 16.67%，磷（P_2O_5）素降低 12.5%，钾（K_2O）素相对降低 30.77%，而 Conv-F 处理的养分利用率明显低于缓释肥处理，其中 Opt-F-7‰的氮、磷和钾当季养分利用率提高最为显著，氮、磷和钾的当季利用率比 Conv-F 分别提高了 13.88、8.56 和 30.14 个百分点；⑤施用缓释肥可大幅度减少氮素和磷素用量，提高肥料利用率，对生态环境的保护和促进农业的可持续发展具有重要的现实意义。

　　本研究采用抑制剂与常规单质肥料掺混型缓释肥料，与包膜缓释肥料相比，抑制剂与常规单质肥料掺混型缓释肥料具有加工工艺简单、价格便宜等优点，更有利于在常规作物上大面积推广使用，又可持续用于农业生产，更符合我国国情。因此，发展适合不同区域、不同作物的缓释专用混配肥或抑制剂与常规单质肥料掺混型缓释肥，具有广阔的发展和应用前景，势必成为我国缓释肥今后发展的重要方向之一。

第三节　缓/控释肥对月季养分管理影响的研究与实践

一、引言

　　随着人口增加，耕地减少，肥料在农业生产中的作用越来越重要，但肥料利用率却一直很低，氮为 30%~35%，磷为 10%~25%（冯元奇，2004）。肥料利用率低不仅造成资源浪费，降低了农业生产的经济效益，而且带来了严重的环境问题（张民和史衍玺，2001）。我国部分蔬菜区因施肥不当已出现地表水氮磷引起的富营养化和地下水及蔬菜硝酸盐含量超标（马立珊和铁敏仁，1987）。同时损失的一部分氮生成一氧化氮逸入大气，破坏臭氧层（范光南和曹明华，1999），对人类发展和生存环境都产生了严重影响。多年来，人们致力于提高肥料利用率的研究，提出了许多有效的方法和途径，如氮肥深施、以水带肥、筛选养分高效基因型作物品种及研制缓/控释肥料等（梁新强等，2005；郑圣先等，2004；戴平安和聂军，2003；聂军等，2001）。缓/控释肥料能在同样产量下，较传统肥料节省用量

20%~40%，有效减少施肥对环境的负面影响，并能省工节本，被认为是 21 世纪肥料重要的发展方向，已经成为国内外肥料界研究的热点与前沿（许秀成，2005；赵秉强等，2004；Sharon and Malka，1990）。

近年的生产实践证明，缓/控释肥料可延缓养分释放速率，提高肥料利用率（冯元奇，2004；张民和史衍玺，2001），可作为一次性全量基肥施用，减少施肥用工、施肥次数和肥料用量（徐培智等，2003；黄云等，2002）。而以往对缓/控释肥肥效的研究主要集中在水稻、玉米、小麦、大豆、蔬菜和水果等作物（鲁艳红等，2008；党建友等，2008；王向峰等，2006；索东让和王平，2003；巨晓棠等，2002；郑圣先等，2001）。作物都有其独特的需肥规律，一种缓/控释肥料不可能广泛应用于各种作物。因此，有针对性地加强专用型和经济型缓/控释肥料研发是十分必要的。关于鲜切花月季的研究，至今未见相关报道，加强该方面的研究是十分必要的。

月季是云南出口量最大的鲜切花品类之一，由于其需肥量大，劳动强度较大这一现状，本研究试图通过采用不同抑制剂比例掺混于普通肥料中，施用于月季，旨在筛选出适宜月季推广应用的载体型缓/控释肥料配方，以期为研发专用型、经济型月季载体型缓/控释肥料提供理论依据。

二、材料与方法

（一）试验材料

试验于 2009 年 7~10 月在云南省晋宁县昆阳镇普达村进行。供试土壤为湖积冲积土，其基本理化性状为：pH 4.48，OM 27.9g/kg，全氮 1.9g/kg，全磷 2.1g/kg，全钾 15.3g/kg，速效氮 162.1mg/kg，速效磷 22.5mg/kg，速效钾 345.1mg/kg。

供试品种：'卡罗拉'，为农户自留第二年老桩。

供试肥料：普通尿素（N≥46%）；普通过磷酸钙（P_2O_5≥16%）；硫酸钾（K_2O≥50%）；缓释肥材料为中国科学院沈阳生态研究所长效 NAM 抑制剂，N：P_2O_5：K_2O 为 28：17.5：33.5。

（二）试验设计

采用完全随机区组试验设计，共 6 个处理，3 次重复，共计 18 个小区，小区面积 12m×0.9m=10.8m²。试验处理如下。

①CK（对照，不施肥）；②农户习惯施肥（Conv-F，纯 N 30kg/667m²，P_2O_5 20kg/667m²，K_2O 35kg/667m²）；③推荐施肥（Opt-F，纯 N 28kg/667m²，P_2O_5 17.5kg/667m²，K_2O 33.5kg/667m²）；④推荐施肥+7‰NAM（Opt-F-7‰）；⑤推荐施肥+8‰NAM（Opt-F-8‰）；⑥推荐施肥+9‰NAM（Opt-F-9‰）。

（三）施肥与管理

农户习惯施肥和推荐施肥处理肥料分 3 次施入：分别为 7 月 27 日施底肥，8 月 11 日追第一次肥，8 月 28 日追第二次肥；缓释肥 3 个处理的肥料一次性全量作底肥施用；2009 年 9 月 10 日开始陆续采收，至 2009 年 10 月 14 日采收结束。其他田间管理按当地农户习惯进行。

NAM 抑制剂用量按肥料量 7‰、8‰、9‰加入（肥料量是指 40%~45%浓度复合肥的质量，若施用单质肥或有机无机复合肥可将养分含量换算为复合肥），与肥料掺混混匀后一起施入大田中；市场价是 9000 元/t，核心成分是脲酶抑制剂和硝化抑制剂。

（四）采样与分析

在施肥前，采取 S 形 5 点混合采土法，采集 0~20cm 1kg 原始土壤，风干后测定土壤 pH、有机质、全氮、全磷、全钾、有效氮、有效磷，以及速效钾，采用常规方法测定。

按月季生育期（苗期、开花前期、采收初期及采收盛期）分别采植株整株样和土样（0~20cm），全生育期共采土样 5 次，5 点法混合取样，取样深度为 0~20cm，共采植株样 4 次，整株采样，每小区 5~10 株。

植株 N 的测定采用 $H_2SO_4-H_2O_2$ 消煮，凯氏定氮法；K 的测定采用 $H_2SO_4-H_2O_2$ 消煮，火焰光度计法；P 的测定采用钒钼黄比色法。

测定月季保鲜期时，不添加任何保鲜剂，采摘后立即插入同等条件下的花瓶内，直至落叶。

数据处理采用 DPS 软件，多重差异显著性分析采用新复极差法（LSD 法）多重比较检验差异显著性（$n=3$，$P<0.05$ 或 $P<0.01$）。肥料利用率采用差量法计算。

三、结果与分析

（一）不同肥料处理对月季农艺性状和产量的影响

施用缓释肥料可以改善月季的主要经济性状，提高月季单株花蕾数（表 7.4）。缓释肥处理的月季花枝长短和保鲜期与不施肥处理和普通肥料处理（Conv-F、Opt-F）相比没有明显差别，但有效增加了月季的单株花蕾枝数和花枝数。单株花蕾产量是月季产量的重要因素，试验条件下，单株花蕾产量最高的是 Opt-F-8‰处理，平均值为 2.17 枝/株，Opt-F-9‰次之，最低的为 CK，单株花蕾产量为 1.8 枝/株，施用缓释肥料的月季单株花枝数比 CK 平均增加了 0.2~0.37 枝。

月季农艺性状的改善直接关系产量的提高。本试验条件下，施用缓释肥料显著提高了月季的产量（表 7.4）。施肥处理较不施肥处理，都有增产效应，增产幅度为 5.5%~20.4%。在不施肥的情况下，并没有造成月季严重减产。新复极差分析结果表明，处理 CK 和 Conv-F 间没有明显差异，这是由于该试验地块土壤养分的基本肥力较高，短时间内不施肥不会对月季的产量造成明显影响；其余各处理间产量均达显著差异水平（表 7.4）。这说明缓释肥一次施用能满足月季植株生长所需的养分，由于缓释肥的养分释放速度不同，对月季各生育期供应量有影响，从而造成各处理间产量有所差异。

表 7.4　不同施肥处理对月季产量和农艺性状的影响
Tab. 7.4　Effect of different treatments on yield and agronomic characters of chinese rose

处理 treatments	花枝长短/cm branch length	保鲜期/d keeping days	单株花蕾产量/ （枝/株）yield per plant	产量/（枝 /667m²） yield	比 CK 增产/ （枝/667m²）	比 CK /%
CK	90.10	6.10	1.80	11 117Aa		
Conv-F	98.38	6.33	1.90	11 734 Aa	618	5.56
Opt-F	89.75	6.33	2.00	12 352 Bb	1 235	11.11
Opt-F-7‰	94.67	6.20	2.03	12 558 Cc	1 441	12.96
Opt-F-8‰	96.13	6.50	2.17	13 381 Dd	2 265	20.37
Opt-F-9‰	91.42	6.60	2.13	13 175 Ee	2 059	18.52

注：同列中不同大小写字母分别表示差异达 5%和 1%显著水平

Notes：Different capital and small letters in each column mean significant at 5% and 1% level，respectively

月季的产量高低依次为 Opt-F-8‰>Opt-F-9‰>Opt-F-7‰>Opt-F>Conv-F，其中 Opt-F-8‰增产效应最为明显，比 Conv-F 增产 14%。可见，随着肥料投入量的增加，作物的产量却降低，这与报酬递减率相一致，说明，农户习惯施肥不符合经济施肥。

与等 N、P、K 比例和等养分量处理相比，缓释肥料处理增产幅度为 1.7%~8.33%，其中 Opt-F-8‰处理增产最为明显，增产 8.33%，新复极差分析结果表明，Opt-F 处理和 Opt-F-8‰处理间产量差异达极显著水平。

由此可见，施用缓释肥能有效节省肥料投入的同时，可以显著提高作物的产量。本试验的研究结果与张发宝等（2006）和张玉树等（2007）的研究结论基本一致。

（二）不同处理下月季经济效益分析

本试验条件下，施用缓释肥料明显减少施肥用工、施肥次数，有效节约了投入成本，显著提高了月季的经济效益（表 7.5）。不施肥处理（CK）和施肥处理相比，CK 的产量及产值都低于其他处理，可其产投比却是最高，达到 5.62，这是由于 CK 不施肥，降低了月季的投入成本所致。由此可见，化肥是农业生产中最大的物质性投入；由于该试验田块土壤养分背景较高，故即使短期内不施肥，也不会影响作物正常生长。

表 7.5　　月季经济效益分析
Tab. 7.5　　Analysis of economic benefit of chinese rose

处理 treatments	投入/（元/667m²）input				产出/（元/667m²）output		产投比 the ratio of output and input
	肥料投入 fertilizers input	农药投入 pesticides input	人工 manpower		产值 output value	经济效益 economic benefit	
			个	折价/元 discount			
CK	0	400	11	440	5558.33	4718.33	5.62
Conv-F	670.20	400	12	480	5867.13	4316.93	2.78
Opt-F	627.47	400	12	480	6175.93	4668.45	3.10
Opt-F-7‰	690.47	400	10	400	6278.86	4788.38	3.21
Opt-F-8‰	699.47	400	10	400	6690.59	5191.11	3.46
Opt-F-9‰	708.47	400	10	400	6587.65	5079.18	3.37

注：月季当地市场价格平均为 0.5 元/枝

Notes：The average local market price of rose is 0.5yuan per branch

与 Conv-F 处理相比，施用缓释肥料，有效地提高了月季的经济效益，显著提高了月季的产投比。从肥料投入来看，Opt-F 处理的投入最少，为 627.47 元/667m²，Conv-F 次之，Opt-F-9‰肥料投入最高，为 708.47 元/667m²，产投比高低依次为 Opt-F-8‰> Opt-F-9‰ > Opt-F-7‰ >Opt-F>Conv-F，其中 Opt-F-8‰产投比最高，达到 3.46，比 Conv-F 提高了 24.46%。可见，缓释肥一次性全量作基肥施用，明显地节省了用工成本，有效地实现了低投入高产出。

另外，等 N、P、K 比例和等养分量处理相比，施用缓释肥也不同程度地提高了月季的经济效益和产投比，增幅分别为 8.8%~11.2%和 3.5%~11.6%，其中净收入和产投比最高的为 Opt-F-8‰处理，分别为 5191.11 元/667m² 和 3.46，比 Opt-F 处理分别提高了 11.2%和 11.6%。可见，等 N、P、K 比例和等养分量投入的条件下，缓释肥料依然比普通肥料表现优越。

可见，施用缓释肥得到的收益可以抵偿其较高的施肥费用，从而有效提高作物经济效益，该研究结果与刘志荣等（2007）的研究结果基本一致。

（三）不同施肥处理对月季当季养分利用率的影响

不同处理下月季植株的氮、磷和钾利用率因施肥水平不同而存在明显差异。本试验条件下，施用缓释肥的 3 个处理，其养分利用率均比普通肥料（Opt-F）处理高（表 7.6）。就等 N、P、K 比例和等养分量投入相比较，Opt-F 和 Opt-F-7‰、Opt-F-8‰、Opt-F-9‰的养分投入量相等，然而施用缓释肥 3 个处理的养分利用率都明显高于 Opt-F 处理，其中 Opt-F-8‰的氮、磷和钾养分利用率最高，比 Opt-F 处理分别提高了 34.6、37.8 和 20.4 个百分点。宋付朋等研究表明，在相同施氮量条件下，控释氮肥处理比普通氮肥处理氮素利用率提高 10.1~29.7 个百分点；郑圣先等（蒋永忠等，1999）利用差值法和示踪法研究表明，缓释肥的氮素利用率比施用尿素分别提高 37.5 和 32.2 个百分点。这些结果与本试验的研究结果，即施用缓释肥能有效提高肥料利用率的结论基本一致。

表 7.6　不同处理对月季氮、磷和钾利用率的影响

Tab. 7.6　Effect of different treatments on N，P and K efficiency use in chinese rose

处理 treatments	氮投入量/ % N input	磷投入量/ % P input	钾投入量/ % K input	氮利用率 / % N efficiency	磷利用率 / % P efficiency	钾利用率 / % K efficiency
Opt-F	45.34	28.34	54.24	23.17	3.49	19.12
Opt-F-7‰	45.34	28.34	54.24	28.72	3.67	22.26
Opt-F-8‰	45.34	28.34	54.24	31.13	4.80	23.02
Opt-F-9‰	45.34	28.34	54.24	30.41	4.69	22.50

综上说明缓释肥可有效调节养分溶解速率，氮、磷、钾的释放和月季的吸收规律基本吻合。缓释肥作基肥全量一次性施入，其利用率高于普通肥料，减少相应的氮、磷、钾的损失，提高肥料利用率。中国肥料平均利用率氮肥为 30%~35%，磷肥为 10%~25%（杜昌文和周建民，2002）。试验区氮、磷利用率低于全国氮、磷利用率水平。然而，通过施用缓释肥，月季的氮肥利用率基本达到了我国氮肥利用率的平均水平。可见，缓释肥料能有效地提高肥料养分利用率，减少肥料损失，提高经济效益；同时还可以减轻肥料养分损失造成的环境污染。

四、结论与讨论

缓释肥可有效调节养分溶解速率，使养分的释放与作物的生长达到同步。缓释肥不但可提高肥料利用率，减少肥料施用量，保护环境，而且一次性施肥不用追肥，真正让农民省工、省时、省肥、省心，符合当前农民减少田间用工的期望。

田间试验表明，施用缓释肥料，月季增产增效明显。①施用缓释肥料可改善月季主要的农艺性状；②与 Conv-F 相比，缓释肥处理增加月季产量达 7%~14%，经济效益增加 874.18 元/667m²，产投比提高达 24.46%；③在等 N、P、K 比例和等养分量条件下，缓释肥处理增加月季产量 1.7%~8.33%，经济效益增加 522.66 元/667m²，

产投比提高达 11.6%；④施用缓释肥料有效提高了月季当季养分利用率，其中Opt-F-8‰的氮、磷和钾当季养分利用率最高，比 Opt-F 分别提高了 7.96、1.31 和3.9 个百分点。

本研究采用缓释型掺混肥（亦即载体型控释肥料，利用对环境友好的高分子材料为载体或吸收肥料养分而形成的供肥体系，这实际上是利用分子骨架包膜的控释肥料），与包膜缓释肥料相比，载体型缓释肥料具有加工工艺简单、价格便宜等优点，更有利于在常规作物上大面积推广使用，特别适合中国的国情，又可持续用于农业生产，有着广阔的发展和应用前景，势必成为将来肥料的主导。

第四节　缓/控释肥对丘北辣椒养分管理影响研究与实践

一、引言

丘北小椒又称丘北辣椒（*Capsicum frutescens* L.），因产于云南省丘北县而得名，始种于明朝末年，迄今已有 350 多年的历史。1999 年 11 月丘北县被评为"中国辣椒之乡"，由于严格的地域性和优越的自然环境条件，形成了"丘北小椒"的独特种性，素以个均、色艳、油脂丰富、维生素含量高、辣而不燥、味香纯正等特点而享誉海内外，是人们生活中的调味佳品，椒中珍品，古来就有"滇国辣王"的美称。2007 年丘北县辣椒种植面积达 20 万亩，平均亩产 136.5kg，商品率达 95%以上，产值突破 3 亿元，已成为丘北县的一大重要支柱产业。辣椒需肥量大，高产优质栽培技术中强调多次施肥，一般采收 1~2 次椒果需施肥 1 次，劳动强度较大。

由于缓/控释肥对保障粮食安全、促进农民增收、节能减排、环境保护等都有着重要意义。近年来，国际上对缓/控释肥对作物的肥效、环保作用等的研究极度关注。缓/控释肥料施用于小麦上，可延缓养分释放速率，提高氮肥利用率（Wang et al.，2007；Acquaye and Inubushi，2004）；Qu 等（2010）研究表明，在等养分施用下，脲醛缓释肥较常规施肥增产，能明显提高香蕉品质，而且能够大大减少施肥次数，提高氮肥利用率；缓/控释肥料可作为一次性全量基肥施用，减少施肥用工、施肥次数和肥料用量（Xie et al.，2006；Huang et al.，2002）；施用缓/控释肥料在增加作物产量、提高作物品质、减轻施肥引起的环境污染等方面具有显著效果（Guertal，2000；Ristimaki，2000）。然而，这些研究大多都是在当地条件下进行的，其研究结果有很强的地区性，有关丘北小椒这方面的研究，至今未见相关报道。

为此，本节通过田间小区试验开展了缓释肥料对丘北小椒产量、养分利用率影响及环保效应研究，旨在为丘北小椒合理施用缓释肥料提供理论依据。

二、材料与方法

（一）试验材料

试验于 2011 年 5~10 月在云南省丘北县树皮乡大龙树村进行。供试土壤为果园土，其基本理化性状为：pH 6.64，OM 29.6g/kg，全氮 1.5g/kg，全磷 2.0g/kg，全钾 16g/kg，碱解氮 65.02mg/kg，速效磷 10.06mg/kg，速效钾 110.52mg/kg。

供试肥料：普通尿素（N≥46 %），90 元/包；普通过磷酸钙（P_2O_5≥16%），30 元/包；硫酸钾（K_2O≥50%），280 元/包；缓释肥材料为中国科学院沈阳生态研究所长效 NAM 抑制剂，N：P_2O_5：K_2O 为 20：10：20。

供试辣椒品种为'丘北小椒'，为农户自留品种。

（二）试验设计

采用完全随机区组试验设计，共 5 个处理，3 次重复，共计 15 个小区，小区面积 20m²。试验处理如下。

①CK（对照，不施肥）；②农户习惯施肥（Conv-F，纯 N 28kg/667m²，P_2O_5 12kg/667m²，K_2O 10kg/667m²）；③推荐施肥（Opt-F，纯 N 20kg/667m²，P_2O_5 10kg/667m²，K_2O 20kg/667m²）；④推荐施肥+NAM（Opt-F-NAM）；⑤80%推荐施肥（OPT）+NAM 抑制剂（80% Opt-F-NAM）。

（三）施肥与管理

农户习惯施肥和推荐施肥处理肥料分 4 次施入：分别为 6 月 22 日追第一次肥，7 月 5 日追第二次肥，8 月 3 日追第三次肥，9 月 1 日追第四次肥；缓释肥 2 个处理的肥料一次性全量作底肥施用；2010 年 5 月 29 日移栽 30d 苗龄，2010 年 9 月 25 日一次性采摘，收获当日以小区为单位进行实际采收和测产；其他田间管理按当地农户习惯进行。

NAM 抑制剂用量在肥料量 7‰~9‰（肥料量是指质量分数为 40%~45%的复合肥的质量，若施用单质肥或有机无机复合肥可将养分含量换算为复合肥），与肥料掺混混匀后一起施入大田中；市场价是 9000 元/t，核心成分是脲酶抑制剂和硝化抑制剂，还有腐殖酸和沸石粉等其他材料。

（四）采样与分析

在施肥前，采取 S 形 5 点混合采土法，采集 0~20cm 1kg 原始土壤，风干后测定土壤 pH、有机质、全氮、全磷、全钾、有效氮、有效磷，以及速效钾，采用常规方法测定（Bao，2002）。

按辣椒生育期（苗期、团棵期、盛花期和收获期）分别采植株整株样和土样（0~20cm），全生育期共采土样 5 次，5 点法混合取样，取样深度为 0~20cm，共采植株样 4 次，整株采样，每小区 5~10 枝。

植株 N 的测定采用 H_2SO_4-H_2O_2 消煮，凯氏定氮法；K 的测定采用 H_2SO_4-H_2O_2 消煮，火焰光度计法；P 的测定采用钒钼黄比色法。

数据处理采用 DPS 软件，多重差异显著性分析采用新复极差法（LSD）多重比较检验差异显著性（$n=3$，$P<0.05$ 或 $P<0.01$）。肥料利用率采用差量法计算。

试验所用缓释肥材料为中国科学院沈阳生态研究所长效 NAM 增效剂，市场价是 9000 元/t，核心成分是脲酶抑制剂和硝化抑制剂。

三、结果与分析

（一）不同处理对辣椒产量及主要农艺性状的影响

施用缓释肥料可以改善辣椒的主要农艺性状，提高辣椒单株果重及单株结果数（表 7.7）。虽然缓释肥处理下辣椒的分枝数与不施肥处理间差异不明显，但可以明显增加辣椒的单株果重；单株果重是构成辣椒产量最主要因素之一，试验结果表明，不施肥处理的植株矮小，单株果重明显低于各施肥处理，差异明显。不同施肥处理的辣椒单株果重，以 Opt-F-NAM 处理的最高，Opt-F 处理次之，Conv-F 处理最低，可见，缓释肥处理作基肥一次性施用，其对单株果重效果明显优于普通复混肥（Opt-F、Conv-F）一次施用处理，并达到或强于常规栽培分次施肥的效果，减少了施肥次数。

表 7.7　不同施肥处理对辣椒产量及农艺性状的影响

Tab. 7.7　Effect of different treatments on yield and agronomic characters of hot pepper

处理 treatments	果数/（个/株）fruits per plant	单株果重/g yield per plant	株高/cm plant height	分枝数/（枝/株）branch number	鲜椒产量/（kg/667m²）fresh fruit yield	理论干重/（kg/666.7m²）theory dry weight	比 CK 增产/%
CK	31.47	98.36	47.15	4.13	433.55 Aa	108.39 Aa	
Conv-F	57.82	157.55	60.63	4.27	764.67 Bb	191.17 Bb	76.37
Opt-F	60.23	163.13	64.43	4.87	878.30 Cc	219.58 Cc	102.58
Opt-F-NAM	62.28	165.47	63.44	5.32	924.47Dd	231.12 Dd	113.23
80% Opt-F-NAM	59.34	162.03	62.83	4.93	859.32Ee	214.83 Ee	98.21

注：同列中不同大小写字母分别表示差异达 5%和 1%显著水平

Notes：Different capital and small letters in each column mean significant at 5% and 1% level，respectively

本试验条件下，施用缓释肥辣椒产量明显增加（表7.7）。施肥处理（2、3、4、5）较不施肥处理（CK），都有增产效应，增产幅度达76.37%~113.23%，说明土壤的基础肥力较低，增施肥料可显著增加辣椒产量。与Conv-F处理相比，Opt-F-NAM处理增产达20.90%，产量达极显著差异水平；在降低缓释肥用量20%（80%Opt-F-NAM）的条件下，辣椒产量比Conv-F处理增产达12.38%，产量达极显著差异水平。可见，随着肥料投入量的增加，作物的产量却降低，这与报酬递减率相一致，说明，Conv-F不符合经济施肥。在施肥量（氮、磷、钾养分和比例）相同的条件下，缓释肥比普通复混肥（Opt-F）有一定的增产效果，增产幅度达5.26%，产量之间差异明显。由此可见，施用缓释肥在有效节省肥料投入的同时，可以显著提高作物的产量。本试验的研究结果与Zhang等（2007）和Zhu和Wang（2010）等的研究结论基本一致。

（二）不同处理下辣椒经济效益分析

施用缓释肥料显著提高了辣椒的经济效益（表7.8）。不施肥处理（CK）与施肥处理相比，CK的产量和毛收入都低于其他处理，可其产投比却是最高，达到20.68，这是由于CK不施肥，降低了辣椒的投入（肥料和人工）成本所致。可见，化肥是农业生产中最大的物质性投入。

表7.8　辣椒经济效益分析
Tab. 7.8　Analysis of economic benefit of hot pepper

处理 treatments	投入/（元/667m^2）			干椒折合单产/（kg/667m^2）yield	产出/(元/667m^2)		产投比 the ratio of output and input
	肥料投入	人工 manpower			毛收入 gross income	净收入 net income	
		个	折价/元				
CK	0	2	100	108.39	2167.75	2067.75	20.68
Conv-F	348.96	5	250	191.17	3823.33	3224.38	5.38
Opt-F	405.16	5	250	219.58	4391.50	3736.34	5.70
Opt-F-NAM	415.67	2	100	231.12	4622.33	4106.66	7.96
80%Opt-F-NAM	332.54	2	100	214.83	4296.59	3864.06	8.93

注：干椒市场价20元/kg

Notes：The average local market price of hot pepper is 20 yuan per kilogram

与Conv-F处理相比，施用缓释肥料有效地提高了辣椒的经济效益，显著提高了辣椒的产投比。从投入来看，Conv-F处理的投入最高，为655.16元/667m^2，80%Opt-F-NAM处理次之，为432.54元/667m^2，产投比高低依次为80%Opt-F-NAM>Opt-F-NAM>Opt-F> Conv-F，其中80% Opt-F产投比最高，达到8.93。

　　另外，在施肥量（氮、磷、钾养分和比例）相同的条件下，Opt-F-NAM 处理的辣椒净收入和产投比较 Opt-F 处理分别提高了 5.4、0.73 和 2.05 个百分点。说明，缓释肥料一次性全量作基肥施用，明显减少了施肥次数，有效节约了用工成本。可见，在施肥量（氮、磷、钾养分和比例）相同甚至降低 20% 施肥量的条件下，缓释肥料仍然比普通肥料表现优越。

　　可见，施用缓释肥得到的收益可以抵偿其较高的施肥费用，从而有效提高作物经济效益，该研究结果与 Wang 等（2005）的研究结果基本一致。

（三）不同处理对氮、磷和钾当季利用率的影响

　　不同处理下辣椒氮、磷和钾利用率因施肥水平不同而存在明显差异。本试验条件下，缓释肥料处理的养分利用率均比普通肥（Conv-F 和 Opt-F）处理高（表7.9）。就养分投入量的高低相比，Conv-F 处理 N、P_2O_5、K_2O 每亩施用量分别为28kg、12kg、10kg；Opt-F-NAM 缓释肥处理为 20kg、10kg、20kg。二者比较，Opt-F-NAM 处理氮（N）素每亩施用量减少 8kg，相对降低 28.57%；磷（P_2O_5）素每亩施用量减少 2kg，降低 16.67%；而钾（K_2O）素每亩施用量提高 10kg，提高了 50%，其氮、磷和钾肥的当季利用率比 Conv-F 处理分别提高了 12.42、3.35和 5.37 个百分点；在施肥量（氮、磷、钾养分和比例）相同的条件下，Opt-F-NAM 处理氮、磷和钾肥的当季利用率比 Opt-F 处理分别提高了 5.4、0.73 和 2.05 个百分点；在降低缓释肥用量 20% 的条件下，辣椒氮、磷和钾肥的当季利用率比 Conv-F处理分别提高了 17.53、5.24 和 14.02 个百分点。Du 等（2010）研究表明，在等NPK 比例和等养分量条件下，缓释肥处理氮、磷和钾养分利用率较 Opt-F 处理分别提高了 7.96、1.31 和 3.9 个百分点；宋付朋等研究表明，在相同施氮量条件下，控释氮肥处理比普通氮肥处理氮素利用率提高 10.1~29.7 个百分点；郑圣先等（2004）利用差值法和示踪法研究表明，缓释肥的氮素利用率比施用尿素分别提高

表 7.9　不同处理下辣椒氮、磷和钾利用率
Tab. 7.9　Effect of different treatments on N, P and K use efficiency in hot pepper

处理 treatments	作物养分吸收量/（kg/hm²） amount of nutrient absorb			氮利用率/% N efficiency	磷利用率/% P efficiency	钾利用率/% K efficiency
	N	P	K			
CK	0.79	0.07	0.70			
Conv-F	1.97	0.17	2.13	2.83	1.34	8.49
Opt-F	3.05	0.20	2.47	9.85	3.96	12.81
Opt-F-NAM	3.25	0.23	2.99	15.25	4.69	14.86
80%Opt-F-NAM	2.33	0.18	1.95	20.32	6.58	22.51

37.5 和 32.2 个百分点。这些结果与本试验的研究结果，即施用缓释肥料能有效提高肥料利用率的结论基本一致。

　　大量研究证明，肥料利用率低造成了地球不可再生资源的浪费和人类生存环境的恶化，已成为影响农业和环境持续发展的最突出问题。化肥施肥量不断增大和不合理的施用，造成了水体污染和富营养化等面源污染，其中起关键作用的元素是氮和磷（Soil and Fertilizer Institute and Chinese Academy of Agricultural Sciences，1994）。本试验研究结果表明，与农户习惯和推荐分次施肥处理比较，在辣椒产量显著增加的基础上，施用缓释肥可大幅度减少氮素和磷素用量，提高肥料利用率，对生态环境的保护和促进农业的可持续发展具有重要的现实意义。

四、结论与讨论

　　缓释肥可有效调节养分溶解速率，使养分的释放与作物的生长达到同步。缓释肥一次性施肥不用追肥，不但真正让农民省工、省时、省肥、省心，符合当前农民减少田间用工的期望，而且可提高肥料利用率，减少肥料施用量，保护环境。

　　田间试验表明，施用缓释肥料，辣椒增产增效明显。①施用缓释肥料可改善辣椒的主要农艺性状；②与 Conv-F 相比，缓释肥处理增加辣椒产量达 20.90%，经济效益增加 882.28 元/667m^2，产投比提高达 47.96%；③在施肥量（氮、磷、钾养分和比例）相同的条件下，缓释肥处理增加辣椒产量达 5.26%，经济效益增加 370.32 元/667m^2，产投比提高达 39.6%；④在降低缓释肥用量 20%的条件下，辣椒产量比 Conv-F 提高达 12.38%，经济效益增加 639.68 元/667m^2，产投比提高达 65.99%；⑤缓释肥处理氮、磷和钾肥的当季利用率比 Conv-F 处理分别提高了 12.42~17.49，3.35~5.24 和 5.37~14.02 个百分点；⑥施用缓释肥可大幅度减少氮素和磷素用量，提高肥料利用率，对生态环境的保护和促进农业的可持续发展具有重要的现实意义。

　　另外，本研究采用抑制剂与常规单质肥料掺混型缓释肥料，与包膜缓释肥料相比，抑制剂与常规单质肥料掺混型缓释肥料，使速效养分与缓效养分相结合，不仅符合作物生育周期需要，而且具有加工工艺简单、价格便宜等优点，大大降低肥料生产和使用成本。其有利于在常规作物上大面积推广使用，又可持续用于农业生产，更符合我国国情。因此，发展适合不同区域、不同作物的缓释专用 BB肥或抑制剂与常规单质肥料掺混型缓释肥，具有广阔的发展和应用前景，势必会成为我国缓释肥今后发展的重要方向之一。

参 考 文 献

陈伦寿. 1989. 复合肥料的生产、施用和发展趋向. 土壤通报, 05: 237~241.

陈清, 张宏彦, 李晓林. 2000. 德国蔬菜生产的氮肥推荐系统. 中国蔬菜, 06: 58~60.

陈同斌, Struwe S, Kjoller A. 1996. 黑麦秸秆对土壤中无机氮转化和 N_2O、CO_2 释放的影响. 应用基础与工程科学学报, 01: 34~39.

戴平安, 聂军. 2003. 不同土壤肥力条件下水稻控释氮肥效应及其利用率的研究. 土壤通报, 34 (2): 115~119.

党建友, 杨峰, 屈会选, 等. 2008. 复合包裹控释肥对小麦生长发育及土壤养分的影响. 中国生态农业学报, 16 (6): 1365~1370.

杜彩艳, 段宗颜, 胡万里, 等. 2010. 缓释肥料对月季产量及养分利用率的影响. 西北农业学报, 19 (12): 156~160.

杜昌文, 周建民. 2002. 控释肥料的研制及其进展. 土壤, (3): 127~133.

樊小林, 廖宗文. 1998. 控释肥料与平衡施肥和提高肥料利用率. 植物营养与肥料学报, 4 (3): 219~223.

范光南, 曹明华. 1999. 浅谈几种缓/控释肥料的优势. 福建热作科技, 24 (4): 20~22.

冯元奇. 2004. 建议推广适用于大田作物的缓释催释肥料. 磷肥与复肥, 19 (3): 3~4.

傅高明. 1991. 北京地区褐潮土硫肥肥效研究初报. 土壤肥料, (6): 46~47.

葛晓光, 王晓雪, 刘秀茹, 等. 1996. 长期定位施用氮肥对蔬菜产量的影响 (一). 中国蔬菜, 05: 3~7.

黄云, 廖铁军, 向华辉. 2002. 控释氮肥对辣椒的生理效应及利用率研究. 中国植物营养与肥料学报, 8 (4): 414~418.

黄志武. 1993. 稻秆与标记~(15)N 硫铵配合施用对硫铵氮素有效性和水稻生产的影响. 土壤学报, 02: 224~228.

姜宝雷, 张民, 杨越超. 2005. 硫包膜尿素养分释放特征. 化肥工业, 32 (1): 36~41.

蒋永忠, 刘海琴, 张永春, 等. 1999. 高效尿素提高小麦产量及氮利用率的研究. 江苏农业科学, 6: 54~56.

金翔, 韩晓增, 蔡贵信. 1999. 黑土-春小麦中三种化学氮肥的去向. 土壤学报, 04: 448~453.

巨晓棠, 刘学军, 邹国元, 等. 2002. 冬小麦/夏玉米轮作体系中氮素的损失途径分析. 中国农业科学, 35 (12): 1493~1499.

李俊良, 崔德杰, 孟祥霞, 等. 2002. 山东寿光保护地蔬菜施肥现状及问题的研究. 土壤通报, 02: 126~128.

李荣刚, 崔玉亭, 程序. 1999. 苏南太湖地区水稻氮肥施用与环境可持续发展. 耕作与栽培, 04: 49~50, 63.

李玉颖. 1992. 硫在作物营养平衡中的作用. 黑龙江农业科学, (6): 37~39.

梁新强, 田光明, 李华, 等. 2005. 天然降雨条件下水稻田氮磷径流流失特征研究. 水土保持学报, 19 (1): 59~63.

廖宗文, 杜建军, 宋波, 等. 2003. 肥料养分释放的技术、机理和质量评价. 土壤通报, (2): 106~109.

刘春增, 王秋杰, 寇长林. 1996. 不同施肥对砂土有机质积累的影响. 河南农业科学, 04: 20~22.

刘志荣, 饶华珍. 2007. 水稻施用缓/控释肥效果初报. 耕作与栽培, 3: 29~30, 58.

鲁剑巍. 1994. 钾、硫肥配施对作物产量与品质的影响. 25 (5): 216~218.

鲁如坤. 2004. 土壤农业化学分析方法. 北京: 中国农业科技出版社.

鲁艳红, 纪雄辉, 郑圣先, 等. 2008. 施用控释氮肥对减少稻田氮素径流损失和提高水稻氮素利用率的影响. 植物营养与肥料学报, 14 (3): 490~495.

陆文龙, 王敬国, 曹一平, 张福锁. 1998. 低分子量有机酸对土壤磷释放动力学的影响. 土壤学报, 04: 493~500.

吕殿青, 同延安, 孙本华. 1998. 氮肥施用对环境污染影响的研究. 植物营养与肥料学报, 4 (1): 8~15.

马立珊, 铁敏仁. 1987. 太湖流域水环境硝态氮和亚硝态氮污染的研究. 环境科学, 8 (2): 60~65.

马文奇, 毛达如, 张福锁. 2000. 山东省大棚蔬菜施肥中存在的问题及对策//李晓林. 平衡施肥与可持续优质蔬菜生产. 北京: 中国农业出版社.

马文奇, 毛达如, 张福锁. 2000. 山东省蔬菜大棚养分积累状况. 磷肥与复肥, 03: 65~67.

瞿海军, 高亚军, 周建斌. 2002. 缓释/控释肥料研究概述. 干旱地区农业研究, 20 (1): 45~48.

沈善敏, 殷秀岩, 宇万太, 等. 1998. 农业生态系统养分循环再利用作物产量增益的地理分异. 应用生态学报, 04: 44~50.

石元亮, 孙毅. 2002. 农业生产中的控释与稳定肥料. 北京: 科学普及出版社.

宋世君. 1990. 甜椒根系脱氢酶活性与施氮量关系初探. 园艺学报, 03: 238~240.

孙克刚, 和爱玲, 李丙奇, 等. 2009. 小麦-玉米周年轮作制下的控释肥及控释 BB 肥肥效试验研究. 中国农学报, 25 (12): 150~154.

索东让, 王平. 2003. 长效尿素对玉米的肥效试验. 磷肥与复肥, 18 (2): 51.

汪强, 李双凌, 韩燕来. 2007. 缓/控释肥对小麦增产与提高氮肥利用率的效果研究. 土壤通报, 38 (1): 47~50.

王敬国, 曹一平. 1995. 土壤氮素转化的环境和生态效应. 北京农业大学学报, S2: 99~103.

王丽, 王晖, 赫崇岩, 等. 1996. 不同类型土壤有机质及 pH 对土壤中硝酸盐积累的影响. 吉林农业科学, 04: 53~55.

王为木, 史衍玺, 杨守祥, 等. 2005. 控释氮肥对大白菜产量和品质的影响及其机理研究. 植物营养与肥料学报, 11 (3): 357~362.

王维敏. 1986. 麦秸、氮肥与土壤混合培养时氮素的固定、矿化与麦秸的分解. 土壤学报, 02: 97~105.

王向峰, 刘树庆, 宁国辉. 2006. 缓控释肥料的氮素利用率及控制效果研究. 华北农学报, 21 (增刊): 38~41.

熊又升, 陈明亮. 2000. 包膜控释肥料的研究进展. 湖北农业科学, 5: 40~42.

徐培智, 陈建生, 唐拴虎, 等. 2003. 蔬菜控释肥的产量和品质效应研究. 广东农业科学, (1): 28~30.

徐培智, 郑惠典, 张育灿, 等. 2004. 水稻缓释控释肥的增产效应与环保效应. 生态环境, 13 (2): 227~229.

许秀成, 李菇萍, 王好斌. 2000. 包裹型缓释/控制释放肥料专题报告. 第一报概念区分及评价标准. 磷肥与复肥, 15 (3): 1~6.

许秀成. 2005. 再论 "人口·粮食·环境·肥料". 磷肥与复肥, 20 (2): 9~13.

袁新民, 同延安, 杨学云, 等. 2000. 有机肥对土壤 NO_3^--N 累积的影响. 土壤与环境, 03: 197~200.

张春伦, 朱兴明, 胡思农. 1998. 缓释尿素的肥效及氮素利用率研究. 土壤肥料, 6: 17~20.

张发宝, 唐拴虎, 徐培智, 等. 2006. 缓/控肥料对辣椒产量及品质的影响研究. 广东农业科学, 10: 47~49.

张立, 孟谦文. 2003. 施用磷肥对土壤硝态氮累积的影响. 新疆农业科技, 06: 18~19.

张民, 史衍玺, 杨守祥, 等. 2001. 控释和缓释肥的研究现状与进展. 化肥工业, 28 (5): 27~30.

张民, 史衍玺. 2001. 控释和缓释肥的研究现状与进展. 化肥工业, 8 (5): 27~30.

张民, 杨越超, 宋付朋, 等. 2005. 包膜控释肥料研究与产业化开发. 化肥工业, 32 (2): 7~12.

张耀栋, 张春兰, 高祖明, 等. 1990. 甜椒氮磷营养的研究. 南京农业大学学报, 04: 58~64.

张玉树, 丁洪, 卢春生, 等. 2007. 控释肥料对花生产量、品质以及养分利用率的影响. 植物营养与肥料学报, 13 (4): 700~706.

赵秉强, 张福锁, 廖宗文, 等. 2004. 我国新型肥料发展战略研究. 植物营养与肥料学报, 10 (5): 536~545.

赵世民, 唐辉. 2003. 包膜型缓释/控释肥的研究现状和发展前景. 化工科技, 11 (5): 50~54.

郑润梅, 田秀明, 周文嘉. 1994. 山西省主要土壤硫状况和施硫效应的研究. 山东农业大学学报, 14 (2): 123~125.

郑圣先, 刘德林, 聂军, 等. 2004. 控释氮肥在淹水稻田土壤上的去向及利用率. 植物营养与肥料学报, 10 (2): 137~142.

郑圣先, 聂军, 熊金英, 等. 2001. 控释氮肥提高氮素利用率的作用及对水稻效应的研究. 植物营养与肥料学报, 7 (1): 11~16.

中国农科院土壤肥料研究所. 1994. 中国肥料. 上海: 上海科技出版社.

周艺敏, 小仓宽典, 吉田彻志. 2000. 天津半干旱地区不同种植年限菜田土壤微生物变化特征的研究. 植物营养与肥料学报, 04: 424~429.

朱兆良. 1992. 农业生态系统中的化肥氮的去向和氮素管理//朱兆良, 文启孝. 中国土壤氮素. 江苏: 江苏农业科技出版社.

Acquaye S, Inubushi K. 2004. Comparative effects of application of coated and non-coated urea in clayey and sandy paddy soil microcosms examined by the ^{15}N tracer technique. Soil Sci Plant Nuti, 50 (2): 205~213.

Bao S D. 2002. Soil and Agricultural Chemistry Analysis. Beijing: China Agriculture Press (in Chinese).

Du C Y，Duan Z Y，Hu W L，et al. 2010. Effect of the slow release fertilizers on the yield of Chinese rose and nutrient use efficiency. Agricultural Science and Technology, 19（12）：156~160.

Fan L T，Singh S K. 1990. Controlled Release: a Quantitative Treatment. Verlag，Berlin：Springer.

Guertal E A. 2000. Preplant slowrelease nitrogen fertilizers produce similar bell peper yields as split applications of soluble fertilizer. Agron J，92：388~393.

Hauck R D. 1972. Synthesis slow-release fertilizer and fertilizer amendments. *In*：Goring C A I，Hamaker J W. Organic Chemical in the Soil Environment，Madison. 2：33~690.

Hauck R D. 1985. Slow release and bio-inhibitor-amended nitrogen fertilizers. *In*：Engelstad O P. Fertilizer Technology and Use. 3rd Edition. Nadison：Soil Science Society of America：507~533.

Huang Y，Liao T J，Xiang H H. 2002. Study on physiological effect and fertilizer utilization rate of controlled release nitrogen fertilizer for pepper. Plant Nutrition and Fertilizer Science，8（4）：414~418.

Mahler R L，Ensiqn R D. 1989. Evaluation of N，P，S and B fertilization of Kentucky Blue grass seed in northernIdaho. Commun Soil Sci Plant Anal，20（9&10）：989~1009.

Mahler R J，Maples R L. 1987. Effect of sulfur additions on soil and the nutrition of wheat. Commun Soil Sci Plant Anal，18（6）：653~673.

Mahler R J，Maples R L. 1986. Response of wheat to sulfur fertilization. Commun Soil Sci Plant Anal，17（9）：975~988.

Mikkelsen R，Wan H. 1990. The effect of selenium on sulfur uptake by barley and rice. Plant and Soil，121（1）：151~153

Oertli J J. 1980. Controlled-release fertilizers. Fertilizer Research，9（1）：103~123.

Paramasivam S，Alva A K. 1997. Nitrogen recovery from controlled-release nitrogen fertilizers during four months soil incubation . Soil Sci，162：447~453.

Patel A J，Sharma G C. 1997. Nitrogen release characteristics of controlled-release nitrogen fertilizers . Comm Soil Sci Plan Anal，28：1663~1674.

Qu J F，Zhang F J，Fu S B. 2010. Study on efficiency ofusing different nitrogen fertilizers for banana. Guangdong Agricultural Sciences，（9）：116~117.

Ristimaki L M. 2000. Slow release fertilizers on vegetables. Acta Holt，511：125~129.

Sharon G，Malka K A. 1990. Studies on slow release fertilizer: amethod for evaluation fertilizers. Soil Science，150：446~450.

Shaviv A，Mikkelsen R L. 1993. Controlled-release fertilizers to increase efficiency of nutrient use and minimize environmental degradation — A review. Fert Res，35：1~12.

Shaviv A. 2000. Advances in controlled release fertilizer. Advanced Agronomy，71：1~49.

Shaviv A. 2001. Advances in controlled release fertilizer. *In*：Spark D L. Advances in Agronomy. California：Academic Press.

Shoji S，Gandeza A T，Kimum K. 1991. Simulation of response to polyolefin-coated urea：Ⅱ. Nitrogen uptake by corn. Soil Sci Soc Am J，55：1468~1473.

Shoji S，Kanno H. 1994. Use of polyolefin-coated fertilizers for increasing fertilizer efficiency and reducing nitrate leaching and nitrous oxide emissions . Fert Res，39：147~152.

Soil and Fertilizer Institute，Chinese Academy of Agricultural Sciences. 1994. Fertilizer Sciences in China. Shanghai：Shanghai Scientific and Technological Publishing House.

Wang F L，Alva A K. 1996. Leaching of nitrogen from slow-release Urea sources in sandy soils. Soil Sci Soc Am J，60：1454~1458.

Wang Q，Li Sh L，Hang L L. 2007. Effect of slow/controlled release fertilizers on yield and fertilizer-nitrogen use efficiency. Chinese Journal of Soil Science，38（1）：47~50.

Wang W M，Shi Y X，Yang S X，et al. 2005. Effects of controlled-release nitrogen fertilizers on yield and quality of Chinese cabbage and their related mechanisms . Plant Nutrition and Fertilizer Science，11（3）：357~362.

Worrall R J，Lamont G P，Oconnell M A. 1987. The growth response of container grown woody ornamentals to controlled-release fertilizers. Scientia Horticulture，32：275~286.

Xie C S，Tang S H，Xu P Z，et al. 2006. Effects of single application of controlled-release fertilizers on growth and yield of rice. Plant Nutrition and Fertilizer Science，12（2）：177~182.

Zhang Y S，Ding H，Lu C S，et al. 2007. Effect of controlled release fertilizers on the yield and quality of peanut and nutrient use efficiency. Plant Nutrition and Fertilizer Science，13（4）：700~706.

Zheng S X，Liu D J，Nie J，et al. 2004. Fate and recovery efficiency of controlled release nitrogen fertilizer in flooding paddy soil. Plant Nutrition and Fertilizer Science，10（2）：137~142.

Zhu L X，Wang J H. 2010. Effects of applying controlled release compound fertilizer on *Platycodon grandiflorum* growth. Chinese Journal of Applied Ecology，21（9）：304~308.

第八章　土壤中的微量元素

第一节　土壤中硼的含量

土壤中的硼分为全量硼和有效硼，全量硼指土壤中所存在的硼的总和，包括植物可利用的硼和不能利用的硼两部分；有效硼仅指植物可利用的硼，土壤是否缺硼取决于有效硼的含量。根据已有资料表明，我国南方与北方都存在着较大面积的缺硼土壤。下面将各地资料作一综述，供有关单位施用硼肥时参考，见表 8.1。

表 8.1　我国部分土壤全硼含量[*]（单位：ppm）

Tab. 8.1　Total boron content of part of the soil in China

土壤类型	全硼量范围	全硼平均含量
白浆土	45~69	63
棕壤	31~92	61
草甸土	32~72	54
黑土	36~69	54
黑钙土	49~64	50
暗栗钙土	35~57	42
褐土	45~69	63
黄垆土黄绵土	32~128	80
红壤（华中）	<4~145	62
红壤（华南）	痕迹至 300	71
砖红壤及赤红壤	5~500	60
黄壤	10~150	78
红色石灰土	20~200	88
棕色石灰土	40~150	87
紫色土	40~50	45

[*]据中国科学院南京土壤研究所资料

我国北方石灰性土壤分布面积较大，缺硼土壤也较多。例如，山西省土壤有效硼在 0.38~1.48ppm，平均含量为 0.70ppm，许多土壤低于临界值 0.50ppm 以下。

北京地区土壤缺硼土壤面积很大。低于 0.25ppm 属于严重缺硼土壤，占总数的 22.8%；在 0.25~0.50ppm 临界值以下的土壤占 19.2%；在 0.50~1.0ppm 缺硼边缘范围的土壤占 33.6%。三样加在一起占总样的 75.6%左右。据作者对河南省 1070 多个土壤样品分析，平均有效态硼含量为 0.25ppm。有效态硼低于 0.5ppm 临界值以下土壤面积，占全省总耕地 96%，较为丰富的土壤样品占分析样品的 4%，由此可见河南省缺硼面积相当大。河南省地处北亚热带、暖温带过渡地带，土壤类型复杂，根据第二次土壤普查结果，主要有潮土、棕壤、风沙区、黄棕壤、褐土、砂姜黑土、盐碱土等土类。水溶态硼含量以盐碱土居首位，达 0.72ppm，其他按高低排列为潮土（0.31ppm）>褐土（0.22ppm）>砂姜黑土、棕壤、风沙土（均为 0.20ppm）>黄棕壤（0.17ppm）。河南省硼的地理分布特点是从北往南逐渐呈递减的趋势。具体地说，汝南、上蔡、平舆三县交界处和夏邑西部、于城东部两片，以及沙颖河是北潮土、盐碱土区分布范围，水溶态硼含量大于 0.5ppm，其他地区都比较缺乏。北方土壤缺硼原因是 pH 较高、碳酸钙含量较多引起的。

我国南方土壤由于成土母质中硼的含量就较低，因而引起了有效性硼的缺乏。例如，贵州省从 157 个样品分析中得出，有效硼平均值 0.31ppm，变幅在 0.01~1.70ppm，缺硼面积在 96.8%；浙江省土壤平均有效硼含量为 0.25ppm，变幅在 0.02~1.33ppm，缺硼土壤占 88%；江西省土壤有效硼平均含量 0.15ppm，变幅在痕迹至 0.74ppm，有 98.4%土壤缺硼；四川省土壤有效硼变幅在 0.01~1.61ppm，平均为 0.23ppm，从 621 个样品的实测值来看，一般土壤缺硼比例高达 90%以上。

第二节　土壤中锌含量

一、土壤中全锌含量

土壤中锌含量与成土母质有极大的关系，例如，基性岩及石灰岩母质发育的土壤含锌就较多，片麻岩、石英岩发育的则较少。地球岩石圈的锌平均含量为 80ppm。

世界上土壤中的全锌含量变化很大，其极限范围从痕迹到 900ppm，平均为 50~100ppm。我国土壤中全锌含量少则<3ppm，多的可达 709ppm，平均为 100ppm。

河南省土壤中全锌含量，据作者取样分析，其介于 8.7~205.0ppm，平均在 94.95ppm，略低于全国平均水平。四川盆地的土壤全锌含量，据中国科学院成都地理研究所资料在 35~400ppm，平均为 108ppm，接近全国土壤的全锌含量 100ppm。河北省土壤全锌含量，据河北省植保土肥所资料，平均为 73ppm。我国部分土壤全锌含量见表 8.2。

表 8.2　我国部分土壤全锌含量*（单位：ppm）

Tab. 8.2　Total zinc content of part of the soil in China

土壤类型	锌含量范围	平均含量
砖红壤及赤红壤	20~300	180
红壤（华南）	50~500	150
红壤（华中丘陵区）	22~172	79
黄壤	50~500	145
黄棕壤、褐红壤	30~300	163
紫色土	30~100	65
棕壤	44~770	98
黑土	58~66	61
黑钙土	56~153	88
草甸土	51~130	87
红色石灰土	100~300	238
棕色石灰土	50~600	302

*据中国科学院南京土壤研究所资料

二、土壤中有效锌含量

我国幅员辽阔，土壤类型很多，从现有资料来看：黄土母质发育的土壤和受黄河影响的土壤，pH 较高，矿物以石英为主，有效锌含量普遍较低。例如，河南省土壤大部分是由黄土母质和黄河冲积物发育而来的，据作者对 1500 个样品分析，平均有效态锌含量 0.50ppm 左右，变幅在 0.04~3.26ppm。全省半数以上土壤在缺锌临界值（0.5ppm）以下，处于缺锌边缘值的土壤约占 40%，仅有 10%土壤处在供应充足范围。从土壤类型看，有效锌含量状况如下：棕壤（0.64ppm）>褐土（0.57ppm）>灰潮土（0.571ppm）>水稻土（0.500ppm）>碳酸盐褐土（0.55ppm）>黄棕壤（0.525ppm）>黄褐土（0.52ppm）>淤土（0.52ppm）>典型褐土（0.51ppm）>褐土性土（0.50ppm）>两合土（0.42ppm）>盐土（0.47ppm）>砂土（0.45ppm）>风砂土（0.43ppm）>砂姜黑土（0.41ppm）。

从地理分布上看，大致是栾川、卢氏、嵩县、汝阳、鲁山、林县、修武、博爱县及鹤壁市耕地土壤，有效锌含量平均在 1.00ppm 左右，是含量最高地区。灵宝、陕县、渑池、新野、唐河、南阳、方城、洛宁、社旗县，以及新乡、开封、商丘、周口地区沙地和沙丘、沙岗地、盐碱地区土壤，有效锌含量十分缺乏，一般在 0.5ppm 以下。作者布置了许多试验，证实了该地区施用锌肥增产效果十分显著。今后在这些地区种植作物和果树时应该施用锌肥。

新县、商城、固始、桐柏、光山、潢川、罗山、信阳县，以及新乡、安阳、开封、商丘地区除去上述沙土、盐碱土、风砂土和林县等高锌区外，土壤有效态锌，处于缺锌边缘区，一般含量在0.6ppm上下，据试验，这些地区在水稻上施用锌肥增产11%左右。因此，这一带土壤可根据作物情况，推广应用。又如北京地区、山东、陕西、山西等省也有类似趋势的报道。

山东省土壤中有效态锌含量，鲁中南、鲁西北和胶东半岛的19个县296个土样分析在0.20~3.50ppm。鲁西、鲁西北黄河冲积平原地区速效锌含量较低。例如，济阳县土壤平均含量在0.20ppm，齐河县为0.36ppm，垦利县为0.84ppm，菏泽和东阿县分别为0.60ppm和0.66ppm。鲁中、鲁南地区的济宁和临沂的洼地黑土分别为0.68ppm和0.75ppm。而鲁东南、鲁中丘陵地区的土壤，都在1.00ppm以上。

我国南方有很大面积的酸性土壤，土壤有效锌含量往往会反映出成土母质的影响，一般含量较高。例如，下蜀系黄土和长江冲积物发育的土壤一般不会出现缺锌现象。但南方的酸性土壤上，过量施用石灰时，由于土壤pH升高，可能引起"诱发性缺锌"。例如，四川盆地土壤有效锌在0.08~9.60ppm。各种土壤的平均含量变化较大，有效锌含量小于0.50ppm的土壤出现频率较高的是紫色土，但比北方土壤比例低，仅占10%。

第三节　土壤中锰的含量

一、土壤中锰的形态

土壤中锰以多种形态存在，有水溶态锰、代换态锰、还原态锰和矿物态锰。前3种形态锰的总量称为活性锰，作物能够吸收利用，作者用DTPA浸提的是代换态锰。据河南省1100个土壤样品分析，平均为17.8ppm，代换态锰的临界值是1ppm，河南省平均值17.8ppm，似乎大大地超过了临界值含量指标。以此推断，河南土壤有效锰含量水平都在适量以上，大多数是丰富的，但是，近年来许多地方施用锰肥，小麦同样获得了增产，如密县城关东街试验点，1981年、1982年连续两年（均为3次重复）比对照分别增产14.6%、18%，而土壤含有效锰10.81ppm。因此，作者认为，在河南省这样的自然环境和土壤条件下，临值界指标1ppm可能偏低。全国已有一些地方（如与河南交界的陕西、河北等省）经过试验提出了自己省（DTPA提取）临界值用4~10ppm的设想。

二、土壤中锰的含量

地壳的所有岩石都含有锰，其含量比其他微量元素高得多。酸性火成岩（花岗岩、流纹岩等)、变质岩(片岩等),以及某些沉积岩中,锰含量变化很大,为200~1200ppm,基性火成岩像玄武岩、辉长岩的含量最高为 1000~2000ppm,石灰岩中的含量接近平均值,为 400~600ppm,而砂岩中的锰含量低,一般为20~500ppm。

地壳中锰的平均含量为 900~1000ppm。世界土壤的全锰含量变幅很大:从波兰的灰壤痕迹到乍得的未淋溶碱土 10 000ppm。大多数土壤含量为 500~1000ppm,一般认为平均含量为 850ppm。我国土壤含锰量通常为 42~3000ppm,但有个别高达 5000ppm,平均为 710ppm(刘铮等)。

成土母质在很大程度上影响了土壤中锰的含量。以红壤为例:玄武岩发育的红壤锰含量为 2000~3000ppm;砂岩、片岩、页岩发育的红壤则在 200~500ppm。又如黄河中游地区广大的黄土性土壤,全锰含量为 405~676ppm,平均为 550ppm。这一含量与河南土壤全锰平均含量 510ppm(变幅为 218~121ppm)非常接近,其原因是,成土母质基本接近。四川省土壤平均全锰量为 641ppm,但变幅很大(41~1550ppm),基性岩发育土壤含量最高,沉积岩次之。

当然成土条件也是影响锰含量的一大因素。现将我国按土壤类型区分,锰含量值见表 8.3。

表 8.3 我国不同土壤全锰含量[*](单位:ppm)

Tab. 8.3 **Manganese content the different soil in China**

土壤类型	变幅范围	平均值
砖红壤	200~3000	915
红壤	42~2270	640
黄壤	50~750	300
白浆土	850~1800	1400
棕色森林土	340~1000	770
草甸土	480~1300	940
黑土	590~1100	900
黑钙土	730~1200	840
暗栗钙土	250~900	580
黑垆土、黄绵土	660~1170	844
褐土	550~900	730
黄棕壤	200~1500	741
黄潮土、青黑土	262~362	425

[*]据《中国土壤》,科学出版社,1978

三、土壤中有效锰含量

锰的有效性与土壤的全锰含量关系不甚密切，但与土壤的酸度关系密切。就全国范围来说，缺乏有效态锰的土壤与石灰性土壤的分布十分吻合。缺锰土壤主要是石灰性土壤，尤其是 pH 较高且质地疏松、通气性良好的土壤。我国南方局部地区分布的缺锰土壤主要是与成土母质含锰量过低有关。下面就几个地方有效态锰状况简述如下。

河南省土壤无论是全锰或有效态锰，变幅都大，一般相差几倍、十几倍，有的甚至高达几十倍。河南省土壤中代换性锰占全锰的 1.3%~19.6%，下面将河南省土壤全锰与有效锰含量情况列于表 8.4。

表 8.4　河南省土壤全锰与有效锰含量（单位：ppm）
Tab. 8.4　Content of effective manganese and total manganese of soil in henan province

土壤类型	全锰含量均值/变幅	有效锰（DTPA 提取）均值/变幅
潮土	483/441~522	11.4/2.2~35.2
褐土	531/504~598	12.6/4.2~19.6
黄棕壤	538/274~594	24.3/4.4~59.2
砂姜黑土	573/243~1219	65.6/4.6~137.0
水稻土	335/218~414	15.9/2.8~32.6
盐碱土	417/250~532	5.9/3.2~7.8
风沙土	371/293~494	5.1/4.0~5.8
棕壤	571/301~1003	24.8/7.8~47.0
平均	510/218~1219	17.8/2.2~137.0

河南省土壤中有效锰地理分布有以下几个规律：自南向北有渐渐降低的趋势，最高含量分界（30ppm 以上与以下分界线）线几乎与北亚热带暖温带自然地理分布线重合。例如，北部安阳、新乡一带以 7~15ppm 含量为主，中部地区以 6~30ppm 为主（指开封、驻马店北部），而南部大部分高于 130ppm，山区土壤含有效锰明显高于平原地区。

以风沙土、盐碱土和沙土（<7ppm）为最低，一般情况下，水稻土高于相同母质的旱田土壤。北京地区，土壤有效态锰为 1.42~43.52ppm，平均含量为 10.84ppm。从土壤含锰分级来看，大于 12ppm，占 31.5%；9~12ppm 土样占 24.1%；6~9ppm 土样占总数的 28.6%；6ppm 以下的占全部样品的 16.6%。含锰较高土壤在海淀、通县、房山、门头沟一带。

河北省张家口地区，有效锰变化为 0.44~10.04ppm，平均为 2.19ppm，说明石灰性土壤有效锰较低。

四川盆地，据 600 个样品分析有效锰为 0.18~262.4ppm，平均为 27.8ppm。江西、浙江、江苏南部地区，平均含量也较高，说明酸性土壤锰的可给性很高，一般不会出现缺锰症状。但是，酸性土壤一旦过多施用石灰也会出现缺锰现象，应引起南方农村的高度重视。

第四节　土壤和肥料中的钙

钙在元素周期表中属第二主族碱土金属元素，对植物有效的是阳离子形态，而且主要是土壤交换性盐基阳离子。

地壳中含钙量约为 3.64%，较其他植物养分更多。常以钙离子（Ca^{2+}）形态被吸收，它在叶片中大量存在。其正常浓度为 0.2%~1.0%。细胞液中钙以游离 Ca^{2+} 形态存在，也与一些非移动性有机离子如羧酸、磷酰胺、酚羟基离子相连接。它可以草酸钙、碳酸钙和磷酸钙沉淀出现在液泡中。许多种子中有肌醇六磷酸钙镁。

目前专门施钙的不多，主要还是施石灰改良酸性土壤时带入的钙。如果酸性土壤上种植耐酸作物马铃薯、茶树、荞麦、烟草、花生等一般不施石灰；种植水稻、蚕豆、豌豆、甜菜、油菜等少量施用石灰；种植耐酸性差的棉花、大豆、大麦、小麦、玉米、苜蓿时需施大量石灰。

土壤含钙量差异极大，湿润地区土壤钙含量低、砂质土壤含钙量低、石灰性土壤含钙量高。含钙量大于 3% 时一般表示土壤中存在碳酸钙。

土壤钙的来源形成于土壤岩石中。钙长石（$CaAl_2Si_2O_8$）是钙最主要的原生矿物。其他一些矿物也提供少量钙，包括钠长石、辉石、闪石（角闪石）、黑云母、绿帘石矿物、磷灰石和一些硼硅酸盐。

方解石（$CaCO_3$）常是半干旱、干旱地区土壤主要的钙源。白云石[Ca，Mg（CO_3）$_2$]也可与方解石共生。一些旱区土壤中也有石膏（$CaSO_4·2H_2O$），分解时释放出钙。

释出的钙在土壤溶液中去向比较简单：①随排水损失；②被生物吸收；③吸附在黏土颗粒上；④作为钙次生化合物再沉淀，尤其是干旱气候下如此。

钙极易从土壤中损失。钙的淋失量比钠还多。钙是渗漏水、泉水、河水、湖水中最多的离子。湿润地区土壤因过度淋洗移走钙和其他盐基阳离子，常使表层土壤呈酸性，在湿润地区即使是石灰岩生成的土壤也难免呈酸性。土壤溶液中溶有二氧化碳（CO_2），通过土壤下渗时，形成的碳酸置换出交换性复合体上的钙及其他盐基阳离子，土壤会逐渐变酸。干旱地区土壤含钙量一般较高，许多干旱地区土壤剖面中都有碳酸钙或硫酸钙次生沉积物。农业土壤很少因缺钙而减产，大多数酸性土壤所含钙量也足以满足植物生长。较常见的是果实和储存器官间接缺钙，原因是生长迅速而内部供钙受到限制。

植物以钙离子（Ca^{2+}）形态吸收土壤溶液中的钙，可能通过根系截获接触交换来吸收。除高度淋溶的土壤外，大多数植物所需的大量钙通过质流运到根表面。在富含钙的土壤中，根系附近可能积累大量钙，出现比植物生长所需更高浓度的钙时一般不影响植物吸收。因为植物吸收钙受遗传因素控制。虽然土壤溶液中 Ca^{2+} 浓度常 10 倍于 K^+ 浓度，但其吸收量却远不及 K^+，因为钙只能被内皮层细胞壁尚未栓化的幼嫩根尖吸收，所以植物吸钙能力有限。

湿润地区酸性土壤中的钙主要以交换态和未分解原生矿物存在。土壤中大量钙、铝和氢离子存在于交换性复合体上。交换态和溶解态处于动态平衡中。如果溶液中的钙离子淋失或被植物移取后，就从交换性复合体上交换出一些钙进入溶液，如果因施用钙肥土壤溶液中钙浓度（或活度）增大，交换性复合体便吸附一些钙。在不含方解石、白云石或石膏的土壤中，交换性钙量决定土壤溶液中钙的含量。钙、镁、钾三种交换性阳离子常争夺交换位点。NH_4^+、K^+、Mg^{2+}、Mn^{2+} 和 Al^{3+} 降低吸收 Ca^{2+}，而 NO_3^- 增加 Ca^{2+} 吸收。

钙常在施用过磷酸钙、重过磷酸钙等磷肥时施入土壤。

早在希腊和罗马时代石膏已被用作肥料，对硫、钙都有价值，又是碱性土壤改良剂。钙置换出土壤黏粒上的钠，硫酸钠随水排出，可使土壤絮凝、透水性更好。

酸性土壤上施用的石灰材料中也有钙，既能降低土壤酸度，又为作物提供钙养分。

最近也有使用硝酸钙肥的报道。这是一种既含氮又含钙的肥料，溶解性好，可配制叶面喷施溶液，但吸湿性较大。

第五节 中国南方土壤硫的状况和对硫肥的需求

目前世界广泛缺硫的主要原因是普遍使用高浓度化肥，随化肥带入土壤的硫减少。从 1960~1985 年中国化肥中的 N、S 比逐渐增大，由 1 增加到 10。据南方 10 省 846 个县 6700 个土壤样品测定，缺硫样品占总数的 26.5%，估算的缺硫面积为 660 万 hm^2。中国目前已有 14 个省报道硫肥有增产效果，增产作物有 20 种。据 1990 年南方耕地硫素平衡估算，要维持当年土壤硫的收支平衡，需要补充的硫为 101.3 万 t。中国随着高浓度化肥的发展，含硫肥料的生产和使用将提到议事日程。

当前世界各地土壤缺硫现象日益普遍，硫在农业上的重要意义日益受到人们的重视，近年来中国在南方和北方先后开展了一些硫的研究，依据这些材料，本节着重从南方土壤硫的含量，农业土壤中的硫素平衡，硫肥试验结果，以及含硫肥料的生产和消耗等，来探讨中国农业上的需硫前景。

一、作物对硫素营养的需要

氮、磷、钾是作物需要的 3 种主要营养元素，作物对这些元素的需求量大，施肥常考虑此 3 种元素的均衡供应，硫也是需求量的主要元素，其需要量和磷相当，对某些作物其需求量甚至超过磷，主要作物对硫、磷平均需要量的比较如表 8.5 所示。

表 8.5 不同作物的产量和磷、硫需要量（单位：kg/hm²）

Tab. 8.5 Requirement of phosphorus and sulfur with production of different crops

作物	产量/（t/hm²）	P	S
水稻	7（谷粒）	25	20
小麦	6（谷粒）	25	25
高粱	9（谷粒）	55	42
大豆	5（谷粒）	30	35
油菜	5（粒实）	22	24
甘蓝	50（鲜菜）	25	100

在植物生理上，硫对作物蛋白质、油脂、微生素，以及某些酶的合成起重要作用，硫能增进作物的抗寒和抗旱性，缺硫不仅抑制了作物产量，而且降低了产品的质量，影响人类和家畜的健康。

二、世界缺硫概况

当前土壤缺硫遍及世界各地，已报道缺硫的地区有美国、加拿大、拉丁美洲、欧洲、非洲、亚洲和大洋洲。近年来世界各地的缺硫地区有明显增加，15 年前有 36 个国家证实缺硫，最近有 72 个国家报道缺硫，而且有不断增长的趋势。美国有 37 个州缺硫，加拿大有 5 个省缺硫，拉丁美洲有 12 个国家缺硫，据统计，拉丁美洲有 55%的耕地缺硫。20 世纪 70 年代亚洲只有 4 个国家缺硫，今日有 12 个，在孟加拉 80%的农地缺硫。欧洲有 18 个国家缺硫，非洲有 21 个国家缺硫。

三、缺硫原因

引起各地广泛缺硫的原因有：①大量使用高浓度化肥，其中含硫少或不含硫；②提高复种指数和采用高产品种，作物产量大幅度提高从而自土壤中吸收的硫增加；③核电和水电的开发，以及使用低硫燃料增多和强调治理大气污染，大气中硫的含量下降；④有机肥用量减少，发展中国家用作物秸秆作燃料或饲料；⑤减少使用含硫农药。

其中化肥品种的改变是引起广泛缺硫的主要原因，过去常用的含硫化肥如硫铵、普钙和硫酸钾，日益为不含硫或含硫少的尿素、磷铵、重钙、氯化钾等所取代。中国 20 世纪 50 年代硫铵产量占氮肥总量的 100%，60 年代下降至 44.9%，70 年代迅速下降至 6%，至 90 年代已下降到 0.7%（表 8.6），因此土壤中随化肥施入的硫大量减少。

表 8.6　中国氮肥总产量和硫铵产量的比较
Tab. 8.6　Comparison of ammonium sulphate production and nitrogen fertilizer production in China

年份	氮肥总产量/（万 t）	硫铵总产量/（万 t）	硫铵占氮肥总量的/%
1950	1.5	1.5	100
1960	19.6	8.8	44.9
1970	152.3	9.2	6.0
1980	999.3	14.8	1.5
1990	1463.7	10.4	1.7

由于含硫化肥用量的逐年减少,世界各地所施用化肥中的 N∶S 都是 1,至 1985 年分别增加至 10 和 13。如不增施含硫化肥，这一比例还将继续扩大，将引起更大面积的缺硫。

四、南方耕地硫的含量及缺硫土壤

中国南方 10 省，地处热带和亚热带地区，因高温多雨，土壤硫易分解淋失，所以缺硫的可能性较大。据南方 10 省统计，土壤有效硫平均含量为 34.3ppm，其中以江西省土壤的含硫量最低，为 22.5ppm，贵州含硫量最高，为 66.7ppm。10 省全硫含量为 229.2ppm，其中四川省土壤的含量最低，为 207ppm，贵州省含硫量最高，为 480ppm。10 省有机硫含量为 266.8ppm，占全硫的 89.2%（表 8.7）。

表 8.7　中国南方各省土壤硫素比较
Tab. 8.7　Comparison of soil sulfur element in the provinces of southern China

省份	有效硫[*]/ppm	全硫[**]/ppm	有机硫/ppm	有机硫占全硫/%
江西	22.5（803）	222（295）	202（294）	91.0
广东	34.7（762）	230（275）	206（274）	89.6
福建	27.3（578）	366（265）	343（265）	93.7

续表

省份	有效硫*/ppm	全硫**/ppm	有机硫/ppm	有机硫占全硫/%
浙江	33.9（623）	292（318）	258（317）	88.4
湖南	32.8（896）	283（384）	250（384）	88.3
贵州	66.7（736）	480（369）	419（367）	87.3
广西	27.1（903）	278（447）	249（445）	89.6
四川	31.3（834）	207（256）	178（256）	86.0
海南	24.2（150）	295（49）	273（49）	92.2
云南	36.7（634）	294（163）	262（162）	89.1
平均	34.3（6918）	299.2（2821）	266.8（2813）	89.2

注：括号内数据为样本数 **全硫测定用燃烧碘量法 *有效硫用磷酸盐溶液提取

通常黏性母质如石灰岩、第四纪红色黏土和板岩等发育的土壤黏粒含量较高，硫的含量高于砂性母质（如花岗岩、砂岩和冲积物等）发育的土壤（表 8.8）。石灰岩发育的土壤平均有效硫含量 38.2ppm，高于花岗岩母质发育的土壤 23.9ppm。同样全硫平均含量分别为 414ppm 和 268ppm，有机硫含量分别为 374ppm 和 244ppm。

表 8.8　不同母质发育土壤硫的平均含量（单位：ppm）
Tab. 8.8　Average content of soil sulfur with different parent materials

母质类型	有机硫	全硫	有机硫
黏性母质			
石灰岩	38.2（281）	414（143）	374
第四纪红色黏土	38.3（193）	310（96）	273
板岩	25.1（22）	273（14）	243
平均	37.7（498）	368（252）	330
砂性母质			
花岗岩和片麻岩	23.9（98）	268（57）	244
砂石和砾岩	30.4（494）	291（248）	260
砂性冲击物	27.4（245）	252（131）	223
平均	28.7（843）	275（440）	246

据南方 10 省统计，在水田、旱地农作、种植园和林地 4 种情况下，土壤有效硫、全硫和有机硫的大小都按以下顺序排列：水田>种植园>旱地农作>林地。在施肥土壤中，以水田耕作方式含硫最高，旱地农作含量最低。林地通常不施用肥料，因而含硫最低（表 8.9）。

表 8.9 不同利用情况下土壤硫平均含量的比较（单位：ppm）

Tab. 8.9 Comparison of average content of soil sulfur with different use

利用类型	有效硫	全硫	有机硫
水田	34.1（4255）	326（1861）	291
旱地	30.3（3084）	239（1145）	209
种植园	33.7（209）	315（75）	178
林地	22.2（151）	149（116）	129

据研究以磷酸盐为提取剂测定土壤有效硫对于禾谷类和豆科等作物，有效硫的临界值为 12ppm S，土壤有效硫小于此值，施用硫肥常有增产效果，据南方 10省 864 县 6700 多样品的测定，土壤标本有效硫小于 12ppm S 的标本数约占样品总数的 25.75%（表 8.10）。若以 10 省耕地面积为 2500 万 hm^2 计算，则缺硫面积约为 660 万 hm^2。

表 8.10 各省土样有效硫小于临界值的标本数[*]

Tab. 8.10 Number of specimens with soil samples effective sulfur less than the critical value in the provinces

省份	样本总数	<12ppm S 标本数	占样品总数的比/%
江西	789	251	31.8
广东	765	270	35.5
福建	563	202	35.7
浙江	626	92	14.7
湖南	820	175	21.3
贵州	718	37	5.2
广西	893	221	24.8
四川	832	239	28.7
海南	148	50	33.8
云南	623	208	33.4
总计	6777	1744	26.49

[*]有效硫用 500ppm P 磷酸盐溶液提取，土液比等于 1∶5，恒温 1h

五、不同作物的硫肥效应

中国近年来硫肥研究受到重视，报道硫肥效果的研究逐年增多。表 8.11 是中国硫肥有效地区及增产的作物，据不完全统计，目前中国已有 14 个省报道硫肥有显著的增产效应，不仅在南方，而且在北方也有不少省报道硫肥有增产效果，施用硫肥有增产效应的作物有 20 种，包括谷物、油料作物、绿肥、牧草，以及经济作物和热带经济作物等。

表 8.11　中国硫肥有效地区及增产作物
Tab. 8.11　Crop yield with effective area of sulphur in China

地区	作物
江西赣州井冈山鹰潭	水稻、芝麻、紫云英、大豆、油菜、萝卜
浙江仙居	小麦、油菜、紫云英、水稻
福建建阳邵武	水稻
湖南桂阳	烟草
广西柳城来宾柳江	甘蔗、黄麻、红薯
云南江川德宏楚雄	水稻
广东湛江	橡胶、荔枝
湖北武昌	水稻
安徽屯溪	水稻
江苏邳县	大蒜
吉林公主岭	水稻
黑龙江哈尔滨双城	水稻、玉米、油菜、亚麻
陕西榆林米脂	马铃薯、大豆、玉米、小麦、水稻
山西西部	油菜、小麦、高粱、小麦

在缺硫的地区施用硫肥，可以大幅度提高作物产量。据硫肥试验统计，施用硫肥平均水稻增产 15.7%，小麦 15.2%，油菜 18.2%，紫云英 14.8%，花生 7.8%，芝麻 19.5%（表 8.12）。经济作物增产情况如下：萝卜 13.4%，甘蔗 9.6%，烟草 14.6%，黄麻 5.7%，大豆 6.4%，大蒜 12.0%，茶（鲜叶）15.4%（表 8.13）。

表 8.12　中国南方硫肥对作物的增产效应
Tab. 8.12　Effect of increasing yield of sulfur fertilizer for crops in southern China

作物	实验数	平均增产/%	增产范围/%
水稻	95	15.7	5.0~57.0
小麦	9	15.2	5.5~38.1
油菜	14	18.2	5.0~39.1
紫云英	10	14.8	5.5~26.0
花生	4	7.8	6.0~9.5
芝麻	2	19.5	10.2~27.8

表 8.13　硫肥对经济作物的增产效应

Tab. 8.13　Effect of increasing yield of sulfur fertilizer for economic crops

作物	地区	增产/%
萝卜	江西	13.4
甘蔗	广西	9.6
烟草	湖南	14.6
黄麻	广西	5.7
大豆	江西	6.4
大蒜	江苏	12.0
茶（鲜叶）	浙江	15.4

　　施用硫肥不仅增加作物的产量，而且提高产品质量，据湖北油菜试验，施用硫肥使菜油品质有显著的提高，亚油酸提高 5.2%，棕榈酸提高 14.2%（表 8.14）。

表 8.14　施硫对菜油品质的影响

Tab. 8.14　Influence of sulfur on vegetable oil quality

成分	提高/%
油酸	8.5
亚油酸	5.2
亚麻酸	7.7
棕榈酸	14.2

六、南方耕地土壤硫素平衡

　　近年来开展了耕地硫素平衡的研究，中国南方 10 省耕地土壤硫的收支状况如下：通常肥料是耕地硫的主要来源，1990 年全国随化肥和有机肥料带入土壤中的硫为 185.9 万 t S，平均每公顷为 16.99kg S。据在江西鹰潭测定，随降雨进入土壤的硫为 6.9kg S/hm²，随灌溉水进入农田的硫为 399kg S/hm²。据江西鹰潭排水采集器测定，由渗漏水淋失的硫量平均为 10.5kg S/hm²。

　　表 8.15 是中国南方土壤硫素平衡的估算，土壤硫的总输入量为 27.77kg S/hm²，土壤硫的输出量为 29.56kg S/hm²，输入和输出比较，输出略大于输入。如以土壤硫的实际需要看，为满足作物吸收 19.06kg S/hm² 的需要应施入土壤的硫为 57.8kg S/hm²。因硫肥的利用率约 33%，加上淋溶损失 10.50kg S/hm²。总计为 68.3kg S/hm²。而且前实际输入量 27.77kg S/hm²，尚差 40.53kg S/hm²。因此为了满足作物的生长需要，目前随化肥、有机肥进入土壤的硫，远远不能满足作物的实际需要，如以南方耕地：2500 万 hm² 计算，尚需加入土壤的硫为 101.3 万 t S。

表 8.15　　中国南方土壤硫素平衡[单位：kg S/(hm²/a)]
Tab. 8.15　Balance of sulfur in soils of southern China

输入	输出
肥料 16.99	作物吸收 19.06
降雨 6.88	淋失 10.50
灌溉水 3.90	
小计 27.77	小计 29.56

　　进入土壤中的硫主要来自施肥和降雨，土壤硫的输出主要是作物吸收和随渗漏水淋失，若渗漏淋失的硫和降雨中的硫相近，则土壤硫的平衡取决于施肥和作物吸收。中国 1990 年农产品所吸收的硫总计为：160.6 万 t，按肥料硫的利用率为 33%计算，应加入肥料硫 486.7 万 t，才能维持土壤硫的收支平衡，而当年由施加入土壤的硫总计为 185.9 万吨，尚差 300.8 万 t，占总需要量的 61.8%。

七、含硫肥料的生产、施用和需硫前景

　　中国当前所施用的含硫化肥主要是过磷酸钙，据 1990 年统计全国化肥产量为 1912 万 t，含硫 185.4 万 t，其中 93.6%的硫含于过磷酸钙，从 1960~1990 年以来，我国普钙产量占磷肥总产量的比例变化不大，维持在 62.5%~71.8%。今后随着化肥工业的发展，重钙、磷铵将逐步代替普钙，中国存在潜在的缺硫危险。

八、结论

　　中国硫肥研究日益受到重视，从土壤硫素状况调查，农业中的硫素平衡，硫肥肥效，以及含硫化肥的生产和使用等研究结果说明，中国目前已有较大面积的缺硫土壤，随着高浓度化肥的发展，缺硫现象将逐渐扩张，为维持作物养分平衡，达到持续增产的目的，含硫肥料的生产和使用将提到议事日程。

　　耕地全硫含量从痕迹到 0.06%的范围，但是有机质含量高的土壤可以超过 0.5%，温带地区土壤全硫随风化程度加深而减少。北方石灰性土壤则含硫较为丰富。我国南方河口、海湾地区和局部湖滨地区的酸性硫酸盐水稻土全硫和水溶性硫含量都很高,强度类型埋藏层全硫量有的高达 1%~2.5%,水溶性硫达 0.3%~0.6%。云南江川县的紫色砂岩发育的水稻土含硫仅为 0.003%。

　　土壤中对作物可利用的硫，一般以有效硫表示，较为广泛的测定方法是采用水或磷酸盐浸提，然后用比浊法测定提取液中的硫。

　　磷酸盐-乙酸提取土壤有效硫（0.03mol/L NaH₂PO₄溶于 2NHAC）的结果表明，浙、赣不同类型土壤上有效硫含量在 12ppm 以下时，硫肥往往对水稻、玉米等禾

本科作物有效。土壤有效硫的临界值一般为 6~12ppm。但是，在判断土壤供硫状况时还应结合全硫含量来考虑。

根据南方九省有关水稻耕作层的全硫和有效的含量可将土壤供硫状况分为三类。

（1）有效硫为 30~50ppm，全硫平均值为 0.026%以上，水稻的硫素养分充足。

（2）有效硫为 20~30ppm，全硫接近或低于平均值，土壤硫素养分可以维持当前生产水平的需要。但是，由于土壤供硫潜力不大，随着耕作的持续和水稻产量的提高，可能需要硫肥。

（3）有效硫含量小于 16ppm，全硫低于平均值，需要施用硫肥。

从目前生产条件看，我国缺硫现象仅出现在南方山区某些冷浸性低产田，以及有机质少、质地粗、保肥力差的土壤上。在这些土壤上施用硫肥有良好的作用。

石膏和硫磺可作为硫肥施用，在缺硫土壤上每亩可施用石膏 6~9kg 或硫磺4~2kg，如沾秧根则每亩用 0.25~1kg，即可满足水稻的需要，施用普通过磷酸钙，一般也可以满足作物对硫素的需要。

土壤含镁量的变化很大，可从痕迹至 3%以上。土壤中含镁矿物转化为有效性镁的速度很慢，而作物主要吸收水溶性镁和交换性镁。交换性镁占全镁量的0.3%~1.3%，其含量多少是评定土壤镁素供应水平的一个指标。

在一般土壤中，交换性镁的含量比交换性钙要少。但在各种交换性盐基中，镁的含量还是比较高的，通常占盐基总量的 10%~15%。在雨水多的热带地区和高度风化的土壤中含镁较少，生长的作物上可见到缺镁症。而在某些干旱和半干旱地区的土壤上全镁含量比较高，个别的碳酸镁土由于含镁量过高，与其他养分失去平衡而造成镁的毒害。作物生长不良，甚至不能生长。

在降雨量多、风化淋溶较严重的土壤中，一般含镁较少，作物易出现缺镁。例如，我国华南地区由花岗岩或片麻岩发育的红壤，含镁量很低，一般氧化镁含量只有 0.1%，甚至有的仅为痕迹。华中地区的第四纪红色黏土含镁量也较低。在盐碱土中，由于含钠量较高，同样也会出现缺镁问题。例如，河南封丘和江苏铜山的瓦碱土，易溶性镁只有 0.36mg/100g 土左右。松辽平原的结皮和柱状草甸碱土，含可溶性镁 1.2mg/100g 土。

土壤含镁量与母质有关，如南方的紫色土，虽处于多雨的热带地区，但紫色土含氧化镁一般都较高，有的可达 3%。黑土含镁在 1%以上，有些硫酸镁盐土，含易溶性镁很高，可高达每 100g 土 2430mg 以上，造成作物中毒。

土壤对作物供镁能力，一般可以用土壤中交换性镁的含量来表示，但要与交换性镁占总交换量的百分比相联系。一般交换性镁占总阳离子交换量的 10%以上，不会感到镁素的不足，如果小于 10%，则施镁对作物产量有良好的反应。在酸性土壤中，交换性镁少于 2.50mg/100g 土，一般作物会感到镁素营养的不足。但是，不同作物对镁的需要量不同，如水培液中氧化镁为 5ppm 时，即可保证水稻生长良好，因此，田间水稻一般不易出现缺镁问题，因为水稻的灌溉水中含有一定数量的镁。而小麦、油菜则不同，当土壤交换性镁小于 6mg/100g 土，则可能出现镁的缺乏。马铃薯种植在土壤交换性镁小于 5mg/100g 土，占总阳离子交换量 8%以下时会限制马铃薯的生长。在红色黏土和红砂岩母质发育的红壤中，每 100g 土含交换性镁 2mg 左右，施用硫酸镁可使花生、大豆增产。

第六节　成土母质与昆明市植烟土壤的中、微量元素营养

以 53 000hm^2 昆烟原料基地的土壤为对象，以土属为基本单元，对昆明 5 区 8 县的植烟土壤中、微量元素养分状况进行全面的调查和分析。结果表明：植烟土壤中的中、微量元素含量因成土母质的不同而有明显的差异。土壤中的有效钙含量普遍偏高，有供应过量的可能；有效硫的供应一般土壤均不缺，紫色砂页岩发育的土壤有效硫含量相对较低；土壤中的有效镁含量均高于一般作物缺乏的临界值，砂页岩发育的土壤有缺镁的可能；所有土壤有效硼的含量均远低于作物需硼的临界值，存在很大的土壤缺硼风险；土壤中锰的含量总体不缺，紫色土有锰供应不足的可能；土壤中锌供应相对充足，部分土壤会因其他环境条件的改变而出现缺锌。

近年来，微量元素在烟草生产中的作用引起了重视（王照林等，2004；李文卿等，2004；韩冰和郑克宽，1999；云南省烟草科学研究所，1995），科学试验和农业生产实践证实，微量元素常常成为烟草产量和质量的限制因子，缺乏微量元素的土壤分布十分广泛。对微量元素的含量和分布的系统性评价有助于正确地应用微量元素肥料。从 20 世纪 50 年代末期开始对我国土壤中的微量元素的含量进行光谱测定，由于自然条件和土壤类型的差别很大，这些元素的含量范围很大。

一般的情况下，微量元素含量主要由土壤类型和成土母质决定。同一类型的土壤因成土母质不同而微量元素有很大差别（陆景陵，2003）。土壤中的微量元素主要来自于成土母质，其含量受成土母质种类与成土过程影响。成土母质种类决定了土壤中微量元素最初的含量水平，而成土过程则促使最初含量发生变化，并影响着微量元素在土壤剖面中的分布（王根林等，2004；刘英俊等，1984）。

一、材料和方法

以 53 000hm^2 昆烟原料基地的土壤为对象，在收集整理原有资料的基础上，以土属为基本单元，对昆明 5 区 8 县的植烟土壤养分状况进行全面的调查和分析，包括植烟土壤的种类、分布情况等。在实施过程中，以 2000 亩左右为一个取样单元，根据植烟土壤的情况在 1/20 万~1/7.5 万地形图上初步确定土壤取样点的分布

及取样数量，通过对植烟土壤取样分析，分析归纳总结植烟土壤的养分状况。在具体实施中，根据植烟面积、海拔（不同生态区）、土壤代表性作适当的调整，取样尽量向最适宜区、适宜区倾斜（最适宜区约87hm² 一个样、适宜区约133hm² 一个样、次适宜区200hm² 一个样、不适宜区267hm² 一个样），与此同时兼顾行政区划的分布。此外，在取样中同一土属不同生态类型的土壤则无论面积大小均兼顾，少数特殊的土属虽面积较小也取样。各代表土样的取样采用综合样本取样，取耕作层（0~20cm）20 点左右的土壤混合样进行化验分析，测定土壤中的钙、镁、硫、硼、锰、锌养分含量，研究成土母质与昆明市植烟土壤中微量元素营养。

二、结果与分析

（一）植烟土壤中的钙素营养

总的来看，昆明植烟土壤不同土属的土壤有效钙含量均很高（图 8.1），在测定的 18 个土属中，含量最低的也达到了 1468mg/kg，可以看出土壤中钙的供应是充足的。从不同类型土壤有效钙的含量来看，属于紫色土类的钙紫泥、暗紫泥田、黄紫泥等土壤中有效钙的含量最高，这类土壤中钙的含量很高主要与其成土母质有关。土壤有效钙含量其次的是属于人为土纲的水稻土类，这类土壤中土壤有效钙的含量除母质发育的影响外，人为施肥和其他农作措施也对其含量有重要影响（许仙菊等，2004）。土壤有效钙含量相对较低的是属于红壤土类的土壤，从红壤母质和发育情况来看，它属于土壤钙含量较低的土壤，其成土母质决定了其钙含量的整体水平，但由于多年的施肥、耕作等措施使土壤钙素得到不断补充，土壤钙的供应是充足的。

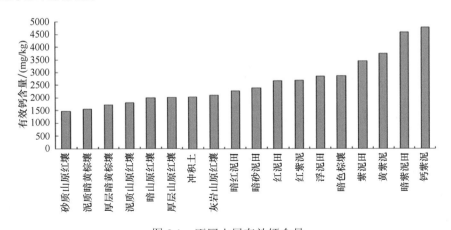

图 8.1　不同土属有效钙含量

Fig. 8.1　Effective calcium content of different soil type

（二）植烟土壤中的硫素营养

通常黏性母质如石灰岩、第四纪红色黏土和板岩等发育的土壤黏粒含量较高，硫的含量高于砂性母质（如花岗岩、砂岩和冲积物等）发育的土壤。石灰岩发育的土壤平均有效硫含量 38.2mg/kg，高于花岗岩母质发育的土壤 23.9mg/kg。同样全硫平均含量分别为 414mg/kg 和 268mg/kg，有机硫含量分别为 374mg/kg 和 244mg/kg（吴俊江，2004；邓纯章等，1994）。

从图 8.2 可以看出，棕壤、山原红壤的有效硫含量最高，这些土壤多是由红色黏土、石灰岩发育而成的，紫色砂页岩发育的土壤有效硫含量相对较低，以紫泥田土壤的有效硫含量最低，为 35mg/kg。在相类似的母质发育的不同土属的土壤之间，土壤中有效硫的含量也有明显的差异，特别是人为活动频繁的如黄紫泥、钙紫泥等土壤，一般来讲这类土壤主要分布在地势较为平坦的地区，施肥量大，特别是磷肥的施用，不断地向土壤中补充硫素，使得土壤中硫素的含量相对较高。

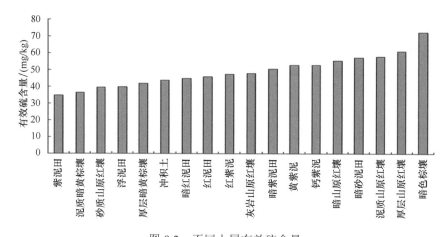

图 8.2　不同土属有效硫含量

Fig. 8.2　Effective sulfur content of different soil type

（三）植烟土壤中的镁素营养

从昆明市植烟土壤中的有效镁含量来看（图 8.3），最高的为浮泥田，可达到 396mg/kg，而砂质和泥质页岩发育的土壤镁含量较低。总的来看，所有土壤的有效镁含量均高于一般作物对镁需求量的临界值 60mg/kg，但是在实际的考烟生产当中，常常会出现缺镁的症状，究其原因，一方面可能是因为烟草本身是收获叶片的作物，对镁的需求量大；另一方面又与烟草在生产中对钾的供应量大，土壤中钾的含量较为丰富，过量的钾会影响作物对镁的吸收有关。

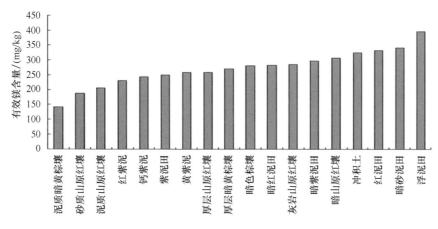

图 8.3　不同土属有效镁含量

Fig. 8.3　Effective magnesium content of different soil type

（四）植烟土壤中的硼素营养

根据水溶态硼含量，我国土壤可区分成两区。即低硼区和高硼区，以 0.5μg/g 作为大多数植物的缺硼临界含量，我国东部和南部的许多土壤，包括砖红壤、赤红壤、红壤、黄壤和黄潮土等，属于缺硼土壤，我国南部大面积的砖红壤、赤红壤和红壤中的水溶态硼含量偏低，一般为痕迹至 0.25μg/g，大部分是由花岗岩和其他火成岩，以及片麻岩发育，这些土壤的全硼和水溶态硼都偏低，水溶态硼和全硼含量的比值常低于 1∶100（翁伯琦和黄东风，2004）。另外一个缺硼区为黄土高原土壤和黄河冲积物发育的土壤。大多数由黄土发育的土壤中的水溶态硼低于 0.5μg/g。还有，黑龙江的一些排水不良的草甸土和白浆土也往往缺硼。高硼土壤则为西部内陆干旱地区土壤和盐土。在这些土壤中富含硼，全硼和水溶态硼含量都很高，有的盐土有硼酸盐的盐渍现象。

从昆明市植烟土壤中的有效硼含量来看（图 8.4），所有类型的土壤硼的含量都远低于作物缺硼含量的临界值，有效硼含量最高的土属厚层暗黄棕壤，其含量也仅为 0.27mg/kg，因此，硼的供应不足，有可能成为限制烟草产量和质量的重要因素，存在较大的烟草缺硼的风险，生产中增加硼肥的供应是十分必要和迫切的。

（五）植烟土壤中的锌素营养

土壤中锌含量与成土母质有极大的关系，例如，基性岩及石灰岩母质发育的土壤含锌就较多，片麻岩、石英岩发育的则较少。地球岩石圈的锌平均含量为 80mg/kg。黄土母质发育的土壤和受黄河影响的土壤，pH 较高，矿物以石英为主，有效锌含量普遍较低。土壤有效锌含量往往会反映出成土母质的影响，一般含量较高，例如，下蜀系黄土和长江冲积物发育的土壤，一般不会出现缺锌现象。但南方的酸性土壤上，过量施用石灰时，由于土壤 pH 升高，可能引起"诱发性缺锌"。

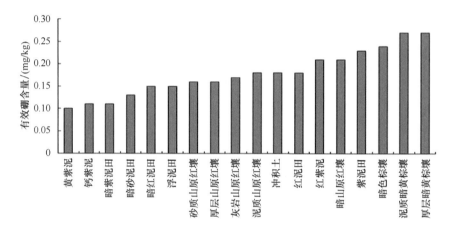

图 8.4　不同土属有效硼含量

Fig. 8.4　Effective boron content of different soil type

从植烟土壤中的有效锌含量来看（图 8.5），含量最低的是泥质暗黄棕壤，红色黏土发育的红壤，土壤有效锌含量最高，紫色土发育的土壤有效锌含量较低。对于大多数土壤来说，土壤锌的供应是充足的，极少数土壤（暗黄棕壤）有土壤锌供应不足的可能。

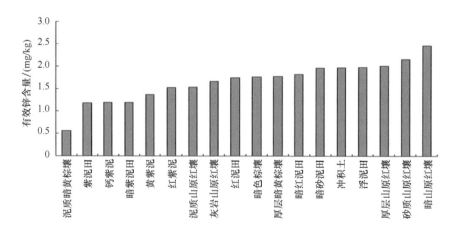

图 8.5　不同土属有效锌含量

Fig. 8.5　Effective zinc content of different soil type

（六）植烟土壤中的锰素营养

当然成土条件也是影响锰含量的一大因素。锰的有效性与土壤的全锰含量关系不甚密切，但与土壤的酸度关系密切。就全国范围来说，缺乏有效态锰的土壤与石灰性土壤的分布十分吻合。缺锰土壤主要是石灰性土壤，尤其是 pH 较高的质地疏松、通气性良好的土壤（曹恭和梁鸣早，2004）。我国南方局部地区分布的缺锰土壤主要与成土母质含锰量过低有关。

缺锰土壤主要分布于我国北方，南方的酸性土壤很少有缺锰的。大面积的石灰性土壤如黄绵土、垆土、黄潮土、棕壤、褐土、粟钙土和漠境土中的活性锰很低，与石灰性土壤分布情况基本上一致。土壤缺锰与一定的土壤因子有关，例如，较高的 pH（>6.5）、较轻的质地、良好的通透性和高氧化还原电位都使锰的有效性降低，在黄泛区的土壤上大多数农作物包括园艺作物经常表现出缺锰症状。

从昆明市植烟土壤的交换锰含量来看（图 8.6），红色黏土发育的红壤锰含量较高，一般不会出现锰供应不足的情况，土壤锰的含量过高反而会有锰中毒的可能。砂质页岩、紫色砂页岩发育的土壤锰含量较低，有可能会出现缺锰症状，在实际生产中，偶有烟草缺锰症状发生。针对特定的土壤类型，适当增加锰肥的供应是必要的。

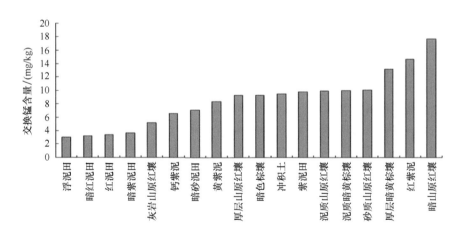

图 8.6　不同土属交换锰含量

Fig. 8.6　Exchange manganese content of different soil type

三、结论与讨论

从植烟土壤中有效钙的含量来看，土壤中的有效钙含量在所有土壤类型中的含量均很高，尤其是紫色砂页岩发育的土壤，其有效钙含量最高。土壤对钙素的供应是充足的。昆明植烟土壤不是缺钙，而是钙含量过高，甚至影响到烟草对钾、镁的吸收，从而可能限制烟叶对钾素的累积。如果土壤中有效钙含量过高，会形成烟草对钙的被动吸收，而加剧了烟草植株体内的营养元素，如镁、硼营养的失调。由于在烟叶生产中经常施用普通过磷酸钙和钙镁磷肥等含钙较多的肥料，而使土壤中的钙得到补充，因此，除特殊土壤外，一般不需要补充钙肥。

从植烟土壤中有效硫的含量来看，植烟土壤因经常施用普通过磷酸钙和硫酸钾等含硫量高的肥料，且硫的有效性很好，所以烟株缺硫的现象很少。特别是对昆明地区的植烟土壤来说，多数由红色黏土发育而来，土壤母质的硫含量较高，缺硫的现象不易发生，生产中一般不需要过多补充硫肥。

从土壤中有效镁的含量来看，一般土壤是不会缺镁的。但在实际生产中出现明显缺镁和轻度缺镁症的现象比较普遍。究其原因可能有以下 3 个原因：烟草生产上很重视施用钾肥，钾肥用量是氮肥的 2~3 倍，而镁和钾在土壤中是互相拮抗的，据研究，当土壤中的钾镁比超过（2：1~3：1）时，就会产生缺镁症；因昆明土壤中含钙量较高而促使烟草大量被动吸收钙，当烟株体内钙/镁比值大于 8 时，也会引起烟草缺镁；在含水量较高的田块里，如田烟土壤中的速效氮主要是铵态氮，铵离子对镁也有拮抗作用，也会诱发烟草生理缺镁。因此在制订烤烟施肥措施时一定要考虑土壤、植物、肥料三者之间的互相协调。

从土壤中有效硼的含量来看，昆明植烟土壤大都在临界值以下（临界值为 0.5mg/kg），属于潜在性缺硼土壤，从成土母质来说，土壤的硼含量也偏低，在各种不利因素的影响下，很容易诱发大面积烤烟缺硼症的发生。例如，1994 年晋宁县大面积发生缺硼症，造成烟叶大量减产。因此在烟草上针对性地施用硼肥，是一项值得引起重视的措施。

云南土壤因含锰量比较高，经常担心的是锰中毒，而不重视锰肥的施用。昆明植烟土壤锰的含量虽然总体上来说较高，但因成土母质的不同，有效锰含量的差异很大，如紫色砂页岩发育的土壤有效锰含量就很低，有出现锰供应不足的可能。锰的有效性受土壤 pH 和土壤氧化还原条件的影响，也会出现缺锰症。土壤中植物能吸收利用的主要是二价锰，在土壤水分多的情况下，土壤处于还原状态，高价锰可还原成二价锰被作物吸收，而在水分少、干旱的情况下，土壤中的锰很快被氧化成高价锰，作物难以利用。土壤 pH 的变化对锰的有效性影响也很大。

从土壤有效锌的含量来看，对于大多数土壤来说，土壤锌的供应是充足的，极少数土壤（暗黄棕壤）有土壤锌供应不足的可能。南方的酸性土壤过量施用石灰时，由于土壤 pH 升高，可能引起"诱发性缺锌"。在酸性土壤中，锌的有效性高，但容易被淋失；在 pH 7 以上的钙质土中，锌的有效性很低。如果土壤中速效磷含量高或施用磷肥过量，使土壤溶液中有效磷浓度过高时，磷与锌形成难溶化合物，而引起作物缺锌，在昆明烟区因磷肥用量太多而引起缺锌的情况时有发生。

参 考 文 献

白由路，金继运，杨俐苹.2004. 我国土壤有效镁含量及分布状况与含镁肥料的应用前景研究. 土壤肥料,（2）：3~5.

曹恭，梁鸣早.2004. 锰——平衡栽培体系中植物必需的微量元素. 土壤肥料，（1）：加2~加3.

邓纯章，龙碧云，侯建萍.1994. 我国南方部分地区农业中硫的状况及硫肥的效果. 土壤肥料，（3）：25~28.

韩冰，郑克宽.1999. 镁、锌、硼、锰元素对烤烟产量及质量影响的研究. 内蒙古农牧学院学报，20(1)：72~77.

李文卿，陈顺辉，谢昌发，等.2004. 烟田土壤养分迁移规律研究：Ⅱ. 中微量元素的迁移规律. 中国烟草学报，10（1）：17~21.

刘英俊，曹励明，李兆麟，等.1984. 元素地球化学. 北京：科学出版社.

陆景陵.2003. 植物营养学. 2 版. 北京：中国农业大学出版社.

王芳，刘鹏，徐根娣.2004. 土壤中的镁及其有效性研究概述. 河南农业科学，（1）：33~36.

王根林，李玉梅，李忠库，等.2004. 长期定位试验下土壤中微量元素研究进展. 黑龙江八一农垦大学学报，16（2）：22~25.

王照林，张晓海，王平华，等.2004. 烤烟对硫素的田间吸收利用规律研究. 云南农业大学学报，19（1）：105~109.

翁伯琦，黄东风.2004. 我国红壤区土壤钼、硼、硒元素特征及其对牧草生长影响研究进展. 应用生态学报，15（6）：1088~1094.

吴俊江.2004. 应重视作物硫镁的营养平衡. 磷肥与复肥，19（3）：74~76.

许仙菊，陈明昌，张强，等.2004. 土壤与植物中钙营养的研究进展. 山西农业科学，32（1）：33~38.

云南省烟草科学研究所.1995. 云南烟草中微肥营养与土壤管理. 云南：云南科技出版社.